构造与巨厚砾岩耦合诱发回采巷道冲击地压致灾机理

张科学　著

应急管理出版社

·北　京·

图书在版编目（CIP）数据

构造与巨厚砾岩耦合诱发回采巷道冲击地压致灾机理／
张科学著 . - - 北京：应急管理出版社，2022
   ISBN 978 - 7 - 5020 - 9482 - 9

Ⅰ.①构…　Ⅱ.①张…　Ⅲ.①砾岩—耦合作用—回采
巷道—冲击地压—灾害—研究　Ⅳ.①TD263.5

中国版本图书馆 CIP 数据核字(2022)第 153894 号

构造与巨厚砾岩耦合诱发回采巷道冲击地压致灾机理

著　　者	张科学
责任编辑	王　华
责任校对	赵　盼
封面设计	于春颖

出版发行	应急管理出版社（北京市朝阳区芍药居 35 号　100029）
电　　话	010 – 84657898（总编室）　010 – 84657880（读者服务部）
网　　址	www.cciph.com.cn
印　　刷	北京建宏印刷有限公司
经　　销	全国新华书店

开　　本	787mm×1092mm$^1/_{16}$　印张　18　字数　349 千字
版　　次	2022 年 7 月第 1 版　2022 年 7 月第 1 次印刷
社内编号	20221009　　　　　　　　定价　95.00 元

序一

PREFACE

冲击地压作为煤矿开采过程中主要动力灾害之一，自1738年英国的南史塔福煤田发生世界上第一次冲击地压以来至今有近300年的历史，包括中国在内的世界主要采矿国家，如德国、美国、南非、波兰、俄罗斯、加拿大等，均不同程度地发生过冲击地压灾害。冲击地压已经成为工程中的世界性难题，近30年来一直是世界范围内的重要研究课题和热点问题。

我国冲击地压研究工作早在20世纪70年代就开始起步。相关理论及控制技术研究是在接受苏联、波兰等社会主义国家相关研究基础上进行的。进入21世纪，煤炭行业逐渐从低谷中走出，同时，随着煤矿开采技术的不断提高，采煤机、刮板输送机和液压支架的性能得到了较大的改善，采煤工作面的开采强度显著增大，加之部分矿井采用综采放顶煤开采方法，冲击地压矿井随之显著增多，冲击地压矿井数量也从1985年的32个快速增加到2022年的146个。该时期国家经济不断发展，煤炭形势好转，开采强度增加，开采深度加大，冲击地压发生次数和危害不断增加，冲击地压研究人员和团队不断增加。在煤矿冲击地压灾害显著增加的大背景下，无论是国家，还是企业，都开始重视对煤矿冲击地压监测装备和防治技术的研发投入。

但必须承认的是，冲击地压为采矿工程中的复杂疑难问题之一，因冲击地压发生机理的复杂性，世界范围内的冲击地压问题还没有得到解决，冲击地压发生机理的研究进展仍较缓慢。因此，进一步从理论和实践两方面对冲击地压问题加强研究是刻不容缓的。

本书作者编写的《构造与巨厚砾岩耦合诱发回采巷道冲击地压致灾机理》一书在消化吸收了国内外研究成果经验的基础上，针对构造与巨厚砾岩耦合条件下回采巷道围岩裂隙发育特征及空间展布形态、应力场转移、能量场积聚、塑性区扩展和位移场时空演化规律进行研究，以期得到动载影响构造与巨厚砾岩耦合条件下围岩冲击危险性影响因素，揭示构造与巨厚砾岩耦合条件下耦合

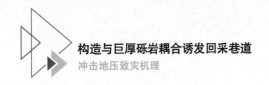
诱发围岩冲击危险性机理，提出构造与巨厚砾岩耦合条件下围岩防冲支护体系，对完善冲击地压机理、煤炭安全开采具有十分重要的理论意义和实用价值。本书内容翔实，兼顾理论与实践，将对煤矿冲击地压的研究与防治发挥积极的指导与借鉴作用。

中国科学院院士

中国岩石力学与工程学会理事长

2022 年 4 月

序二

PREFACE

　　冲击地压是煤矿开采中因采动或动载诱发煤岩体变形能剧烈释放，并伴随地下采掘空间煤岩体突然、急剧和猛烈破坏的现象。随着煤矿开采深度和开采强度的持续增加，地下开采面临的构造地质条件日趋复杂，我国越来越多的煤矿开始出现冲击地压现象，破坏性冲击地压频繁发生且日益严重。冲击地压发生时，常因煤岩中应变能的突然、急剧、猛烈释放而导致工作面或巷道围岩的煤岩层结构瞬时发生破坏，造成井巷的严重破坏和人员的重大伤亡，严重威胁煤矿的安全生产。

　　由于冲击地压的发生是一个复杂的动力学系统，是多因素综合作用的结果，因此明确冲击地压的影响因素，发现单个影响因素的作用机理以及各因素耦合作用下的影响机制是研究、预防冲击地压的重点与难点。

　　本书首先揭示了高应力、断层和厚岩等复杂条件造成围岩的非均匀应力和开采扰动是围岩冲击地压发生的主要影响因素，阐明了构造与巨厚砾岩耦合条件下围岩冲击危险性影响因素，并通过建立构造与巨厚砾岩耦合诱发围岩冲击地压力学关系模型，研究构造与巨厚砾岩耦合条件下围岩冲击地压微震监测预警指标体系；通过构建断层活化诱发围岩冲击地压力学关系模型和厚岩离层断裂诱发围岩冲击地压力学关系模型，提出采用围岩"三场一区"作为发现及判断围岩冲击特性的方法，发现构造与巨厚砾岩耦合条件下耦合诱发围岩应力场、能量场、位移场和塑性区的互馈影响机制，并由此揭示构造与巨厚砾岩耦合条件下耦合诱发围岩冲击地压机理，提出构造与巨厚砾岩耦合条件下围岩防冲支护体系。

　　本书作者张科学同志多年来一直从事矿山冲击地压及灾害智能防控方面的研究工作，具有丰富的科研与实践经验。作者结合多年工作实践经验和研究成果，编写了《构造与巨厚砾岩耦合诱发回采巷道冲击地压致灾机理》一书，对完善冲击地压机理、煤炭安全开采具有十分重要的理论意义和实用价值，对推动

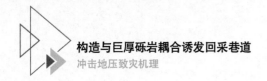
我国防灾减灾技术研究的实践落实具有重大作用。相信《构造与巨厚砾岩耦合诱发回采巷道冲击地压致灾机理》一书一定能对煤矿冲击地压的机理研究与防治产生积极影响。

全国政协委员

中国矿业大学（北京）原副校长

2022 年 4 月

前言

FOREWORD

冲击地压是煤矿开采中因采动或动载诱发煤岩体变形能剧烈释放，并伴随地下采掘空间煤岩体突然、急剧和猛烈破坏的现象。随着煤矿开采深度和开采强度的持续增加，地下开采面临的构造地质条件日趋复杂，我国越来越多的煤矿开始出现冲击地压现象，破坏性冲击地压频繁发生且日益严重。冲击地压的孕育和显现是构造特征和地层特征在采掘动态平衡过程中能量稳定态积聚及非稳定态释放的结果，是煤岩体性质、地质特征和开采技术条件的综合反映，同时该问题具有明显的时空演化特征。

目前，单一地质条件下诱发回采巷道冲击地压的研究较为普遍，而在构造与巨厚砾岩耦合条件下诱发回采巷道冲击地压机理的研究并不多见。工作面处于向斜、断层和巨厚砾岩的共同作用下，其向斜、断层和巨厚砾岩形成的复杂应力场，致使回采巷道在开采扰动过程中频繁发生冲击地压现象，尤其是工作面回采期间，冲击地压危害更是严重，且冲击地压事故多是发生在回采巷道。基于工作面处于向斜、断层和巨厚砾岩的复杂应力环境下，且受开采扰动时，研究回采巷道围岩的应力变化规律、失稳变形破坏特征、冲击地压发生机理及防控体系，对同类型地质条件下回采巷道冲击地压预防与治理具有显著的现实意义。

本书围绕构造与巨厚砾岩耦合条件下诱发回采巷道冲击危险性的影响因素、构造与巨厚砾岩耦合条件下诱发回采巷道冲击危险性力学关系模型、构造与巨厚砾岩耦合条件下诱发回采巷道冲击危险性时空演化规律及冲击机理和构造与巨厚砾岩耦合条件下诱发回采巷道冲击危险性应用实践为研究核心，涉及从发生规律、力学关系模型、时空演化规律及冲击机理到工业实践应用的全过程，采取先建立理论模型、后实验研究，先理论、中试验、后实践的研究逻辑关系，具体章节：第 1 章为绪论，主要介绍了回采巷道冲击地压的发展历史和概貌；第 2 章为构造与巨厚砾岩耦合诱发回采巷道冲击地压发生规律研究；第 3

章为构造与巨厚砾岩耦合诱发回采巷道冲击地压影响因素和综合评价研究，主要研究了构造与巨厚砾岩耦合诱发回采巷道冲击地压影响因素，并运用多层次综合评价法、BP 神经网络综合评价法以及基于蝙蝠算法优化的 BP 神经网络综合评价法三种方法对构造与巨厚砾岩耦合诱发回采巷道冲击危险性进行了评价；第 4 章为构造与巨厚砾岩耦合诱发回采巷道冲击地压力学关系模型研究；第 5 章为构造与巨厚砾岩耦合条件下回采巷道冲击地压试验研究，通过相似模拟实验，研究了构造与巨厚砾岩耦合条件下工作面变化规律；第 6 章为构造与巨厚砾岩耦合条件下回采巷道围岩冲击特性研究，主要是探讨了构造与巨厚砾岩作用下回采巷道围岩冲击特性；第 7 章为构造与巨厚砾岩耦合条件下回采巷道冲击地压数值研究及机理，主要内容是建立了构造与巨厚砾岩条件下的回采巷道数值模型；第 8 章为构造与巨厚砾岩耦合条件下回采巷道冲击地压防治体系，主要分析了冲击地压现有防冲体系，得出适合构造与巨厚砾岩耦合条件下回采巷道的防冲支护体系；第 9 章为构造与巨厚砾岩耦合条件下回采巷道冲击地压应用实践，主要内容为跃进煤矿 25110 工作面和首山一矿 12070 工作面巷道冲击地压应用实践。

本书研究工作得到中国矿业大学（北京）姜耀东老师的指导与帮助，在此表示衷心的感谢，同时感谢何满潮院士在论文及相似试验设计、方案确定、模型制作等给予的整体帮助和人文关怀，感谢何满潮院士团队宫伟力老师、李德建老师、王炯老师、杨军老师、张海鹏老师、彭岩岩老师、郝玉喜老师、吕谦博士和柳留实验员等在实验过程中给予的帮助与支持，感谢赵毅鑫教授、王宏伟教授、祝捷老师、宋义敏老师在研究过程中的指导与帮助。感谢北京、义马、屯留和昔阳等矿区领导和工程技术人员的大力支持和帮助，感谢应急管理大学（筹）河北省矿山智能化开采技术重点实验室李东老师、孙健东老师、程志恒老师等在实验过程中给予的指导与帮助，感谢应急管理大学（筹）智能化无人开采研究所朱俊傲硕士、王晓玲硕士、亢磊硕士、杨海江硕士、吴永伟硕士、闫星辰硕士、李举然硕士、尹宇航硕士、魏子钦学士等在资料查找、文章整合、文字校对上的协助。

本书研究工作得到了国家重点基础研究发展计划（973 计划）"煤炭深部开采中的动力灾害机理与防治基础研究"（项目编号：2010CB226800）、国家自然科学基金青年科学基金项目"构造与巨厚砾岩耦合诱发回采巷道冲击地压致灾机理研究"（项目编号：51804160）、河北省自然科学基金青年科学基金项目"构造与巨厚砾岩耦合诱发回采巷道围岩冲击特性时空演化规律研究"（项目编号：E2019508209）、廊坊市科技技术研究与发展计划项目"复杂条件下耦合诱发围岩冲击危险性研究"（项目编号：2020013041）的资助，在此表示衷心感谢。

由于作者水平有限，书中难免存在不足之处，敬请读者不吝指正。

作　者

2022 年 4 月书于北京

CONTENTS

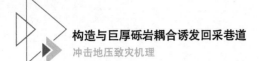

绪　论

▶ 1.1 冲击地压发展历史及概貌

冲击地压作为煤矿开采过程中主要动力灾害之一，自 1738 年英国的南史塔福煤田发生世界上第一次冲击地压以来至今有近 300 年的历史，包括中国在内的世界主要采矿国家，如德国、美国、南非、波兰、俄罗斯、加拿大等，均不同程度地发生过冲击地压灾害。冲击地压已经成为工程中的世界性难题，近 30 年来一直是世界范围内的重要研究课题和热点问题。国内外学者针对冲击地压发生机理、冲击危险性评估、监测预警、防治措施等方面开展了大量的研究，但由于冲击地压发生过程的复杂性，目前对冲击地压的研究尚未达到机理清晰、规律明确的程度，很难从根本上消除冲击地压对煤矿安全生产造成的威胁。

近年来，随着我国煤机装备和开采技术的不断提高，煤矿开采强度逐渐增大，冲击地压灾害发生的频度和强度也不断增大，冲击地压矿井的数量急剧增加。据不完全统计，2022 年全国有冲击地压矿井 146 处。冲击地压矿井数量逐渐增多，冲击地压灾害也日益严重。冲击地压发生时，常因煤岩中应变能的突然、急剧、猛烈释放而导致工作面或巷道的煤岩层结构瞬时发生破坏，造成井巷的严重破坏和人员的重大伤亡，严重威胁煤矿的安全生产。

值得注意的是，冲击地压的发生并不依赖于特定的生产环境，通过对大量冲击地压案例的分析可知，采深由浅部 200m 至深部 1000m 范围之内，地质构造由简单到复杂，煤层厚度从薄煤层到特厚煤层，煤层赋存倾角由近水平到急倾斜，包括砂岩、灰岩、油母页岩等的顶板岩性，均发生过冲击地压。对于采煤方法和采煤工艺等技术条件方面，不论早期的水采、炮采，抑或是近期的普采、综采，采空区处理无论是采用全部垮落法或是水力充填法，是长壁、短壁、房柱式开采还是柱式开采，同样都有发生过冲击地压的记录。

由此可知，冲击地压具有较为复杂的发生机理，其发生与否并不依赖于某种或某几种特定的因素，这也是造成我国煤矿安全形势在逐年向好的情况下，冲击地压造成的群死群伤事故仍然难以杜绝的主要原因。2012 年 11 月 17 日，山东省朝阳煤矿发生冲击地压事故，造成 6 人死亡；2013 年 1 月 12 日，阜新五龙煤矿发生冲击地压事故，造成 8 人死亡；2013 年 3 月 15 日，黑龙江省龙煤集团鹤岗分公司峻德煤矿井下发生冲击地压事故，造成 4 人死亡；2014 年 3 月 27 日，义煤集团千秋煤矿发生冲击地压事故，造成 6 人死亡；2015 年 12 月 22 日，河南省义煤集团耿村煤矿发生冲击地压事故，造成 2 人死亡；2016 年 8 月 25 日，济宁梁宝寺镇煤矿发生冲击地压事故，造成 2 人死亡；2017 年 11 月 11 日，辽宁沈焦股份红阳三矿发生冲击地压事故，造成 4 人死亡；2018 年 10 月 20 日，山东能源龙口矿业集团龙郓煤业有限公司发生重大冲击地压事故，造成 21 人死亡、1 人受伤；2019 年 8 月 2 日，河北唐山矿发生冲击地压事故，造成 7 人死亡；2020 年 2 月 22 日，山东新巨龙煤矿发生冲击地压事故，造成 4 人死亡；2021 年 10 月 11 日，陕西胡家河煤矿发生顶板事故，造成 4 人死亡。此外，冲击地压还可能诱发其他次生灾害，造成更为严重的灾难性后果。如：2005 年 2 月 14 日，辽宁阜新孙家湾煤矿发生冲击地压引起的特大瓦斯爆炸事故，造成 214 人死亡、30 人受伤；2014 年 11 月 26 日，辽宁阜新恒大煤矿 5336 综放工作面回风巷发生冲击地压，并诱发煤尘爆炸，造成 26 人死亡、50 人受伤。冲击地压仍是影响我国煤矿安全生产的重大灾害。

1.1.1 国外研究概况

1951 年南非开始研究冲击地压机理，德国也曾经在深部开采中出现冲击地压，通过采用变形可缩拱形棚架沿空留巷开采方案基本解决了相关事故灾害的控制问题。现存现代化开采技术装备领先的产煤国家中包括美国、澳大利亚，在 20 世纪 80 年代以前都曾经是以露天开采和留设大量煤柱支撑地表的房柱式开采为主体的开采方法，基本没有出现过灾害性的冲击地压事故。美国 20 世纪 80 年代开始广泛应用的长壁工作面开采是在开采深度小于 150 ~ 200m 的浅埋煤层中进行，少有冲击地压研究和控制的实践结果。国外冲击地压控制研究的主要成果是在苏联（现俄罗斯和乌克兰）和波兰等开采深度比较大的矿井中取得的。其中，关于冲击地压发生机理和条件的相关研究成果包括煤层可"冲击性"分类分级、冲击能量理论和力学模型建设以及巷旁充填留设技术，自 20 世纪 70 年代引入，80 年代开始在我国生产矿井推广运用。波兰、澳大利亚等国家在地表预测预报研究的基础上，采用微震技术检测的相关手段预测预报生产矿井冲击地压的研究在 20 世纪 70 年代已开始。1981 年，我国引进了相关检测装备并应用于陶庄煤矿预报水采冲击地压的研究工作中，相关成果也为我国近年来广泛开展的相关研究奠定了基础。

1.1.2 国内研究概况

我国冲击地压研究工作早在 20 世纪 70 年代就开始起步。相关理论及控制技术研究是在接收苏联、波兰等国家相关研究基础上进行的。进入 21 世纪，煤炭行业逐渐从低谷中走出，同时，随着煤矿开采技术的不断提高，采煤机、刮板输送机和液压支架的性能得到了较大的改善，采煤工作面的开采强度显著增大，加之部分矿井采用综采放顶煤开采方法，冲击地压矿井随之显著增多，冲击地压矿井数量也从 1985 年的 32 个快速增加到 2008 年的 121 个。该时期国家经济不断发展，煤炭形势好转，开采强度增加，开采深度加大，冲击地压发生次数和危害也不断增加，冲击地压研究人员和团队也在不断增加。2004 年，姜福兴从山东科技大学调到北京科技大学，研究方向由过去以矿压为主转向以冲击地压为主，并在北京科技大学建立起了团队，冲击地压研究队伍得到进一步发展壮大。在此期间，在煤矿冲击地压灾害显著增加的大背景下，无论是国家，还是企业，都在全国开始重视对煤矿冲击地压监测装备和防治技术的研发投入。其中，在企业层面上，新汶矿业集团于 2004 年率先引进了波兰的 ARAMIS 微震监测系统用于华丰煤矿冲击地压的监测实践，此后全国其他冲击地压矿井陆续开始安装相关冲击地压监测设备。在国家层面上，科技部于 2005 年设立了"十一五"国家科技支撑计划课题"深部开采煤岩动力灾害多参量识别与解危关键技术及装备"，首次在"973 计划"项目中设立有关煤岩动力灾害的项目，即胡千庭作为首席科学家的"预防煤矿瓦斯动力灾害的基础研究"项目。该阶段冲击地压研究工作得到重视和认可，研究得到较快的发展，无论是理论、技术、装备都得到进一步完善和提升。在冲击地压研究方面，国家开始加大对冲击地压的投入，2010 年设立了姜耀东为首席科学家的"973 计划"项目"煤炭深部开采中的动力灾害机理与防治基础研究"。特别需要指出的是，进入"十三五"后，国家对科技项目进行了全面改革，不再设立国家科技支撑计划项目，"973 计划"项目和"863 计划"项目统一改为国家重点研发计划项目。为此，科技部分别于 2016 年和 2017 年设立了有关冲击地压的项目，即 2016 年袁亮作为项目负责人的"煤矿典型动力灾害风险判识及监控预警技术研究"和 2017 年齐庆新作为负责人的"煤矿深部开采煤岩动力灾害防控技术研究"。国家在冲击地压方向上的科技投入不断加强。直到现在，煤炭科学研究总院（以下简称煤科总院）团队和辽宁工程技术大学（以下简称辽工大，原阜新矿业学院）团队还是目前最为稳定和人数最多的团队，持续地从事冲击地压的研究工作。其中，煤科总院团队包括开采分院团队和安全分院团队。

潘一山等采用实验室试验、数值模拟和物理模拟等方法，研究了冲击载荷条件下围岩和支护系统响应过程，指出围岩破坏经历了拉裂裂缝、重复拉剪破碎和破坏 3 个过程，提出通过提高支护刚度和快速吸能让位支护技术进行冲击地压巷道围岩控制。窦林名、高明仕等指出冲击震源对巷道的破坏效应，建立了冲击地压巷道的强–弱–强结构模型，利用能量平衡理论对支护参数进行了研究。姜耀东等分析了爆破震动诱发煤矿巷道动力失稳的机理。顾金才等通过抗爆模型试验，研究了爆炸平面波作用下硐室的受力变形、稳定状态及不同锚杆支护参数的加固和抗爆效果。卢爱红等在巷道冲击破裂的层裂屈曲模型基础上研究了应力波对围岩的破坏机理。鞠文君分析了锚杆支护防冲作用原理，提出冲击地压巷道能量校核设计法。

采动、复杂叠加应力、上覆巨厚砾岩等复杂条件造成巷道的非均匀应力和开采扰动是典型矿区回采巷道围岩冲击地压发生的主要影响因素。非均匀应力和开采扰动使矿井围岩在开采活动中频繁发生冲击地压等动力灾害，尤其是工作面回采期间，冲击地压危害更是严重。因此，研究复杂条件下耦合诱发围岩冲击危险性及机理具有十分重要的理论意义和实用价值，对推动我国防灾减灾技术研究的实践落实具有重大作用。

1.2 构造与巨厚砾岩作用下回采巷道冲击地压研究现状

1.2.1 向斜作用下回采巷道冲击地压机理研究现状

向斜构造在地壳中分布十分广泛，在煤系地层中，这种地质构造也是比较常见的。向斜构造是岩层在构造作用下产生变形而形成的一系列连续弯曲，即岩层在水平压应力的作用下弯曲而形成的。实践证明向斜构造是影响冲击地压发生的重要因素之一，义马矿区、大同矿区、京西矿区等冲击地压案例表明，在次一级的向斜构造轴部、倾角大于 45°的翼部及其转折部位是冲击地压的多发区域。

国内外相关学者从构造应力场的角度对向斜作用下冲击地压的发生规律和特征进行了研究，以期得到其发生的内在机理。孙步洲等认为在褶皱区域存在高残余构造应力，开采时会导致应力释放而发生冲击地压。陈国祥等建立了褶皱区不同介质接触型冲击地压突变模型，研究认为向斜附近区域煤岩体更容易积聚能量，而其积聚的能量在开采扰动下易引发冲击地压，使该区域冲击地压危险程度更高。陈国祥等还开展了褶皱区应力场对冲击地压影响的相关研究，认为工作面自背斜轴部开采时，支承应力集中系数比自向斜轴部开采大，确定工作面从褶皱翼部开始回采冲击危险程度更小；当褶皱背向斜同时存在时，工作面从褶皱背斜轴部开始俯采时，冲击危险性远高于从褶皱向斜轴部开始仰采的危险性。王存文等根据褶皱的纵弯形成机制，将褶皱分为 5 个区，不同部位具有不同的应力状态，研究认为向斜轴部区域水平应力集中较大。贺虎等以华亭煤矿冲击灾害严重的 250102 工作面为对象，采用微震监测系统研究了褶曲区域矿震时空演化规律。王桂峰等把巷道围岩作为一个整体进行冲击地压空间孕育机制的研究，提出"一大两小"的孕育模型，研究表明向斜构造引起的应力场是冲击地压发生的内在应力根源，并通过采用顶板岩层深孔爆破的措施进行防治。康红普等首先通过地应力实际测量,然后建立相应的向斜数值模型对甘肃华亭矿区的大型向斜构造进行研究,研究表明向斜轴部水平应力明显大于垂直应力,且向斜轴部水平应力也明显比向斜翼部水平应力大。

1.2.2 断层作用下回采巷道冲击地压机理研究现状

在断层滑动机制的研究中,国内外学者也对此进行了大量研究,建立了相应的力学模型及失稳判据。马瑾等利用热场的温度观测房山花岗闪长岩断层失稳错动的变化过程,研究发现断层失稳前热场呈现先降后升的模式,并分析了这种失稳前兆模式的机制。卓燕群等以含有平直走滑断层的房山花岗闪长岩为对象,通过定义表征断层位移累计值相对离散程度的协同系数来研究断层处于亚失稳状态的位移协同化规律与特征。崔永权等采用卧式双向加载装置对45°预切面花岗岩进行了摩擦实验,发现在正应力恒定条件下,应力降与正应力呈正比关系,当正应力存在正弦波形式的扰动时,正应力对断层黏滑的影响显著。在断层滑动的数值模拟方面,有限单元法以其独特的优势得到了广泛的应用。断层处理方式比较有代表性的有两类,第一类为1980年王仁人提出的连续介质弱化带模型,断层填充介质层采用弹塑性模型、黏弹性模型以及应变软化模型去模拟;第二类为非连续介质间断面模型,包括劈节点模型(Split node technique)、接触单元模型和块体模型。

我国学者在断层诱发冲击地压机制方面做了大量研究工作,取得了很多有益结论。蒋金泉等通过设置1m的软弱带来模拟压性逆断层,研究了硬厚岩层下逆断层采动应力演化与断层活化特征。王涛以义马千秋煤矿21221工作面为背景,采用相似材料模拟研究了采动影响下断层应力演化特征,研究认为断层活化的重要诱发因素是开采扰动,并对其断层具体活化过程和机理进行了详细阐述。王爱文等采用相似材料模拟研究了巨型逆冲断层影响下冲击地压显现特征,将煤层开采诱发巨型逆冲断层冲击灾变过程分成3个阶段,并对每一阶段断层冲击进行了阐述,为具有冲击倾向性煤层在断层构造下开采提供了参考依据。姜福兴等通过利用高精度微震监测技术对断层、陷落柱等构造带进行了现场监测,把其与数值模拟手段进行了耦合。李守国等研究了不同断层倾角下的应力场、能量场、顶板下沉量等诱冲因素对冲击地压的作用规律,认为断层倾角对下盘开采影响比上盘大。李志华等采用相似材料模拟试验和数值模拟相结合的研究方法做了很多工作,研究认为开采引起断层剪应力增加,断层正应力减小,且滑移量急剧增加。

1.2.3 巨厚砾岩作用下回采巷道冲击地压机理研究现状

冲击地压的发生与上覆岩层结构有重要关系,在坚硬巨厚顶板的情况下,覆岩结构及运动是发生冲击地压的重要影响因素。千秋煤矿、跃进煤矿和华丰煤矿等是受巨厚砾岩影

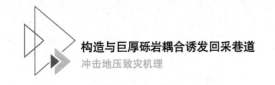

响的典型冲击地压矿井，在掘进和回采过程中都发生过多次严重的冲击地压事故。

我国学者利用多种研究手段，包括现场手段、实验室尺度手段等进行了很多研究工作。姜福兴研究了巨厚砾岩与逆冲断层控制下冲击地压致灾机理，认为巨厚砾岩与逆冲断层的叠加应力使得煤层发生塑性滑移。李宝富采用相似模拟和理论计算，分析了巨厚砾岩运动对冲击地压诱发因素的影响，并建立了煤层巷道底板冲击地压诱发机理模型，认为巨厚砾岩层断裂、垮落产生的动载扰动会诱发规模较大的冲击事故。徐学锋认为上覆巨厚砾岩很难垮落，即使回采几个工作面，上覆巨厚砾岩也不能充分垮落，因此上覆巨厚砾岩对采场围岩就会形成一个类似"O"形支承压力圈。曾宪涛认为巨厚砾岩是引发特定地质条件下矿井冲击地压的重要影响因素，且巨厚砾岩大大增加了冲击地压的危险程度。

目前，单一地质条件下诱发回采巷道冲击地压的研究较为普遍，而在构造与巨厚砾岩耦合条件下诱发回采巷道冲击地压机理的研究并不多见。工作面处于向斜、断层和巨厚砾岩的共同作用下，其向斜、断层和巨厚砾岩形成的复杂应力场，致使回采巷道在开采扰动过程中频繁发生冲击地压现象，尤其是工作面回采期间，冲击地压危害更是严重，且冲击地压事故多是发生在回采巷道。基于工作面处于向斜、断层和巨厚砾岩的复杂应力环境下，且受开采扰动时，研究回采巷道围岩的应力变化规律、失稳变形破坏特征、冲击地压发生机理及防控体系，对同类型地质条件下回采巷道冲击地压预防与治理具有显著的现实意义。

构造与巨厚砾岩耦合诱发回采巷道冲击地压发生规律研究

本章依据义马矿区的工程地质特征对义马矿区 11 个工作面、89 次冲击事件的发生规律深入分析，得出：掘进冲击地压共发生 29 次，占 32.6%，回采冲击地压共发生 59 次，占 66.3%，其他冲击地压共发生 1 次，占 1.1%，义马矿区冲击地压以回采冲击地压为主，但掘进冲击地压必须给予充分重视；工作面冲击地压共发生 9 次，占 10.1%，巷道冲击地压共发生 80 次，占 89.9%，义马矿区冲击地压以巷道冲击地压为主；结合冲击地压的发生时序和发生位置，得出义马矿区冲击地压以回采巷道冲击地压为主，共发生 51 次，占 57.3%。

▶ 2.1 工程地质特征

本书试验研究矿区为义马矿区，义马矿区隶属于河南能源化工集团义马公司。义马煤田为单一向斜构造，井田边界的划分以自然形成的断层作为重要划分依据，向斜构造又由于自身形成过程中的复杂特性，进一步衍生出褶曲、倾向断层、走向断层、逆冲断层和斜交断层，有时甚至会出现煤层合并或者尖灭的现象，煤层顶板的巨厚砾岩地层是义马煤田的又一大特征，如图 2-1 所示。

义马矿区有千秋煤矿、跃进煤矿、耿村煤矿、常村煤矿和杨村煤矿 5 对生产矿井，目前埋深分布如下：千秋煤矿 750~980m，跃进煤矿 650~1060m，耿村煤矿 500~650m，常村煤矿 600~800m，杨村煤矿 400~600m。其中易发生冲击地压的典型煤矿为千秋煤矿和跃进煤矿。

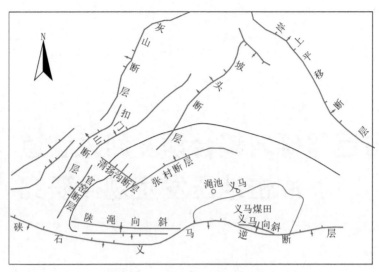

图 2-1　义马煤田地质构造图

2.1.1 构造特征

1. 向斜构造

义马向斜是渑池—义马向斜的重要组成部分，且其构造特征也深刻影响着渑池—义马向斜，义马向斜被北东向中条山弧形构造带和北秦岭纬向构造带所包围，且受到它们的加持作用，在地壳运动的过程中，义马向斜的生成、形变和发展主要受东西向构造控制。义马向斜走向一般为东西方向，倾角多在 6°～25°，在其形成过程中义马向斜被义马 F16 东西向压扭性逆冲断层所破坏，从而造成局部陡倾和直立，有时甚至发生倒转现象。义马向斜的西南边缘扬起角为 12°～15°，轴面倾角为 40°。向斜轴部构造应力发育，是冲击地压的多发区域，以跃进煤矿为例，该矿有记录的 38 次冲击地压中有 32 次冲击地压发生在向斜区域，占冲击地压总数的 84.2%。

2. 断层构造

近年来随着采深的增加，高应力条件下冲击地压的发生频率也随之增大，尤其是千秋煤矿、跃进煤矿等在靠近 F16 断层开采时冲击地压问题更加突出。义马矿区 F16 逆断层为近东西向压扭性逆冲断层，走向为 110°，倾向南偏西，倾角为 30°～75°，落差为 31～102m，水平错距为 120～1080m，北临千秋煤矿，向西延入耿村、杨村煤矿，向东延入跃进、常村煤矿。F16 逆断层及其伴生断层存在应力异常区或高应力区，对冲击地压的安全防治造成了重要影响。

2.1.2 地层特征

义马矿区典型地层特征是煤层上覆岩层为巨厚砾岩。在井田的自然地质形成过程中，燕山运动对巨厚砾岩的形成和变形起到了关键性作用，从而形成了巨厚的砾岩地层。根据钻孔资料绘制义马矿区地层综合柱状图如图 2-2 所示。

地层单位 国际性 界	系	统	地方性 组	段	地层代号	柱状 1:400	累深/m	厚度/m 最小～最大 一般	煤层标志层名称	岩性描述
新生界	第四系				Q		15.00	0～37.40 15.00		上部为巨厚土黄色粉砂质黏土和黏土层，常保留不全。中下部为砖红色砂质黏土、钙质砂姜黏土和含砾黏土，常出露地面。底部为土黄色或砖红色黏土质砂砾层，砾石成分以石英岩和石英岩砾为主，局部以泥灰岩砾为主，全层均受较强的铁锰质侵染，以膜状为主，偶见少量铁锰质结核，局部发育有因植物根系的生长和蠕虫活动所遗留下来的管孔迹
	上第三系				N		20.50	0～23.27 5.50		以肉红色、灰白色泥灰岩为主，细晶质结构。含次棱角状石英岩砾石，具蜂窝状构造。底部常为砾岩，不整合覆盖于各时代地层之上
中生界	白垩系			上段	K		85.50	0～187.08 65.00		上段：以杂色砾岩为主，砾石成分以岩浆岩、石灰岩岩屑为主，次为石英岩岩屑。自西向东石英岩砾石含量增加，石灰岩砾石含量减少。次圆状，最大砾径250mm，一般砾径为70mm，顶部强风化且具钙质淋滤侵染，呈蜂窝状，胶结松散；
				下段			170.50	0～113.80 85.00		下段：砂砾岩：浅灰紫～浅灰绿，中上部以灰绿色为主，下部以浅灰紫色为主，砾石成分以石英砂石为主，富含凝灰质及大量风化长石和黏土矿物，胶结极松散； 其上、下两段主要分布于40线以东和走向剖面以南的向斜核部，呈一盆状向东倾伏且加厚
	侏罗系	上侏罗统			J_3		580.50	96.35～435.30 410.00		砾岩：杂色，砾石呈次圆状，分选性中等～差，砾石成分以石灰石为主，次为石英岩和石英砂岩，含少量火成岩。以次圆状为主，分选中等～差，杂基为砖红色砂泥质，基底式钙泥质胶结为主，一般胶结较好，加有松散段。底部常夹1～3层、厚度可达6.63m的砖红色砂质泥岩薄层，胶结紧密，为辅助标志层之一； 本统在向斜核部为最厚，向两翼因受剥蚀而变薄； 砾石成分的变化为：石英岩和石英砂岩的百分含量自北向南逐渐减少，自西向东略渐增加，石灰岩砾则反之，火成岩砾约占5%
		中侏罗统	马凹组		J_{2m}		763.50	124.53～214.73 183.00		以紫红色砂质泥岩、粉砂岩、灰绿色粉砂岩、细砂岩和杂色砾岩为主，中部含钙质团块，底部含黄铁矿，黄铁矿多为星散粒状分布的细晶体，不规则状集合体，鲕粒、晶体团块和薄膜，常见虫迹通道，偶见动物骨骼化石；砾石成分以石英岩、石英砂岩、石灰岩岩屑为主，含少量岩浆岩，本统中下部见有铝土岩砾石，底部砾岩以石英砂岩砾石为主；本统岩层厚度变化不大，但砾岩层总厚度变化极为明显；在本区东南部的3603号钻孔厚度最大，占本统总厚的73.76%，呈一扇形向西、北、东3个方向变薄，至西部砾岩层则近于尖灭； 在向斜核部，本统底部普遍发育一过渡层段，由灰绿、绿灰色砂岩、粉砂岩、黏土质泥岩组成。夹砾岩薄层或条带，砾石以石英砂岩岩屑为主。常见泥岩、粉砂岩砾，走向剖面附近，该层段顶部常见明显的风化带，呈黄色、夹煤线，偶见油页岩条带，自东向西加厚
							765.02	0～5.09 1.52		灰～深灰色泥岩，风化略呈褐黄色，含黄铁矿团块及炭化植物化石和鱼鳞片动物化石，一般厚小于2.00m，在3902、千补8、千补7、千补4、千补3、千补2、3404号钻孔及其以北被剥蚀
			义马组	上含煤段	J_{2y}		766.00	0～4.69 0.98	1-2煤	1-2煤，以亮煤、镜煤为主，块状、光亮型，一般不可采，夹矸为泥岩、粉砂岩及细砂岩，在44勘探线以西可采，在3807、3808、3776、3406号孔见及零星可采点，在千补10、3905、3774、3602号孔及其以北为沉陷区
							766.50	0～4.69 0.50		以浅灰～灰白色中细粒砂岩为主，夹粉砂岩薄层，一般厚0.50m，该层主要分布于42与35勘探线之间，在3902、千补7、千补3、千补2、3404号孔以北被剥蚀
				泥岩段			790.50	4.40～42.20 24.00	JK_1	深灰～灰黑色泥岩，夹菱铁质薄层，致密均一、断口平坦，具隐蔽水平层理，全层均含有鱼鳞片、瓣鳃、幼螺等动物化石及较多的炭化植物化石碎片，最顶部发育有虫迹带，厚度变化为自东向西逐渐加厚，33勘探线以东浅部遭受剥蚀，顶部风化带明显，在煤层分叉区为2-1煤层的顶板，在合并区为二煤层的顶板
				下含煤段			795.99	0.14～9.45 5.49	2-1煤	2-1煤：半亮型，块状～粉粒状，条痕黑褐～褐黑色，结构较简单，为区内主要可采煤层之一，常含一层夹矸。岩性为浅灰～灰色含砾中细砂岩，砾石为细砾状石英岩岩屑，特征明显，可作为煤层对比辅助标志层之一，该煤层主要分布于3504、3602、3904号钻孔以东煤层分叉区内
							798.5	0.82～6.30 2.51	2-2煤	以灰色细砂岩、粉砂岩为主，具水平层理及波状层理，在煤层分叉区浅部以浅灰色细砂岩为主，向深部渐变为粉砂岩，为一套三角洲相沉积。该层分布于千补2、3505、3808、3904号钻孔一线以东
							805.32	0.35～20.67 6.82	2-3煤	2-3煤：上部为半亮型煤，块状～粉粒状，条痕黑褐～褐黑色，下部为半暗型煤，粉粒状为主。底部煤质较差，结构复杂，夹矸常为泥岩、炭质泥岩和粉砂岩。该层主要分布于3504、3602、3904号孔一线以东煤层分叉区，向西为2-1与2-3煤的合并区，其合并之煤层统称为二煤
				底砾岩段			813.32	0.30～32.81 8.00	JK_2	浅灰色砾岩，局部为棕灰～灰色含砾砂岩，砾石呈次圆～圆状，砾径一般为10～30mm，最大可达90mm，成分单一，主要为石英砂岩和石英岩，钙质基底式胶结，砾岩主要分布于千补13、4007、3903、3904号钻孔一线以东和以北区段，向南逐渐变为含砾黏土岩，为2-1煤及2-3煤的直接顶板。西部以浅灰色砂岩为主，夹砾岩薄层，向南变薄并渐变为黏土岩
	三叠系	上三叠统	谭庄组		T_3			>182.08		以灰色泥岩为主（偶夹菱铁质鲕粒层），次为浅灰绿～浅灰色细砂岩和粉砂岩，偶夹薄煤层，水平层理、缓波状层理、混浊状层理发育，常见潜穴通道和植物根部化石，顶部风化带明显，风化色为黄绿色和紫红色

图 2-2　义马矿区地层综合柱状图

义马矿区的巨厚砾岩为 124.5～435.3m，一般为 410.4m，本层位于矿区中部山脊及其以南。巨厚砾岩成分以石英砂岩或石英岩为主，粒径 2～500mm，块状构造。巨厚砾岩的自然地质形成过程，造就煤层顶板的巨厚砾岩很容易积聚弹性能，巨厚砾岩一般不易破断，但是在其离层、滑移或是破断的过程中会突然释放大量的弹性能，造成强烈的震动影响，随着工作面的推进，采空区悬顶面积的增大，冲击地压危险性也随之增大，给矿井冲击地压的防治大大增加了困难。

2.2 构造与巨厚砾岩耦合条件下冲击地压发生规律分析

2.2.1 千秋煤矿冲击地压规律分析

1. 矿井生产地质条件

义煤集团千秋煤矿设计生产能力为6×10^5t/a，2007 年核定生产能力为2.1×10^6t/a。千秋煤矿主采 2 号煤层，煤层平均埋深为 800m；煤层倾角为 3°～13°，平均倾角为 10°；煤层平均厚度为 10m；煤层f值为 1.5～3.0，煤层节理、层理发育；煤层直接顶为 0～24m 的脆性泥岩，基本顶为侏罗系巨厚砾岩，且厚度为 179～429m，平均 410m。

千秋煤矿地质综合柱状图、采掘工程剖面示意图如图 2-3 所示。

岩性	柱状	厚度/m
黏土		120
砂砾岩		100
巨厚岩		400
泥岩、粉砂岩		100
泥岩		1.5
1-2煤层		0.98
细岩、砂岩		0.5
泥岩		24
2-1煤层		10
浅灰色砾岩		8
灰色泥岩		>180

（a）地质综合柱状图

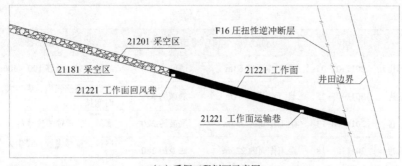

（b）采掘工程剖面示意图

图2-3　千秋煤矿地质综合柱状图、采掘工程剖面示意图

2.冲击地压统计规律

根据千秋煤矿生产地质相关资料及现场观测调研，得知千秋煤矿21032工作面、21112工作面、21141工作面、21181工作面、21201工作面和21221工作面发生冲击地压事件比较频繁，统计自2008年6月至2014年3月已发生50次冲击事件（不完全统计），具体千秋煤矿冲击地压事件统计见表2-1。

表2-1　千秋煤矿冲击地压事件统计

事件	地点	时间	位置	巷道变形量/mm	冲击破坏特征	备注
1	21141 下巷	2008-08-21	距巷口约 600m	底鼓约 500	底鼓，顶板变形	掘进
2	21141 下巷	2008-11-09	距巷口约 300m	底鼓约 100	底鼓，巷道煤尘较大	掘进
3	21141 下巷	2008-11-22	距巷口约 400m	底鼓约 110	底鼓，支架扭曲下沉	掘进
4	21141 下巷	2008-11-24	距巷口约 350m	底鼓约 75	底鼓，支架轻微变形	掘进
5	21141 下巷	2008-12-30	工作面		煤尘大，其他无明显影响	回采
6	21141 下巷	2009-01-12	距巷口约 500m	底鼓约 225	底鼓，顶板下沉 120mm，上帮破坏	回采
7	21141 下巷	2009-04-24	距巷口约 800m	底鼓约 480	底鼓，巷道变形严重	回采
8	21141 下巷	2009-06-19	距巷口约 500m	底鼓约 310	底鼓，巷道不同程度受损	回采
9	21141 下巷	2010-02-13	距工作面约 559m	底鼓约 210	底鼓，震感强烈，煤尘大	回采
10	21141 下巷	2010-04-01	距工作面约 384m	底鼓约 260	底鼓，震感强烈，煤尘大	回采
11	21141 下巷	2010-08-13	距工作面约 240m	底鼓约 330	底鼓，震感强烈，煤尘大	回采
12	21141 下巷	2010-09-21	距工作面约 390m	底鼓约 285	底鼓，震感强烈，煤尘大，持续时间长	回采
13	21141 下巷	2010-11-10	距工作面约 194m	底鼓约 300	底鼓，上帮破坏	回采
14	21141 下巷	2010-12-11	距工作面约 226m	底鼓约 280	底鼓，煤尘飞扬	回采
15	21141 下巷	2011-02-14	距工作面约 53m	底鼓约 488	底鼓，地面震感强烈	回采

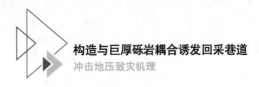

表 2-1（续）

事件	地点	时间	位置	巷道变形量/mm	冲击破坏特征	备注
16	21141 下巷	2011-03-05	距工作面约 63m	底鼓约 450	底鼓，支柱滑移 100~300mm	回采
17	21141 下巷	2011-05-25	距工作面约 81m	底鼓约 330	底鼓，震感强烈，煤尘大，持续时间长	回采
18	21141 下巷	2011-06-13	距工作面约 353m	底鼓约 220	底鼓，巷道锚喷皮掉落	回采
19	21141 下巷	2011-06-18	距工作面约 220m	底鼓约 280	底鼓，震感强烈，煤尘大，持续时间长	回采
20	21141 下巷	2011-07-27	工作面		煤炮响后煤尘持续长，巷道掉锚喷皮较多	回采
21	21141 下巷	2011-08-02	距工作面约 47m	底鼓约 600	底鼓，煤炮响，煤尘大	回采
22	21141 下巷	2011-08-21	距工作面约 151m	底鼓约 300	底鼓，上帮变形	回采
23	21141 下巷	2011-10-10	距工作面约 310m	底鼓约 260	底鼓，支架倾斜，锚喷皮大量掉落	回采
24	21141 下巷	2011-10-24	距工作面约 250m	底鼓约 180	底鼓，架棚下沉 100~200m	回采
25	21141 下巷	2011-12-27	距工作面约 490m	底鼓约 550	底鼓，地面有震感，煤尘大，顶梁下沉 300~500mm	回采
26	21141 下巷	2012-03-27	距工作面约 382m	底鼓约 260	底鼓，上帮移出 150mm	回采
27	21141 下巷	2012-05-06	距工作面约 283m	底鼓约 650	明显底鼓，大量锚喷皮掉落	回采
28	21141 工作面	2012-05-28	工作面		煤尘大，有震感	回采
29	21141 下巷	2012-06-13	距工作面约 238m	底鼓约 400	底鼓，顶板两帮变形明显	回采
30	21141 工作面	2012-06-24	工作面		煤尘大，支架下沉大	回采
31	21141 下巷	2012-09-11	距工作面约 361m	底鼓约 290	底鼓，巷道顶部掉碎锚喷皮	回采
32	21141 下巷	2013-02-08	距离巷口约 155m	底鼓约 300	底鼓，顶板下沉 200~400mm	回采
33	21141 下巷	2013-03-18	距离巷口约 180m	底鼓约 280	顶板下沉 100~200mm，煤尘持续 3min	回采
34	21141 工作面	2013-04-18	距工作面约 20m	底鼓约 630	底鼓明显，上帮移出，单体柱下沉 300mm	回采
35	21141 工作面	2013-05-04	工作面		煤尘大，煤壁片帮	回采
36	21141 工作面	2013-05-17	工作面		煤尘大，下端头变形严重	回采
37	21181 工作面	2008-10-22	工作面		密闭墙倒塌，墙顶变形	回采
38	21201 下巷	2008-06-05	下巷外口以里 725~830m	底鼓约 2000	严重底鼓，断面由 10m² 急剧缩小到 1m²	扩修
39	21201 下巷	2008-09-27	距工作面约 120m	底鼓约 500	底鼓，顶板下沉 300mm，上帮移出 400mm	回采
40	21201 下巷	2008-12-16	距巷口约 460m	底鼓约 450	顶板下沉、底板鼓起、两帮挤进约 600mm	回采
41	21201 工作面	2009-03-27	工作面		顶梁变形严重	回采
42	21201 工作面	2009-05-07	工作面		顶梁下沉，最大片帮 500mm	回采

表 2-1（续）

事件	地点	时间	位置	巷道变形量/mm	冲击破坏特征	备注
43	21201 工作面	2009-09-14	距工作面约 5m	底鼓约 650	底鼓，上帮移出，顶板下沉	回采
44	21221 下巷	2011-08-16	距巷口约 477m	底鼓约 260	底鼓，单体柱向上帮歪斜，皮带架偏移	掘进
45	21221 下巷	2011-08-31	距巷口约 570m	底鼓约 300	底鼓，下帮梁腿轻微滑移	掘进
46	21221 下巷	2011-11-03	距巷口约 550m	底鼓约 350	底鼓，上帮移出 210mm，煤尘大，持续时间较长，冲击波大，距巷口 380m 以内不能	掘进
47	21221 下巷	2012-04-12	距巷口约 70m	底鼓约 150	底鼓，两帮挤进，缆车段变形	掘进
48	21221 下巷	2012-05-10	距巷口约 100m	底鼓约 180	底鼓，煤尘大，持续时间长	掘进
49	21221 下巷	2012-10-03	距巷口约 115m	底鼓约 200	底鼓，响声大，震感明显	掘进
50	21032 回风上山	2014-03-27	掘进口	底鼓约 330	巷道变形严重，传输线被切断	掘进

由表 2-1 统计分析可知：

（1）21141 工作面在 2008 年 11 月发生 3 次冲击，时间相对集中、冲击范围较广。

（2）21032 工作面发生 1 次，21112 工作面发生 3 次，21141 工作面发生冲击次数高达 36 次，21181 工作面共发生 1 次冲击，21201 工作面共发生 6 次冲击，21221 工作面发生 3 次冲击。

（3）根据冲击地压的发生采掘时序，可将冲击地压分为掘进冲击地压、回采冲击地压及其他冲击地压（所占比例较小）。统计 6 个工作面冲击地压的发生采掘时序，21141 掘进冲击 4 次，回采冲击 32 次；21181 回采冲击 1 次；21201 回采冲击 5 次，其他冲击（巷道扩修期间）1 次；21221、21112 和 21032 均为掘进冲击地压，分别发生 3 次、3 次和 1 次，但 3 个工作面在统计时段内未进行回采。由此得知：千秋煤矿掘进冲击地压共发生 11 次，占 22%；回采冲击地压共发生 38 次，占 76%；其他冲击地压共发生 1 次，占 2%；矿井冲击地压以回采冲击地压为主。如图 2-4 所示。

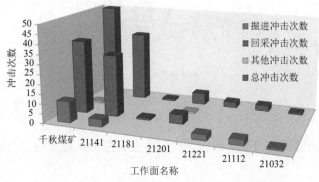

图 2-4 千秋煤矿掘进和回采冲击地压发生规律

（4）根据冲击地压的发生位置，可将冲击地压主要分为工作面冲击地压和巷道冲击地压。统计 6 个工作面冲击地压的发生位置，21141 工作面冲击 6 次，巷道冲击 30 次；21201工作面冲击 2 次，巷道冲击 4 次；21181、21221、21112 和 21032 均为巷道冲击地压，分别发生 1 次、3 次、3 次和 1 次，其中 21181、21221 和 21112 冲击地压均发生在本工作面运输巷（本书以下简称"下巷"，工作面回风巷本书以下简称"上巷"）。由此得知：千秋煤矿工作面冲击地压共发生 8 次，占 16%；巷道冲击地压共发生 42 次，占 84%；矿井冲击地压以巷道冲击地压为主（图 2-5）。

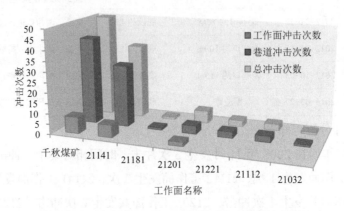

图 2-5　千秋煤矿工作面和巷道冲击地压发生规律

（5）结合冲击地压的发生时序和发生位置，得出千秋煤矿冲击地压以回采巷道冲击地压（回采期间发生在巷道位置的冲击地压）为主，共发生 31 次，占 62%（图 2-6）。

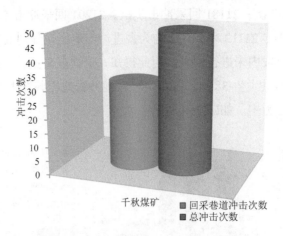

图 2-6　千秋煤矿冲击地压发生规律

（6）冲击引起的回采巷道变形破坏以底鼓为主，两帮挤进为辅（上帮移出、下帮肩角鼓出等）。

2.2.2 跃进煤矿冲击地压规律分析

1. 矿井生产地质条件

义煤集团跃进煤矿设计生产能力为 1.2×10^6 t/a，2006 年生产能力为 1.67×10^6 t。跃进煤矿主采 2 号煤层，煤层平均埋深为 993m；煤层平均倾角为 $10°$；煤层平均厚度为 11m；煤层 f 值为 $1.5 \sim 3.0$，煤层节理、层理发育；煤层伪顶为厚 0.2m 的砂质泥岩，直接顶为厚 18m 的泥岩，暗灰色块状，易破碎，局部裂隙和节理发育，基本顶为侏罗系巨厚砾岩，平均厚度约 190m。该矿井地压大，构造应力复杂，巷道易底鼓、片帮和冒顶。

跃进煤矿地质综合柱状图和采掘工程平面图如图 2-7 所示。

时代	层厚/m	岩性柱状	岩石名称	岩性描述	备注
J_2^2	190		砂岩、砾岩	块状、灰白色，具含水性	基本顶
	4		砂质泥岩	深灰色，含植物化石	1-2煤层直接顶
	0~2.5 1.5		1-2煤层	黑色，块状，夹矸为炭质泥岩；综合结构0.5(0.1)0.4(0.3)0.2	1-2煤层
J_2^1	18		泥岩	暗灰色，块状，易破碎，局部裂隙、节理发育	2-1煤层直接顶
	8.4~13.2		2-1煤层	黑色，块状易碎，有较厚矸层，夹矸为炭质、砂质泥岩。综合结构为：1.5(0.3)1.3(0.6)2.7(0.4)2.9(0.5)1.4	2-1煤层
	11.5				
	4		泥岩	深灰色，含植物化石	直接底
	26		砂岩	灰、浅灰色，成分以石英、长石为主	基本底

图 2-7　跃进煤矿地质综合柱状图

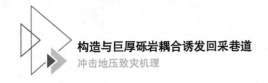

2. 冲击地压统计规律

根据跃进煤矿生产地质相关资料及现场观测调研，得知跃进煤矿 23130 工作面（本书以下简称"23130"，其他工作面简称按此方式）、23010 工作面、25080 工作面、25090 工作面和 25110 工作面发生冲击地压事件比较频繁，统计自 2006 年 6 月至 2011 年 3 月已发生 39 次冲击地压事件（不完全统计），具体跃进煤矿冲击地压事件统计，详见表 2-2。

由表 2-2 统计分析可知：

（1）23130 工作面共发生 14 次冲击，23010 工作面共发生 1 次冲击，25080 工作面共发生 4 次冲击，25090 工作面发生 10 次冲击，25110 工作面发生 10 次。

（2）统计 5 个工作面冲击地压的发生采掘时序，23130 掘进冲击 7 次，回采冲击 7 次；23010 掘进冲击 1 次；25080 掘进冲击 4 次；25090 掘进冲击 1 次，回采冲击 9 次；25110 掘进冲击 5 次，回采冲击 5 次。由此得知：跃进矿掘进冲击地压共发生 18 次，占 46.2%；回采冲击地压共发生 21 次，占 53.8%；矿井冲击地压以回采冲击地压为主，但掘进引起的冲击地压也不容忽视（图 2-8）。

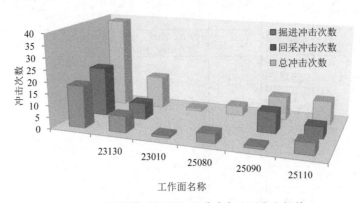

图 2-8　跃进煤矿掘进和回采冲击地压发生规律

表 2-2　跃进煤矿冲击地压事件统计

事件	地点	时间	位置	巷道变形量/mm	冲击破坏特征	备注
1	23130 下巷	2007-12-27	距巷口约 110m	底鼓约 2700	底鼓，帮移出，爆破诱发冲击	掘进
2	23130 下巷	2008-01-30	距巷口约 200m	底鼓约 1400	底鼓，上帮变形 500～1500mm	掘进
3	23130 下巷	2008-10-19	距巷口约 475m	底鼓约 500	底鼓，上帮移出 800mm	掘进
4	23130 下巷	2008-10-21	558～563m，5m 巷道	底鼓约 450	底鼓，上帮片帮 1200mm，破	掘进
5	23130 下巷	2008-10-25	533～572m，39m 巷道	底鼓约 500	底鼓，两帮移近 400	掘进
6	23130 下巷	2008-10-31	552～592m，40m 巷道	底鼓约 1500	底鼓，上帮移出 500mm，架棚变形	掘进

表 2-2（续）

事件	地点	时间	位置	巷道变形量/mm	冲击破坏特征	备注
7	23130 下巷	2008-11-13	571～635m，64m 巷道	底鼓约 1000	底鼓，上帮移出 800mm，下帮 500mm	掘进
8	23130 下巷	2009-07-31	约 729m	底鼓约 200	底鼓，U 型钢撕裂严重，仅 20mm 连接	回采
9	23130 工作面	2009-08-03	工作面（开切眼）	底鼓约 500	底鼓，顶下沉 900mm，上移出 400mm	回采
10	23130 下巷	2009-11-05	547～638m，91m 巷道	底鼓约 300	底鼓，U 型棚卡具接口、棚腿撕裂	回采
11	23130 下巷	2009-11-08	340～640m，300m 巷道	底鼓约 1200	底鼓，两帮移近 1000mm	回采
12	23130 下巷	2010-01-27	500～532m，32m 巷道	底鼓约 350	底鼓，两帮移近 30m	回采
13	23130 下巷	2010-02-17	801～806m，5m 巷道	底鼓约 150	底鼓，造成 U 型棚轻微位移	回采
14	23130 下巷	2010-02-19	331～350m，19m 巷道	底鼓约 50	底鼓，巷道整体变形较小	回采
15	23010 新上巷	2008-08-30	距开切眼 40～110m	底鼓约 1200	底鼓，下帮破坏严重	掘进
16	25080 下巷	2006-09-20	距巷口约 30m	底鼓约 350	35m 底鼓，上帮局部片帮	掘进
17	25080 下巷	2006-10-05	距巷口约 140m	底鼓约 500	40m 卷道底鼓，上帮片帮	掘进
18	25080 下巷	2006-10-17	距巷口约 60m	底鼓约 1000	底鼓，耙斗机下移	掘进
19	25080 新上下	2007-06-19	新上下巷、联络巷	底鼓约 350	500m 底鼓，崩翻皮带	掘进
20	25090 下巷	2006-06-30	距开切眼约 600m	底鼓约 1200	35m 巷道底鼓，下帮挤出	掘进
21	25090 下巷	2006-11-22	回采 23m 时	底鼓约 300	40～70m 回采巷道底鼓 0.3m	回采
22	25090 下巷	2006-12-14	回采 159m 时	底鼓约 350	50m 回采卷道底鼓	回采
23	25090 下巷	2006-12-19	回采 188m 时	底鼓约 400	56m 回采卷道底鼓	回采
24	25090 下巷	2006-12-30	回采 254m 时	底鼓约 450	50m 回采卷道底鼓	回采
25	25090 下巷	2007-01-04	回采 308m 时	底鼓约 600	65m 回采卷道底鼓	回采
26	25090 下巷	2007-01-10	回采 323m 时	底鼓约 550	40～60m 回采卷道底鼓	回采
27	25090 下巷	2007-01-19	回采 340m 时	底鼓约 1000	60m 回采卷道底鼓 1000mm	回采
28	25090 下巷	2007-02-28	回采 349m 时	底鼓约 500	60m 回采卷道底鼓	回采
29	25090 下巷	2007-08-06	探卷口至石门下口段	底鼓约 600	28m 底鼓	回采
30	25110 下巷	2009-07-21	探卷口至掘进头 60m	底鼓约 600	底鼓，两帮挤进，下帮滑移 1000mm	掘进

表 2-2（续）

事件	地点	时间	位置	巷道变形量/mm	冲击破坏特征	备注
31	25110 下巷	2009-08-31	40~160m，120m 巷道	底鼓约 500	底鼓，两帮挤进 1m，棚梁崩翻	掘进
32	25110 下巷	2009-12-25	495m 处	底鼓约 450	底鼓，上帮移出 400mm，卡具失效	掘进
33	25110 下巷	2010-01-08	80~591m	底鼓约 500	底鼓，帮下部有挤出现象	掘进
34	25110 下巷	2010-01-19	距石门 560~572m	底鼓 300	底鼓，以上帮为主，3 次片帮，2×1.5m 窟窿，部分锚杆和锚索失效，距正头 20.5m	掘进
35	25110 下巷	2010-02-10	距石门 623~661m	底鼓 420	底鼓，上帮破坏，带式输送机架崩至下帮	回采
36	25110 下巷	2010-03-16	距巷口约 770m	底鼓 150	底鼓，3 号硐室卸压炮引发	回采
37	25110 下巷	2010-07-23	820~830m	底鼓约 90	底鼓，上帮变形，带式输送机架崩翻	回采
38	25110 下巷	2010-08-11	500~600m	底鼓约 600	底鼓，冲击长度 340m，造成 O 形棚及门式支架严重损坏，上帮变形严重	回采
39	25110 下巷	2011-03-01	200~400m	底鼓约 500	底鼓，门式支架变形弯曲，约 340m 变形严重，位于 F2504 断层附近	回采

（3）统计 5 个工作面冲击地压的发生位置，23130 工作面冲击 1 次，巷道冲击 13 次；23010、25080、25090 和 25110 均为巷道冲击地压，分别发生 1 次、4 次、10 次和 10 次，其中 25090 和 25110 冲击地压均发生在本工作面下巷（运输巷）。由此得知：跃进煤矿工作面冲击地压共发生 1 次，占 2.6%；巷道冲击地压共发生 38 次，占 97.4%；矿井冲击地压大部分是巷道冲击地压（图 2-9）。

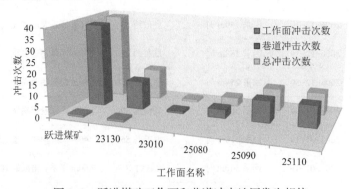

图 2-9　跃进煤矿工作面和巷道冲击地压发生规律

（4）结合冲击地压的发生时序和发生位置，得出跃进煤矿冲击地压以回采巷道冲击地压（回采期间发生在巷道位置的冲击地压）为主，共发生 20 次，占 51.3%，但掘进巷道必须给予充分重视（图 2-10）。

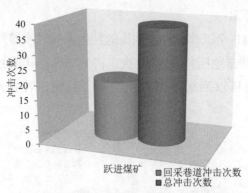

图 2-10　跃进煤矿冲击地压发生规律

（5）冲击引起的回采巷道变形破坏以底鼓为主，并伴随上帮移出、下帮肩角鼓出等破坏。

2.2.3 义马矿区煤矿冲击地压规律分析

义马矿区是在构造与巨厚砾岩耦合条件下冲击地压发生的典型矿区。根据对义马矿区典型冲击地压矿井千秋煤矿和跃进煤矿的冲击地压规律统计，综合统计数据可知，自 2006 年 6 月至 2014 年 3 月，义马矿区已发生 89 次冲击地压事件，具体义马矿区冲击地压事件统计详见表 2-3。

表 2-3　义马矿区冲击地压事件统计

名称	掘进冲击次数	回采冲击次数	其他冲击次数	总冲击次数
义马矿区	29	59	1	89
千秋煤矿	11	38	1	50
跃进煤矿	18	21	0	39

名称	工作面冲击次数	巷道冲击次数	总冲击次数
义马矿区	9	80	89
千秋煤矿	8	42	50
跃进煤矿	1	38	39

名称	回采巷道冲击次数	总冲击次数
义马矿区	51	89
千秋煤矿	31	50
跃进煤矿	20	39

由表2-3统计分析可知：

（1）统计义马矿区 11 个工作面冲击地压的发生采掘时序得知：掘进冲击地压共发生29 次，占 32.6%；回采冲击地压共发生 59 次，占 66.3%；其他冲击地压共发生 1 次，占1.1%；义马矿区冲击地压以回采冲击地压为主，但掘进冲击地压必须给予充分重视（图2-11）。

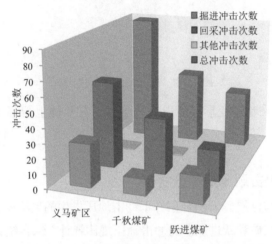

图 2-11　义马矿区掘进和回采冲击地压发生规律

（2）统计义马矿区 11 个工作面冲击地压的发生位置得知：工作面冲击地压共发生 9次，占 10.1%；巷道冲击地压共发生 80 次，占 89.9%；义马矿区冲击地压以巷道冲击地压为主（图 2-12）。

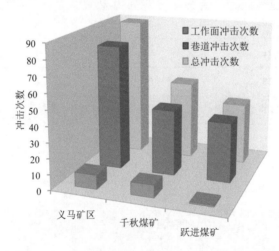

图 2-12　义马矿区工作面和巷道冲击地压发生规律

（3）结合冲击地压的发生时序和发生位置，得出义马矿区冲击地压以回采巷道冲击地压为主，共发生 51 次，占 57.3%，但掘进巷道冲击地压必须给予充分重视（图 2-13）。

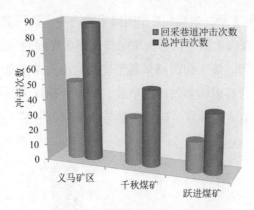

图 2-13　义马矿区冲击地压发生规律

（4）冲击引起的回采巷道变形破坏以底鼓为主，并伴随上帮移出、下帮肩角鼓出等破坏。

2.2.4 回采巷道易发冲击地压原因分析

根据已有现场资料和统计数据，义马矿区回采巷道在构造与巨厚砾岩耦合条件下易发生冲击地压的原因初步分析如下：

冲击地压多易发生在回采巷道中，而不是工作面，这是因为回采巷道的围岩受力结构不同于工作面；工作面的围岩受力结构决定其在开采过程中应力很快地得到释放，不易形成应力集中而产生能量积聚，而回采巷道受工作面超前支承应力、构造应力（向斜应力和断层应力等）和巨厚砾岩局部旋转离层而造成回采巷道的非均匀应力影响，使其比工作面更易形成因应力集中而产生的能量积聚，当能量积聚达到一定程度，即应力集中区域积聚的能量大于其到达巷道煤壁所消耗的能量与煤壁强度的极限承载能之和时，就会发生回采巷道冲击地压；而掘进巷道冲击地压的发生多是其所受构造应力足够大，且在开采扰动（如爆破）下，因应力集中突然卸载释放而引起的掘进冲击。因此回采巷道易发生冲击地压。

▶ 2.3 构造与巨厚砾岩耦合条件下回采巷道冲击地压特征分析

2.3.1 千秋煤矿回采巷道冲击地压特征分析

1. 位置特征分析

参考现有资料和相关文献，根据工作面前方应力影响的不同分为动压应力区、显现应力区、原岩应力区，以此将冲击地压发生位置划分为 0 ~ 100m、100 ~ 200m、200m 以外 3 个区域。下面对发生冲击地压较多的工作面进行分别分析。

1）21141 工作面

2008 年 8 月—2013 年 5 月，21141 工作面回采巷道冲击地压灾害发生在动压应力区 5 次，占 16.7%；发生在显现应力区 4 次，占 13.3%；发生在原岩应力区 21 次，高达 70%，如图 2-14 所示。由此可知，该工作面回采巷道冲击地压的发生受工作面回采扰动影响较小，而本处于原岩应力区的巷道却多发冲击事故，初步判断认为回采巷道冲击地压的发生与上覆巨厚砾岩及局部构造应力异常（向斜构造与断层构造引起）有关。

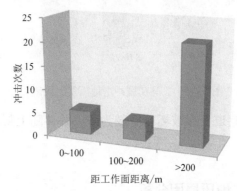

图 2-14　21141 工作面回采巷道冲击地压发生位置规律

2）21201 工作面

2008 年 6 月—2009 年 9 月，21201 工作面回采巷道冲击地压灾害发生在动压应力区 1 次，占 25%；发生在显现应力区 1 次，占 25%；发生在原岩应力区 2 次，达 50%，如图 2-15 所示。由此可知，该工作面回采巷道冲击地压的发生受工作面回采扰动影响较为明显，而处于原岩应力区的巷道依然为冲击事故的多发地带，初步判断认为回采巷道冲击地压的发生与煤岩体的冲击倾向性、开采扰动、上覆巨厚砾岩及局部构造应力（向斜构造应力和断层构造应力）异常相关。

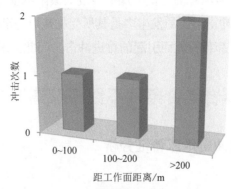

图 2-15　21201 工作面回采巷道冲击地压发生位置规律

3）21221 工作面

2013 年，21221 工作面回采巷道冲击地压灾害共发生 3 次，且均发生在原岩应力区，高达 100%，如图 2-16 所示。由此可知，该工作面回采巷道冲击地压主要发生在原岩应力区，掘进期间冲击地压就频繁发生，可见冲击发生的主要诱因是巷道围岩所处区域的内在环境易引发冲击地压，初步判断引起冲击地压的原因如下：①自身煤岩体具有冲击倾向性；②开采深度已达758.5m，埋深大，地压大；③上覆巨厚砾岩的局部旋转垮落而造成回采巷道的非均匀受力，即工作面下巷受力较上巷大；④义马向斜轴部的构造应力加剧回采巷道应力环境的变化；⑤F16压扭性逆冲断层形成的复杂构造应力；⑥掘进扰动，使本处于复杂高构造应力下的平衡环境被打破。

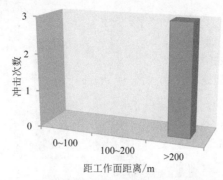

图2-16　21221工作面回采巷道冲击地压发生位置规律

4）21112工作面

2012年，21112工作面回采巷道冲击地压灾害共发生3次，且均发生在原岩应力区，高达100%，如图2-17所示。由此可知，该工作面回采巷道冲击地压主要发生在原岩应力区，此区域巷道距离掘进工作面距离已经超过200m，不受掘进影响，由此可以判断此巷道区域为异常应力区（巨厚砾岩、向斜等因素影响），因此应加强对此段巷道区域的冲击监测，并可以适当增加电磁辐射测站布置。

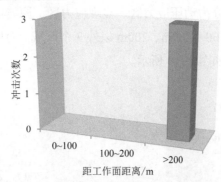

图2-17　21112工作面回采巷道冲击地压发生位置规律

2.破坏范围特征分析

根据该矿现场资料，统计21141、21201、21221和21112工作面已发生冲击地压灾害的破坏范围情况，如图2-18所示。

由图分析可知：

（1）回采巷道破坏影响范围在 60m 以上的次数为 26 次，占 61.9%；破坏影响范围为 30~60m 的次数为 6 次，占 14.3%；冲击破坏影响范围在 30m 以内的次数为 10 次，占 23.8%。

（2）回采巷道冲击破坏影响范围大多在 60m 以上，且巷道变形受损较重，其主要原因初步判断认为复杂高构造应力状态下，一旦因开采扰动引发了冲击事故，其释放能量较多，且破坏影响范围较大。

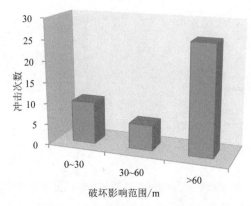

图 2-18　千秋煤矿回采巷道冲击地压破坏影响范围规律统计

2.3.2 跃进煤矿回采巷道冲击地压发生特征分析

1. 位置特征分析

参考现有资料和相关文献，23070 工作面冲击事件共发生 13 次，工作面发生 10 次，回采巷道发生 3 次（其中上巷 1 次，下巷 2 次），将其冲击事件计入本次规律统计中。根据工作面前方应力影响的不同分为动压应力区、显现应力区、原岩应力区，以此将冲击地压发生位置划分为 0~100m、100~200m、200m 以外 3 个区域。对跃进煤矿发生冲击地压较多的工作面进行规律统计，如图 2-19 所示。

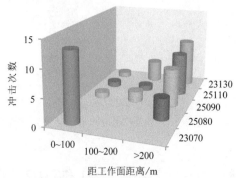

图 2-19　跃进煤矿回采巷道冲击地压发生位置规律统计

由此分析可知：

（1）23130 工作面回采巷道冲击地压灾害发生在动压应力区、显现应力区和原岩应力区分别为 1 次、4 次和 9 次，分别占 7.1%、28.6% 和 64.3%；25080 工作面回采巷道冲击地压灾害发生在动压应力区、显现应力区和原岩应力区分别为 1 次、2 次和 7 次，分别占 10%、20% 和 70%；25110 工作面回采巷道冲击地压灾害发生在动压应力区、显现应力区和原岩应力区分别为 1 次、1 次和 8 次，分别占 10%、10% 和 80%；25110 工作面回采巷道冲击地压灾害全部发生在原岩应力区；23070 工作面回采巷道冲击地压灾害全部发生在动压应力区。

（2）23130、25080、25090 和 25110 工作面回采巷道冲击地压主要发生在原岩应力区，而原岩应力区本应该不易发生冲击地压，因此说明，该区域巷道处于复杂高构造应力的环境中，加上开采扰动（主要指回采和掘进），打破了巷道围岩的应力平衡状态，形成局部应力集中，从而造成能量的积聚，当能量积聚达到一定程度，即应力集中区域积聚的能量大于其到达巷道煤壁所消耗的能量与煤壁强度的极限承载能力之和时，就会引发冲击地压。初步判断认为回采巷道冲击地压的发生与自身煤岩体的冲击倾向性、巷道埋深、上覆巨厚砾岩的局部旋转垮落而造成巷道的非均匀受力、向斜构造应力、断层构造应力和开采扰动有密切联系。

（3）23070 工作面回采巷道冲击地压全部发生在动压应力区，说明回采巷道冲击地压主要受工作面开采形成的动压应力（采动应力）的影响；回采巷道冲击地压多发生在下巷，说明上覆巨厚砾岩的局部旋转垮落而造成巷道的非均匀受力是诱发下巷冲击地压的主要原因。

2. 破坏范围特征分析

根据该矿现场资料，统计 23130、25080、25090、25110 和 23070 工作面已发生冲击地压灾害的破坏范围情况，如图 2-20 所示。

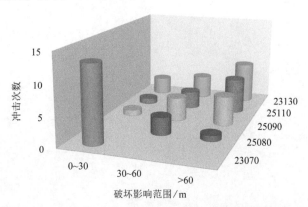

图 2-20　跃进矿回采巷道冲击地压破坏影响范围规律统计

由图分析可知：

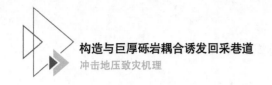

（1）回采巷道冲击破坏影响范围在 30m 以内的次数为 18 次，占 35.3%，但其中 23070 工作面就发生了 13 次，占发生在 30m 以内次数的 72.2%；破坏影响范围为 30～60m 的次数为 14 次，占 27.5%；破坏影响范围在 60m 以上的次数为 19 次，占 37.3%。

（2）跃进煤矿冲击破坏影响范围大多在 60m 以上，且巷道变形受损较重，其主要原因初步判断认为复杂高构造应力状态下，一旦因开采扰动引发了冲击事故，其释放能量较多，且冲击破坏影响范围较大。

（3）工作面回采巷道冲击的破坏影响范围更大，而掘进巷道冲击相对较小。

（4）23130、25080、25090 和 25110 工作面回采巷道冲击地压多发生在超前工作面大于 200m 区域，破坏影响范围多数大于 60m；23070 工作面多发生在距迎头 0～100m 区域，破坏影响范围 0～30m，因其离 F16 逆冲断层较远，受其影响较小。

2.3.3 义马矿区回采巷道冲击地压特征分析

综合上述千秋煤矿和跃进煤矿回采巷道冲击地压发生的特征分析，可得到义马矿区回采巷道冲击地压发生的特征如下：

（1）回采巷道冲击地压主要发生在距工作面距离大于 200m 的原岩应力区，但此区域巷道围岩处于局部复杂高构造应力环境中，一旦因开采扰动引发了冲击事故，其冲击破坏影响范围较大（大于 60m），因此工作面回采一旦到达此区域附近，加上强烈的采动影响，便更易发生巷道冲击。

（2）回采巷道冲击地压的发生与自身煤岩体的冲击倾向性、巷道埋深、上覆巨厚砾岩的局部旋转垮落而造成巷道的非均匀受力、向斜构造应力、断层构造应力和开采扰动有密切联系。

（3）回采巷道冲击破坏影响范围更大，而掘进巷道冲击相对较小。

构造与巨厚砾岩耦合诱发回采巷道冲击地压影响因素和综合评价研究

本章依据义马矿区的工程地质特征和煤岩体冲击倾向性试验测定结果，深入分析义马矿区回采巷道冲击地压发生的影响因素，得出其主要影响因素为向斜构造应力、断层构造应力、上覆巨厚砾岩的局部旋转垮落而造成巷道的非均匀受力和开采扰动。

▶ 3.1 冲击地压影响因素研究

冲击地压具有较为复杂的发生机制，其发生与否并不依赖于某种或某几种特定的因素，但主要是自然条件以及人为因素的干扰。充分考虑现场数据采集的可能性以及影响因素自身的有效性、针对性、精准性且能够表明关键的影响因素，选取开采深度、冲击倾向性、地质构造、开采技术四大影响因素对冲击危险性进行评价。

3.1.1 开采深度

一般情况下，矿井煤层开采深度越深，煤体受到的地应力会越大，发生矿井煤层冲击地压的可能性会越高。有研究者用 FLAC3D 数值模拟软件，直观地展示了不同深度下，地应力的变化情况，定性地证明开采深度影响着矿井煤层冲击地压的发生。

3.1.2 冲击倾向性

冲击倾向性是指煤岩体是否能够发生冲击地压的自然属性。煤岩冲击倾向性是评价煤矿冲击地压发生危险的重要依据。冲击倾向性分为煤层冲击倾向性和顶底板冲击倾向性，

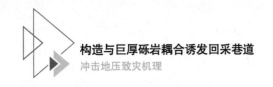
根据我国冲击地压相关国家标准以及防治煤矿冲击地压细则，本书将冲击倾向性指标分为煤的单轴抗压强度、煤的弹性能指数、煤的动态破坏时间、顶板岩层冲击倾向性以及底板岩层冲击倾向性。煤的单轴抗压强度指煤的标准试件在单轴压缩状态下承受的破坏载荷与其承压面积的比值。煤的弹性能指数是指煤试件在单轴压缩状态下，当受力达到某一值时（破坏前）卸载，其弹性变形能与塑性变形能（耗损变形能）之比。在同一条件下，冲击倾向性越高的煤体发生冲击危险性的可能性越大。

3.1.3 地质构造

地质构造一直都是煤矿安全生产的重点研究对象，常见的地质构造类型有断层影响、褶曲构造、陷落柱影响、河流冲刷带影响。余德绵等通过现场观测，得出当工作面回采方向与构造主应力近似垂直时，冲击地压易发生且强度大；当二者顺向时次之；当二者逆向时发生冲击地压的强度和频次大大降低。

3.1.4 开采技术

开采技术条件包括工作面长度、区段煤柱宽度、上覆巨厚砾岩离层断裂、保护层卸压程度、工作面临空参数、工作面采煤工艺。保护层卸压开采参数包括保护层的卸压程度和工作面距上保护层开采遗留的煤柱的水平距离。工作面临空参数包括工作面与邻近采空区的关系，工作面开采参数即工作面长度、区段煤柱宽度、上覆巨厚砾岩离层断裂等。由于我国煤田分布广泛，地质条件复杂，煤层深度、厚度、种类等煤体条件均不相同，相应的开采技术也千差万别。传统采煤工艺对煤层的稳定性破坏较大，极易引发冲击地压危险，因此应该合理选择采煤工艺，提高矿场的生产效率。

▶ 3.2 构造与巨厚砾岩耦合诱发回采巷道冲击地压影响因素研究

3.2.1 煤岩体冲击倾向性

1. 煤岩体冲击倾向性判别指标

根据煤岩体的自然属性，煤岩体发生冲击的程度和规模可以用冲击倾向性指数这个指标来衡量，以此来判断矿井冲击地压发生的危害。现在国内外提出了多种冲击倾向性指数，包括煤岩体储存的能量、破坏时间以及变形和刚度等方面，同时提出了对应的判别指标。我国目前采用的冲击倾向性指标有以下几个：弹性能量指数W_{ET}、冲击能量指数K_E、动态破坏时间D_T和剩余能量释放速度指数W_T。

弹性能指数就是对煤岩体试件进行加载卸载试验，是煤岩体试件在试验过程中储存的弹性能量与试验过程中损耗能量的比值；弹性能量指数测定时试件的加载速率是 0.5～1MPa/s。

冲击能量指数是试验过程中煤岩体试件的储存能量与试验破坏能量的比值；冲击能量指数测定时试件的加载速率是 0.5～1mm/s。

动态破坏时间是煤岩体发生冲击地压时从具有失稳迹象到完全彻底破坏所经历的时间，它在一定程度上可以表示煤岩体冲击倾向的大小，但在实际应用的时候一般需要进行修正；动态破坏时间测定时试件的加载速率是 0.5～1MPa/s。

剩余能量释放速度指数是综合考虑动态破坏时间和冲击能量指数而得出的一种评价煤岩体冲击倾向性的指标，其代表煤岩体从具有失稳迹象到最后完全破坏过程中单位时间释放的剩余能量的多少。当剩余能量释放速度指数大于 2 时，煤岩体具有强冲击倾向性，当剩余能量释放速度指数介于 0 和 2 之间时，煤岩体具有弱冲击倾向性，当剩余能量释放速度指数小于 0 时，煤岩体无冲击倾向性。

2. 煤岩冲击倾向性指标的实验测定

本书对义马矿区的煤层、顶板进行冲击倾向性测定。实验取样选取义马矿区典型冲击地压矿井千秋煤矿和跃进煤矿为例进行，其中煤样分别取自千秋煤矿 2 号煤层的夹矸层上部煤层（煤组 1）、夹矸层下部煤层上部（煤组 2）、夹矸层下部煤层中部（煤组 3）和夹矸层下部煤层下部（煤组 4），岩样取自跃进煤矿 2 号煤顶板，具体取样示意如图 3-1 所示。煤岩样取样登记表及实验数量统计分别详见表 3-1～表 3-3。

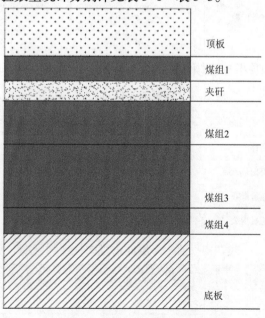

图 3-1　煤岩体取样示意图

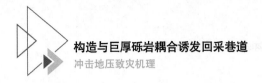

表 3-1　千秋煤矿煤层取样登记表

位置	编号	数量/块
煤组 1	6-C-4	12
煤组 2	4-C-3	11
煤组 3	2-C-2	13
煤组 4	1-C-1	12
总计	四组	48

表 3-2　跃进煤矿顶板取样登记表

位置	编号	数量/块
顶板 1	1-M-4	10
顶板 2	2-M-3	10
总计	两组	20

表 3-3　煤岩样实验数量统计表

矿名		千秋煤矿 21221 工作面	跃进煤矿 25110 工作面	合计
试块数量/块	容重	20	20	40
	抗压	12	12	24
	抗拉	8	8	16
	动态破坏时间	4	4	8
	弹性能量指数	4	4	8
小计		48	48	96

对义马矿区煤层和顶板冲击倾向性的评判标准，详见表 3-4、表 3-5。

表 3-4　煤层冲击倾向性评判标准

类别		1 类	2 类	3 类
	名称	无冲击倾向	弱冲击倾向	强冲击倾向
指数	动态破坏时间/ms	$D_T>500$	$50<D_T\leqslant500$	$D_T\leqslant50$
	弹性能量指数	$W_{ET}<2$	$2\leqslant W_{ET}<5$	$W_{ET}\geqslant5$
	冲击能量指数	$K_E<1.5$	$1.5\leqslant K_E<5$	$K_E\geqslant5$

表 3-5　顶板岩层冲击倾向性评判标准

类别	1 类	2 类	3 类
冲击倾向性	无	弱	强
冲击能量指数/kJ	$U_{wqs}\leqslant15$	$15<U_{wqs}<120$	$U_{wqs}\geqslant120$

3.煤岩冲击倾向性实验结果

1）煤层和顶板物理性质

根据实验测定结果，煤岩样物理性质测量结果详见表3-6、表3-7。

表3-6　千秋煤矿煤层试样物理性质测定结果

煤组	序号	视密度/(kg·m⁻³)	真密度/(kg·m⁻³)	含水率/%	自然吸水率/%
	1	1385.50	1460.92	6.99	13.03
	2	1379.28	1445.09	7.36	11.47
1	3	1350.12	1451.38	9.10	12.03
	均值	1372	1452	7.82	12.18
	1	1347.33	1400.56	7.66	16.10
	2	1362.31	1397.62	6.78	13.90
2	3	1347.08	1408.45	7.65	15.02
	均值	1352	1402	7.36	15.00
	1	1390.67	1429.59	7.36	11.91
	2	1392.76	1437.81	7.31	14.20
3	3	1360.46	1443.00	7.52	15.71
	均值	1381	1437	7.31	13.94
	1	1377.89	1446.13	7.4	12.19
	2	1350.05	1432.66	7.85	14.36
4	3	1383.77	1439.88	7.90	11.72
	均值	1370	1440	7.72	12.76

表3-7　跃进煤矿顶板试样物理性质测定结果

	序号	质量/kg	体积/(10⁻⁶m³)	密度/(kg·m⁻³)
	1	0.4809	188.96	2545.16
	2	0.4809	188.56	2550.19
顶板	3	0.4833	191.14	2528.28
	4	0.4778	189.07	2527.08
	均值	0.4807	189.43	2537.64

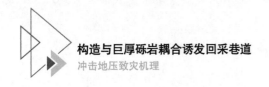

2）煤层和顶板力学性质

根据实验测定结果，得知千秋煤矿煤样的力学性质测定结果详见表 3-8，千秋煤矿煤样的抗剪切强度测定结果详见表 3-9，千秋煤矿煤样的应力应变曲线如图 3-2 所示，千秋煤矿煤样的强度曲线如图 3-3 所示。

表 3-8　千秋煤矿煤样的力学性质测定结果表

项目		抗压/MPa	抗拉/MPa	弹模/GPa	泊松比	凝聚力/MPa	内摩擦角/(°)	强度公式
煤组1	1	19.20	0.74	3.09	0.17	8.86	28.5	$\tau = 8.86 + \sigma \cdot \tan 28.5°$
	2	25.27	0.91	4.79	0.25			
	3	9.60	0.76	2.70	0.16			
	4		0.94					
	5		0.99					
	均值	18.02	0.87	3.53	0.19			
煤组2	1	15.66	0.68	4.84	0.21	5.10	34.7	$\tau = 5.10 + \sigma \cdot \tan 34.7°$
	2	14.65	0.66	3.62	0.15			
	3	19.45	0.70	3.83	0.15			
	4		0.52					
	5		0.78					
	均值	16.59	0.67	4.10	0.15			
煤组3	1	22.07	0.48	4.56	0.39	5.66	31.5	$\tau = 5.66 + \sigma \cdot \tan 31.5°$
	2	18.52	0.86	4.83	0.33			
	3	14.56	0.74	8.89	0.30			
	4		0.68					
	5		0.80					
	均值	18.35	0.69	6.09	0.34			
煤组4	1	24.35	0.80	2.91	0.15	9.03	26.9	$\tau = 9.03 + \sigma \cdot \tan 26.9°$
	2	17.94	0.70	3.79	0.18			
	3	23.59	0.80	3.49	0.14			
	4		0.68					
	5		0.79					
	均值	21.96	0.75	3.40	0.16			

表 3-9　千秋煤矿煤样的抗剪切强度测定结果表

煤组	序号	38°		45°		53°		61°	
		正应力	剪应力	正应力	剪应力	正应力	剪应力	正应力	剪应力
1	1	29.32	22.91	18.73	18.73	14.93	19.81	5.84	10.54
	2	27.87	21.78	16.12	16.12	18.12	24.05	7.61	13.74
	3	25.71	20.09	12.68	12.68	17.16	22.77	4.90	8.84
	4	23.16	18.09	15.53	15.53	13.16	17.47	3.63	6.55
	均值	26.52	20.72	15.76	15.76	15.84	21.02	5.50	9.91
2	1	29.26	22.86	34.01	34.01	13.61	18.06	5.22	9.41
	2	27.81	21.73	15.74	15.74	11.24	14.91	3.88	7.00
	3	23.39	18.28	20.93	20.93	10.33	13.71	3.61	6.51
	4	20.23	15.80	19.21	19.21	11.85	15.72	2.69	4.86
	均值	25.17	19.67	22.47	22.47	11.76	15.60	3.85	6.94
3	1	27.76	21.69	14.96	14.96	14.07	18.68	4.85	8.75
	2	28.13	21.98	11.57	11.57	16.62	22.05	3.31	5.97
	3	21.49	16.79	10.69	10.69	12.84	17.03	3.23	5.82
	4	19.43	15.18	13.22	13.22	11.01	14.61	3.77	6.81
	均值	24.20	18.91	12.61	12.61	13.63	18.09	3.79	6.84
4	1	29.69	23.20	17.71	17.71	16.06	21.31	5.98	10.78
	2	28.49	22.26	21.86	21.86	14.20	18.85	8.35	15.06
	3	25.97	20.29	20.32	20.32	11.25	14.92	5.65	10.20
	4	23.37	18.26	15.90	15.90	14.13	18.75	3.99	7.20
	均值	26.88	21.00	18.95	18.95	13.91	18.46	5.99	10.81

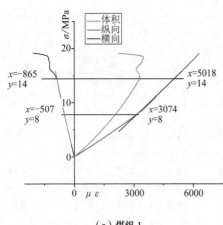

（a）煤组1

（b）煤组2

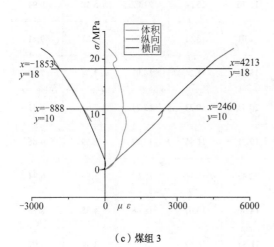

（c）煤组3

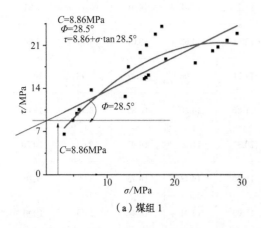

（d）煤组4

图3-2 千秋煤矿煤样应力应变曲线

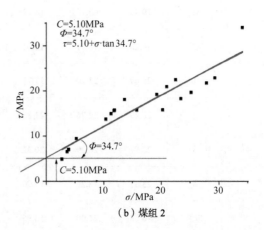

（a）煤组1

（b）煤组2

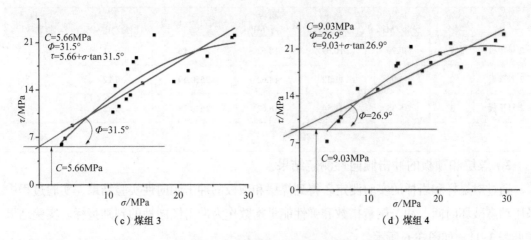

（c）煤组3　　　　　　　　　　　（d）煤组4

图3-3　千秋煤矿煤样强度曲线

对跃进煤矿煤层顶板试样进行了抗拉实验，具体实验过程及岩样的应力应变曲线分别如图3-4和图3-5所示。煤层顶板试样的抗拉力学性质及弯曲能测定结果，详见表3-10。

（a）实验样品　　　　　　　　　　　（b）实验过程

图3-4　跃进煤矿抗拉实验和过程

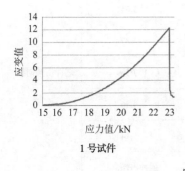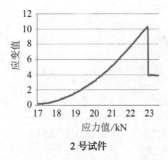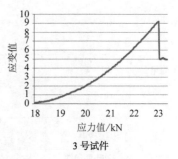

1号试件　　　　　　　　2号试件　　　　　　　　3号试件

图3-5　跃进煤矿岩样应力应变曲线

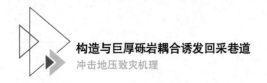

表 3-10　跃进煤矿顶板岩样弯曲能实验测定结果

岩层号	试件编号	抗压强度/MPa	抗拉强度/MPa	覆岩载荷/MPa	密度/(kg·m⁻³)	弹性模量/10³MPa	弯曲能量指数/kJ
2号顶板	1	40.79	10.69	18.62	2545.16	6.31	
2号顶板	2	39.06	11.32	18.62	2550.19	6.17	
2号顶板	3	35.35	11.54	18.62	2528.28	5.82	
均值							26.04

3）煤层和顶板的冲击倾向性测定结果

通过对煤样和岩样的实验测定，得到煤层和顶板的冲击倾向性实验结果，实验过程中采用动态破坏时间、冲击能量指数和弹性能量指数作为冲击倾向性的判别指标。实验结果详见表 3-11，如图 3-6 所示。

表 3-11　千秋煤矿煤样冲击倾向性测定结果

样别	项目	动态破坏时间D_T/ms	冲击能量指数K_E	弹性能量指数W_{ET}	分层综合判定
煤组1	1	16	7.83	2.19	强冲击倾向性
	2	70	5.68	3.64	
	3	14	4.53	5.49	
	4	14	5.55	1.38	
	5	44	4.82	8.22	
	均值	32	5.65	4.18	
	冲击倾向性判定结果	强冲击倾向性	强冲击倾向性	弱冲击倾向性	
煤组2	1	22	3.52	4.04	弱冲击倾向性
	2	400	4.81	3.65	
	3	581	2.96	5.87	
	4	35	3.82	7.76	
	5	819	1.59	4.36	
	均值	317	3.34	5.14	
	冲击倾向性判定结果	弱冲击倾向性	弱冲击倾向性	强冲击倾向性	

表 3-11 (续)

样别	项目	动态破坏时间D_T/ms	冲击能量指数K_E	弹性能量指数W_{ET}	分层综合判定
煤组 3	1	8	3.33	3.36	弱冲击倾向性
	2	360	1.39	6.62	
	3	66	2.36	2.34	
	4	756	3.45	4.24	
	5	90	1.04	3.23	
	均值	256	2.31	3.96	
	冲击倾向性判定结果	弱冲击倾向性	弱冲击倾向性	弱冲击倾向性	
煤组 4	1	42	3.53	1.06	强冲击倾向性
	2	7	1.87	1.91	
	3	8	9.68	2.50	
	4	44	11.74	2.41	
	5	13	10.83	3.87	
	均值	23	7.53	2.35	
	冲击倾向性判定结果	强冲击倾向性	强冲击倾向性	弱冲击倾向性	
2 号煤层	测试均值	170	4.71	3.91	弱冲击倾向性
	冲击倾向性判定结果	弱冲击倾向性	弱冲击倾向性	弱冲击倾向性	

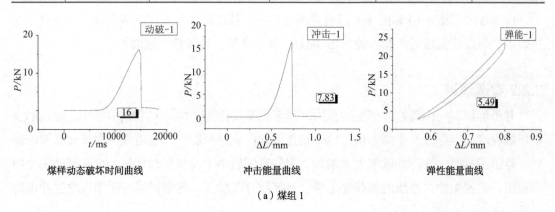

煤样动态破坏时间曲线　　　　冲击能量曲线　　　　弹性能量曲线

（a）煤组 1

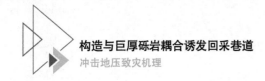

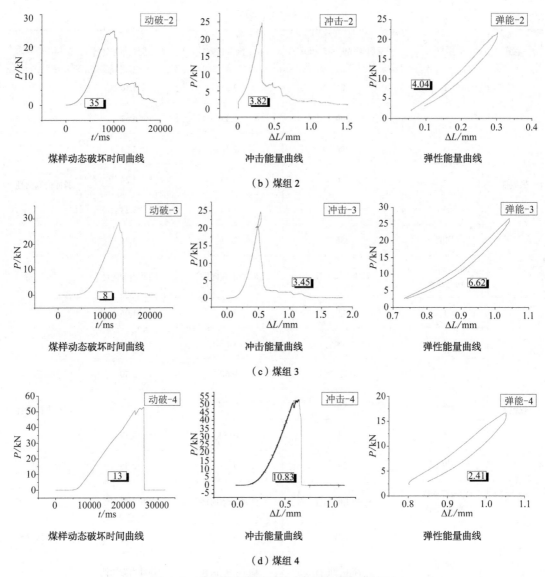

（b）煤组 2

（c）煤组 3

（d）煤组 4

图 3-6　千秋煤矿煤样的冲击倾向性指标曲线图

由表 3-9、表 3-10 和图 3-6 综合分析可得：千秋煤矿 2 号煤层具有弱冲击倾向性，跃进煤矿 2 号煤层顶板弯曲能指数为 26.04kJ，属于Ⅱ类，为弱冲击倾向性。

3.2.2 巷道埋深

巷道埋深对周围煤岩体产生的应力环境起到重要作用，埋深对巷道围岩冲击地压的发生影响程度必定存在一个临界值，这个临界值即为临界深度；当巷道埋深大于此临界深度时，巷道围岩发生冲击的频率大大增加，当巷道围岩小于此临界深度时，也有可能发生冲击地压，但发生冲击地压的规律性不强，呈零散分布状态。我国回采巷道围岩发生冲击地压的平均临界深度约为 600m，千秋煤矿 21221 工作面回采巷道平均采深 758.5m，因此巷道围岩所处的埋深已为冲击地压的发生提供了条件。

3.2.3 向斜构造

义马煤田是一个向斜构造，且位于向斜轴部区域，接近轴部的翼部，存在显著构造应力。向斜构造对冲击地压的影响程度可以通过地形曲率来描述，向斜的地形曲率为正值，揭示地质构造变化对矿井冲击地压发生影响。跃进井田有记录的 38 次冲击地压中有 32 次冲击地压发生在向斜区域，占冲击地压总数的 84.2%，向斜区域由于能量集中，更易于发生冲击地压等矿井动力灾害。

3.2.4 断层构造

义马矿区断层构造丰富，其主要是受 F16 大断层的影响，但局部区域的小断层也是成为诱发回采巷道冲击地压的影响因素。F16 断层属于近东西向压扭性逆冲断层，断层最大落差高达 102m 左右，其存在明显改变了义马矿区构造应力的分布情况，尤其因断层内又有向斜构造的存在，使井田内的构造应力场更加复杂，但 F16 逆冲断层的影响程度明显大于向斜构造。采动影响或者动载作用使 F16 逆冲断层的应力发生改变或者释放，当其释放的能量较大时，存在很大可能导致回采巷道冲击地压的发生。

F16 近东西向压扭性逆冲断层对义马矿区构造应力的分布具有一定的控制作用，因此千秋、跃进、常村、耿村和杨村井田内冲击地压等矿井动力灾害的发生与 F16 逆冲断层具有重要关系。根据现场统计资料发现，F16 逆冲断层主要对冲击地压和矿山压力显现具有重要的影响作用，如千秋煤矿 21221 工作面下巷 "11·3" 冲击事件和 21201 工作面下巷 "6·5" 冲击事件、跃进煤矿 25110 工作面下巷 "3·1" 冲击事件以及耿村煤矿 12200 工作面下巷矿山压力明显增大等都与 F16 逆冲断层具有直接关系。

3.2.5 上覆巨厚砾岩离层断裂

上覆岩层形成的坚硬巨厚砾岩，使其易于储存较大的弹性能量，其活动对冲击地压影响巨大。当存在巨厚砾岩层的情况下，顶板坚硬，很难垮落。当开采范围较小时，巨厚砾岩层难以破断垮落，其能量处于不断积累的状态。随着开采范围的不断增大，当巨厚砾岩层断裂后，其所蕴含的巨大能量就会突然释放，从而对采掘空间形成强烈的冲击作用，导致冲击地压的发生。

3.2.6 开采扰动

如果煤岩体一直处于原岩应力状态，不受外界的开采扰动，一般情况下，是不会诱发冲击地压的。但如果局部区域处于复杂高构造应力环境下，一旦受开采扰动，打破巷道围岩的应力平衡状态，就会瞬间释放大量能量，从而引发巷道冲击地压的发生。开采扰动主要是指巷道受回采影响和掘进影响，但在采矿活动中的卸压爆破、断顶、修巷等井下施工行为，都有可能引起冲击地压的发生。

3.3 冲击地压综合评价研究

3.3.1 多层次综合评价法

1. 模糊综合评价模型的建立

在构建构造与巨厚砾岩耦合诱发回采巷道冲击地压模糊综合评价模型时，为了与实际情况相吻合，多采用层次分析法。实际上就是把现有评价标准和真实测量值，通过模糊综合计算，综合评价。在进行模糊综合评价时应当同时满足下面 3 个条件：①评价因素集 $U = \{U_1, U_2, U_3, \cdots, U_n\}$；②评价集 $V = \{V_1, V_2, V_3, \cdots, V_n\}$；③各评价因素集 U 到 V 的一个模糊映射 $f: U \rightarrow V$，即选择任意单因素 $u \in U$，都有模糊综合评价集 $B(u) \in f(V)$ ——映射得到模糊综合矩阵 R，以 $R = (r_{ij})_{nm} (i = 1, 2, \cdots, n; \ j = 1, 2, \cdots, m)$ 的矩阵表示，于是称 (U, V, R) 为综合评价数学模型。

由于不同的评价因素对评价结果的作用有大有小，为了准确地表示这种影响程度的大小，于是定义一个影响因素权重集 A，A 叫作 U 的影响因素模糊子集，其表达式为：$A = (A_1, A_2, \cdots, A_n)$ 其中：$A_i(0 \leqslant A_i \leqslant 1)$ 为 U_i 对 A 的隶属度。

在模糊综合矩阵 R 和影响因素模糊子集 A 确定的情况下，对事件的模糊综合评价结果为

$$B = A \cdot R = (A_1, A_2, \cdots, A_n) \times \begin{bmatrix} r_{11} & r_{12} & \cdots & r_{1m} \\ r_{21} & r_{22} & \cdots & r_{2m} \\ \vdots & \vdots & & \vdots \\ r_{n1} & r_{n2} & \cdots & r_{nm} \end{bmatrix} = (b_1, b_2, \cdots, b_m)$$

其中，b_j 为复杂条件下围岩冲击危险性的模糊综合评价 j 级的隶属度，根据最大隶属原则，如 $b_k = \max(b_1, b_2, \cdots, b_m)$，定义 b_k 为最大隶属度指数 x，则复杂条件下围岩冲击危险性模糊综合评价为 k 级。

由评价模型可知，复杂条件下围岩冲击危险性的模糊综合评价应当确定评价因素集、评价集和模糊综合关系矩阵。复杂条件下围岩冲击危险性的评价因素是多种多样的，充分考虑因素指标自身的准确性、针对性、有效性，且能够表明关键的影响因素，选取合适的参量。本节根据构造与巨厚砾岩耦合诱发回采巷道冲击地压影响因素共选择了 5 个影响因素作为复杂条件下围岩冲击危险性模糊综合评价的一级指标，即：巷道埋深、冲击倾向性、煤层顶底板性质、地质构造、开采技术。类比得到复杂条件下围岩冲击危险性模糊综合评价的二级指标，具体如下：

$$A = \{A_1, A_2, A_3, A_4, A_5\}$$
$$A_1 = \{A_{11}, A_{12}, A_{13}, A_{14}\}$$
$$A_2 = \{A_{21}, A_{22}, A_{23}\}$$
$$A_3 = \{A_{31}, A_{32}, A_{33}\}$$
$$A_4 = \{A_{41}, A_{42}, A_{43}, A_{44}, A_{45}, A_{46}\}$$
$$A_5 = \{A_{51}, A_{52}, A_{53}, A_{54}, A_{55}\}$$

式中，A_1 为巷道埋深；A_2 为冲击倾向性；A_3 为煤层顶底板性质；A_4 为地质构造；A_5 为开采技术；A_{11} 为采深 ≤400m；A_{12} 为 400m < 采深 ≤600m；A_{13} 为 600m < 采深 ≤800m；A_{14} 为采深 >800m；A_{21} 为煤的单轴抗压强度；A_{22} 为煤的弹性能指数；A_{23} 为煤的冲击倾向性鉴定结论；A_{31} 为上覆硬岩厚度；A_{32} 为上覆硬岩强度；A_{33} 为上覆硬岩至煤层距离；A_{41} 为断层的影响；A_{42} 为褶曲构造的影响；A_{43} 为上覆巨厚砾岩离层断裂；A_{44} 为陷落柱的影响；A_{45} 为河流冲刷带的影响；A_{46} 为构造异常带的影响；A_{51} 为保护层卸压开采参数；A_{52} 为工作面临空参数；A_{53} 为工作面开采参数；A_{54} 为工作面推进参数；A_{55} 为工作面采煤工艺。

2. 确定评价集

结合现行有关冲击地压的国家标准和实际需求，确定了复杂条件下围岩冲击危险性模糊综合评价集 V。$V = \{V_1, V_2, V_3, V_4\}$，$V_1$ 为无冲击危险性；V_2 为弱冲击危险性；V_3 为中等冲击危险性；V_4 为强冲击危险性。

3. 模糊评价中的多层次分析

在评价复杂条件下围岩冲击危险性时，存在影响因素较多、各个因素的比重不能准确确定的问题。此时简单的综合评价已不能满足实际需求。采用基于层次分析法的模糊综合评价能够很好地解决问题。基于层次分析法的复杂条件下围岩冲击危险性模糊综合评价模型如图 3-7 所示。

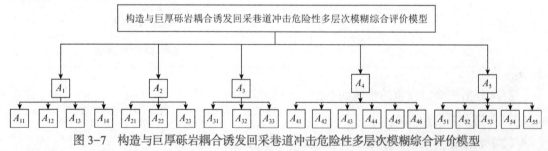

图 3-7　构造与巨厚砾岩耦合诱发回采巷道冲击危险性多层次模糊综合评价模型

模糊综合评价实现定性评价到定量评价过渡的重要环节就是计算评价影响因素的权重，权重计算是否准确影响着模糊综合评价结果。已有的确定权重的方法有，功效系数法、指数加权法、神经网络分析法、层次分析法、灰色分析法等。因为复杂条件下围岩冲击危险性的评价因素较多、不同评价因素之间联系密切，因此基于层次分析法（AHP）计算各因素的权重，再咨询一些相关领域的经验丰富的学者，通过一致性检验计算得到相关评价矩阵。利用层次分析法确定权重就是先构建判断矩阵，再用判断矩阵来确定评价因素的权重值，建立判断矩阵详见表 3-12。

表 3-12　判断矩阵

A	B_1	B_2	$\cdots$	B_n
B_1	b_{11}	b_{12}	$\cdots$	b_{1n}
B_2	b_{21}	b_{22}	$\cdots$	b_{2n}
$\vdots$	$\vdots$	$\vdots$	$\vdots$	$\vdots$
B_n	b_{n1}	b_{n2}	$\cdots$	b_{nn}

判断矩阵 B 中的元素 b_{ij} 表示以某一 A 为判断准则，要素 B_i 对 B_j 的相对重要度，即

$$b_{ij} = \frac{w_i}{w_j} \tag{3-1}$$

式中，w_i 和 w_j 分别表示要素 B_i 和 B_j 的重要性标度值。判断矩阵主要是通过 1~9 标度方法来量化要素重要性。判断矩阵标度及其含义详见表 3-13。

表 3-13　判断矩阵标度及其含义

标度	含义
1	B_i 和 B_j 两者的重要性相同
3	B_i 比 B_j 稍微重要
5	B_i 比 B_j 明显重要
7	B_i 比 B_j 强烈重要
9	B_i 比 B_j 极端重要
2，4，6，8	上述两相邻判断的中值

注：$b_{ij} = 1/b_{ji}$。

层次分析法确定权重的步骤如下：

（1）构造判断矩阵 A。

（2）判断矩阵的权重及最大特征根 $\lambda_{\max}$。

①计算判断矩阵每一行元素的乘积 M_i。

$$M_i = \prod_{j=1}^{n} b_{ij}, j = 1,2,3,\cdots,n \tag{3-2}$$

②计算 M_i 的 n 次方根 $\overline{W}_l$。

$$\overline{W}_l = \sqrt[n]{M_i} \tag{3-3}$$

③对向量 $\overline{W} = [\overline{W_1} \quad \overline{W_2} \quad \cdots \quad \overline{W_n}]^T$ 规范化，即所求的特征向量。

$$W_i = \overline{W_i} / \sum_{j=1}^{n} \overline{W_i} \tag{3-4}$$

则 $W = [W_1 \quad W_2 \quad \cdots \quad W_n]^T$ 即为所求的特征向量。

④计算特征向量的最大特征根 λ_{max}。

$$\lambda_{max} = \sum_{j=1}^{n} \frac{(AW)_i}{nW_i} \tag{3-5}$$

式中，$(AW)_i$ 表示向量 AW 的第 i 个元素。

$$AW = \begin{bmatrix} (AW)_1 \\ (AW)_2 \\ \vdots \\ (AW)_n \end{bmatrix} = \begin{bmatrix} A_{11} & A_{12} & \cdots & A_{1n} \\ A_{21} & A_{22} & \cdots & A_{2n} \\ \vdots & \vdots & & \vdots \\ A_{n1} & A_{n2} & \cdots & A_{nn} \end{bmatrix} \begin{bmatrix} W_1 \\ W_2 \\ \vdots \\ W_n \end{bmatrix}$$

（3）判断矩阵的一致性检验。

①计算一致性指标 CI。

$$CI = (\lambda_{max} - n)/(n-1) \tag{3-6}$$

②计算平均随机一致性指标 CR。

$$CR = CI/RI \tag{3-7}$$

式中，RI 表示同阶平均随机一致性指标，其值详见表 3-14。

表 3-14　同阶平均随机一致性指标

矩阵阶数	1、2	3	4	5	6	7	8
RI	0	0.58	0.9	1.12	1.24	1.32	1.41
矩阵阶数	9	10	11	12	13	14	15
RI	1.45	1.49	1.52	1.54	1.56	1.58	1.59

当 $CR \leqslant 0.1$，表明我们建立的判断矩阵具有满意的一致性，表明权重的选取是符合要求的，反之就要重新确定新的判断矩阵，直到构建的判断矩阵符合要求。

4. 建立模糊关系矩阵

借鉴单因素评价矩阵的构建过程，得到多层次隶属关系矩阵。将每个因素对评价结果的影响汇总可以得到单因素评价集。隶属函数需要用专门的方法来准确确定，减小误差。隶属函数的计算方法有二元对比排序法、专家评分法、推理法、三分法、模糊统计方法等。不同煤矿的复杂条件下围岩地质条件不同，不能找到一个适用于所有因素的隶属函数。结合实际情况，使用专家评分法来确定隶属度函数，即在确定模糊关系时，询问一定数量相关领域学者专家与具有丰富经验的高级工程技术人员，依据综合评价集 V 打分。通过对打分

数据的处理，可以得到不同因素对应评价等级的比例，将不同评价因素的级别比例汇总就确定了模糊关系矩阵**R**。

3.3.2 BP 神经网络综合评价法

构建构造与巨厚砾岩耦合诱发回采巷道冲击地压具有较为复杂的发生机制，其发生与否并不依赖于某种或某几种特定的因素，但主要是自然条件以及人为因素的干扰。充分考虑现场数据采集的可能性以及影响因素自身的有效性、针对性、精准性且能够表明关键的影响因素，选取巷道埋深、冲击倾向性、地质构造、开采技术四大影响因素对冲击地压进行评价。

本节确定的构造与巨厚砾岩耦合诱发回采巷道冲击地压的危险程度的评价指标共有 18 项。分析各影响指标对于构造与巨厚砾岩耦合诱发回采巷道冲击危险性的影响可知，回采巷道冲击危险性与各影响指标之间是非线性的函数关系，这种函数关系很难用常规的数学表达式给出，为了更清晰的表示这种关系，本文采用 BP 神经网络模型。BP 神经网络的运行过程分为模型的建立、训练和应用 3 个部分。构造与巨厚砾岩耦合诱发回采巷道冲击危险性评价指标如图 3-8 所示。

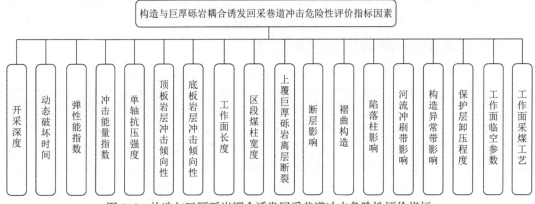

图 3-8 构造与巨厚砾岩耦合诱发回采巷道冲击危险性评价指标

1. 构造与巨厚砾岩耦合诱发回采巷道冲击危险性 BP 神经网络模型建立

BP 算法是一种计算偏导数的有效方法，它的基本原理是：利用前向传播最后输出的结果来计算误差的偏导数，再用这个偏导数和前面的隐藏层进行加权求和，如此一层一层地向后传下去，直到输入层（不计算输入层），最后利用每个节点求出的偏导数来更新权重。在 BP 神经网络评价模型中输入与输出层均为一层，需要确定的是隐含层的数目。大量理论研究表明，对于在闭区间内的任何一个连续的函数都可以用一个隐含层的 BP 网络来逼近，因此本研究采用输入层、隐含层、输出层各一层的 BP 神经网络评价模型。其结构如图 3-9 所示。

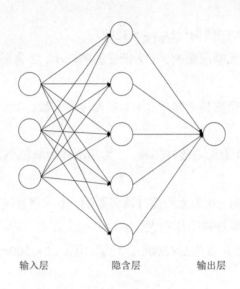

图 3-9　BP 神经网络结构图

2. 输入层和输出层神经元的确定

在 BP 神经网络中输入层和输出层的神经元个数是由具体问题所决定的，输入层神经元的数目取决于所采取的数据源的维数，本书即构造与巨厚砾岩耦合诱发回采巷道冲击危险性评价指标。输出层神经元的数目取决于研究对象的分类。通过查询相关的文献资料，根据我国冲击地压相关国家标准，将构造与巨厚砾岩耦合诱发回采巷道冲击地压危险性分为无冲击、弱冲击、中等冲击和强冲击四类，即该模型定义 18 个输入层神经元，1 个输出层神经元。

为适应 BP 神经网络的计算要求，必须对影响构造与巨厚砾岩耦合诱发回采巷道冲击危险性的指标进行量化处理，输入层量化表示方法如下：

（1）巷道埋深（h）：0 为 $h \leqslant 400m$，1 为 $400m < h \leqslant 600m$，2 为 $600m < h \leqslant 800m$，3 为采深 $>800m$。

（2）动态破坏时间（D_T）：1 为 $D_T > 500ms$，2 为 $50ms < D_T \leqslant 500ms$，3 为 $D_T \leqslant 50ms$。

（3）弹性能指数（W_{ET}）：0 为 $W_{ET} < 2$，1 为 $2 \leqslant W_{ET} < 3.5$，2 为 $3.5 \leqslant W_{ET} < 5$，3 为 $W_{ET} \geqslant 5$。

（4）冲击能量指数（K_E）：1 为 $K_E < 1.5$，2 为 $1.5 \leqslant K_E < 5$，3 为 $K_E \geqslant 5$。

（5）单轴抗压强度（R_c）：0 为 $R_c \leqslant 10MPa$，1 为 $10MPa < R_c \leqslant 14MPa$，2 为 $14MPa < R_c \leqslant 20MPa$，3 为 $R_c > 20MPa$。

（6）顶板岩层冲击倾向性（U_{WQS}）：1 为无冲击倾向 $U_{WQS} \leqslant 15kJ$，2 为弱冲击倾向 $15kJ < U_{WQS} \leqslant 120kJ$，3 为强冲击倾向性 $U_{WQS} > 120kJ$。

（7）底板岩层冲击倾向性（U_{WQS}）：1 为无冲击倾向 $U_{WQS} \leqslant 15kJ$，2 为弱冲击倾向 15kJ

$< U_{WQS} \leqslant 120kJ$，3 为强冲击倾向性 $U_{WQS} > 120kJ$。

（8）断层影响：0 为无断层影响，1 为断层影响较小，2 为断层影响较大，3 为断层影响大。

（9）褶曲构造：0 为褶曲构造简单，1 为褶曲构造一般，2 为褶曲构造较复杂，3 为褶曲构造复杂。

（10）陷落柱影响：0 为无陷落柱影响，1 为陷落柱影响较小，2 为陷落柱影响较大，3 为陷落柱影响大。

（11）河流冲刷带影响：0 为无河流冲刷带影响，1 为河流冲刷带影响较小，2 为河流冲刷带影响较大，3 为河流冲刷带影响大。

（12）工作面长度（L）：0 为 $L > 300m$，1 为 $150m \leqslant L < 300m$，2 为 $100m \leqslant L < 150m$，3 为 $L < 100m$。

（13）区段煤柱宽度（d）：0 为 $d \leqslant 3m$ 或 $d \geqslant 50m$，1 为 $3m < d \leqslant 6m$，2 为 $6m < d \leqslant 10m$，3 为 $10m < d < 50m$。

（14）上覆巨厚砾岩离层断裂：0 为上覆巨厚砾岩离层断裂小，1 为上覆巨厚砾岩离层断裂较小，2 为上覆巨厚砾岩离层断裂较大，3 为上覆巨厚砾岩离层断裂大。

（15）保护层卸压程度：0 为好，1 为良好，2 为中等，3 为很差。

（16）工作面临空参数：0 为实体煤工作面，1 为一侧临空，2 为两侧临空，3 为三侧临空。

（17）工作面采煤工艺：0 为智能化开采，1 为综采，2 为普采，3 为炮采。

（18）构造异常带影响：0 为无构造异常带影响，1 为构造异常带影响较小，2 为构造异常带影响较大，3 为构造异常带影响大。

输出层的量化为 0 表示无冲击危险性，1 表示弱冲击危险性，2 表示中等冲击危险性，3 表示强冲击危险性。

3. 隐含层神经元数目确定

在网络设计过程中，隐含层神经元数的确定十分重要。隐含层神经元个数过多，会加大网络计算量并容易产生过度拟合问题；神经元个数过少，则会影响网络性能，达不到预期效果。网络中隐含层神经元的数目与实际问题的复杂程度、输入和输出层的神经元数以及对期望误差的设定有着直接的联系。本研究采用下式来确定隐含层神经元的数目。

$$h = \sqrt{m + n} + a \tag{3-8}$$

式中，h 表示隐含层神经元数目，m 表示输入层神经元数目，n 表示输出层神经元数目，$a \in [1,10]$；将输入、输出层神经元数目代入式（3-8），可得隐含层神经元数目取值范围为 $h \in [5,15]$。对比不同数目的隐含层神经元的预测结果可知，隐含层神经元为 6 个时计算精度高，因此本模型建立隐含层神经元为 6 的 BP 神经网络评价模型。综上所述，本模型建立的 3 层神经网络模型为$18\times6\times1$。

4.模型训练过程

初始条件下，构建的 BP 神经网络中各层之间的连接权重和阈值是任意的，这将会产生很大的误差，不能很好地表现构造与巨厚砾岩耦合诱发回采巷道冲击地压的危险程度，需要有大量的实际数据作为训练的样本，用来调整 BP 神经网络的中间值。当计算结果与样本的实际输出结果的误差降低至设定的目标值后，BP 神经网络完成训练并可以用于构造与巨厚砾岩耦合诱发回采巷道冲击危险性评价。

1）训练样本

本次实验研究的样本量化数据详见表 3-15。

表 3-15　BP 神经网络训练样本数据

序号	巷道埋深	动态破坏时间	弹性能指数	冲击能量指数	单轴抗压强度	顶板岩层冲击倾向性	底板岩层冲击倾向性	工作面长度	区段煤柱宽度	上覆巨厚砾岩离层断裂	断层影响	褶曲构造	陷落柱影响	河流冲刷带影响	构造异常带影响	保护层卸压程度	工作面临空参数	工作面采煤工艺	冲击危险性等级
01	0	0	3	1	3	1	1	1	2	1	0	0	0	3	3	1	3	1	3
02	3	1	0	1	2	1	1	1	3	0	2	0	0	0	0	0	2	1	2
03	1	2	1	3	2	3	1	2	3	0	0	2	0	0	1	1	0	1	1
04	2	3	3	3	2	1	2	3	0	1	1	0	0	2	0	1	2	0	2
05	3	3	3	3	3	2	3	3	0	3	2	0	0	0	1	2	1	0	3
06	2	3	3	3	2	1	2	0	3	0	1	1	0	0	1	0	1	0	2
07	2	3	3	3	3	1	1	3	0	2	1	0	0	3	0	1	3	0	3
08	1	1	0	1	1	1	1	0	0	0	0	0	0	0	0	2	1	0	0
09	1	3	2	2	2	1	1	1	3	0	0	1	0	0	0	3	0	1	1
10	1	3	1	3	2	1	1	1	1	0	1	2	0	0	3	3	0	1	3
11	0	0	1	1	1	1	1	3	0	3	0	0	0	1	0	1	0	1	1
12	2	3	3	3	2	2	2	0	3	0	1	2	0	0	0	0	0	1	2
13	1	3	1	1	1	1	3	0	1	1	0	0	1	0	1	0	1	0	2
14	1	2	2	3	2	1	1	0	1	0	0	0	0	1	0	1	0	1	1
15	1	2	3	3	3	1	1	0	1	0	0	0	0	0	1	0	0	2	1

表 3-15（续）

序号	巷道埋深	动态破坏时间	弹性能指数	冲击能量指数	单轴抗压强度	顶板岩层冲击倾向性	底板岩层冲击倾向性	工作面长度	区段煤柱宽度	上覆巨厚砾岩离层断裂	断层影响	褶曲构造	陷落柱影响	河流冲刷带影响	构造异常带影响	保护层卸压程度	工作面临空参数	工作面采煤工艺	冲击危险性等级
16	2	3	3	3	3	1	1	0	3	0	0	1	0	0	1	0	0	2	2
17	2	1	1	1	1	1	1	1	2	0	1	1	0	0	0	0	0	1	0
18	1	1	1	1	1	1	1	1	2	0	1	2	0	0	2	0	1	1	0
19	2	3	3	3	2	2	2	1	3	0	1	2	0	0	0	0	0	1	2
20	2	2	3	3	3	2	2	0	3	0	1	1	0	0	1	0	1	1	1
21	2	3	3	3	3	1	1	2	1	0	2	1	0	0	3	0	1	1	1
22	2	3	3	3	3	1	1	2	2	0	2	1	0	0	3	0	0	3	3
23	0	2	3	3	3	1	1	1	1	0	3	1	0	0	1	0	1	1	1
24	1	2	3	3	3	2	2	1	1	0	3	1	0	0	1	0	1	1	1
25	2	2	3	3	3	2	1	1	3	0	3	1	0	0	1	0	1	1	1
26	3	2	3	3	3	2	1	1	3	0	3	1	0	0	1	0	1	1	2
27	3	1	0	3	3	2	2	1	3	0	2	0	0	0	0	0	2	1	2
28	0	1	3	2	2	2	2	1	3	2	1	1	0	0	1	0	1	1	1
29	1	1	3	2	2	2	2	1	3	1	1	1	0	0	1	0	1	1	1
30	2	1	3	2	2	2	2	1	3	0	1	1	0	0	1	0	1	1	1
31	3	1	3	2	2	2	2	1	3	2	1	1	0	0	1	0	1	1	2
32	0	1	1	3	3	2	2	1	3	0	1	1	0	0	1	0	1	1	1
33	1	1	1	3	3	2	2	1	3	0	1	1	0	0	1	0	1	1	1
34	2	1	1	3	3	2	2	1	3	0	1	1	0	0	1	0	1	1	1
35	3	1	1	3	2	2	2	1	3	0	1	1	0	0	1	0	1	1	2
36	2	3	3	3	3	2	2	0	0	0	1	1	0	0	1	0	1	0	1
37	3	1	1	3	3	2	2	1	3	0	1	1	0	0	2	0	3	1	2
38	3	3	3	3	3	2	2	0	0	1	3	1	0	0	3	0	3	3	3
39	3	1	1	1	1	2	2	0	0	0	2	1	0	0	3	0	3	1	3
40	3	1	1	1	1	2	2	0	0	0	2	1	0	0	2	0	3	1	3
41	3	1	2	2	1	2	2	0	0	0	3	1	0	0	2	0	3	0	3

2）训练过程

本模型的训练过程分为输入信号的正向传播和误差信号的反向传播两部分。现有 41 组学习样本，输入构造与巨厚砾岩耦合诱发回采巷道冲击地压危险性评价指标的样本值为 $X^k = \{x_1^k, x_2^k, \cdots, x_i^k, \cdots, x_{41}^k\}(k = 1,2,\cdots,41)$，输出构造与巨厚砾岩耦合诱发回采巷道中冲击危险性计算结果样本值为 $Y^k(k = 1,2,\cdots,41)$。对这 41 组样本数据进行神经网络训练，每组样本先进行前向传播。

BP 神经网络的前向传播过程为当输入层神经元输入 18 项构造与巨厚砾岩耦合诱发回采巷道冲击地压危险性评价指标 $x_i(i = 1,2,\cdots,18)$ 后，输入的值通过隐含层向输出层传递构造与巨厚砾岩耦合诱发回采巷道冲击地压危险性计算结果。各层之间的连接权重分量 $w_{ji}^l(i = 1,2,\cdots,18; \ j = 1,2,\cdots,5)$ 加权求和（其中 j 为隐含层神经元），再与隐含层神经元的阈值 b_{ji}^l 相加。本模型隐含层神经元所采用的激活函数为 tansig 型，其数学表达式为

$$f(z) = \frac{2}{1 + e^{-2z}} - 1 \tag{3-9}$$

由此可以得到各层的输出值为

$$a_j^l = f\left(\sum_{k=1}^{18} w_j^l a_k^{l-1} + b_j^l\right) \tag{3-10}$$

式中：a_j^l 表示第 l 层第 j 个神经元的输出结果；a_k^{l-1} 表示第 $l-1$ 层第 k 个神经元的输入值；w_j^l 表示第 l 层与第 $l-1$ 层之间的连接权值分量。

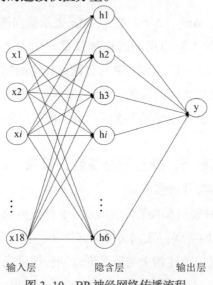

图 3-10　BP 神经网络传播流程

图 3-10 所示为神经网络传播流程，由图 3-10 可知输入值通过式（3-10）得到隐含层各个神经元的参数，然后再将隐含层神经元参数作为输入，再次通过式（3-10）得到输出层的值。为了避免因选择 tansig 型神经元导致输出范围太小，输出层神经元选用 pureline 型

线性函数。目标函数计算误差数学表达式为

$$E = \frac{1}{2}\sum_{k=1}^{K}(y^k - y^{k'})^2 \tag{3-11}$$

式中，E 表示误差；y^k 表示构造与巨厚砾岩耦合诱发回采巷道冲击危险性等级危险性；$y^{k'}$ 表示网络前向计算输出值。

若 BP 神经网络的输出结果和构造与巨厚砾岩耦合诱发回采巷道冲击危险性等级之间误差较大，则将误差通过隐含层反向传递到输入层，根据误差调整各层之间的权重与阈值，使之能更好地反映实际的构造与巨厚砾岩耦合诱发回采巷道冲击危险性。BP 神经网络通过梯度下降算法达到学习的目的，输出层至隐含层反向调整权重的具体表达式为

$$\Delta w_j^2 = -\eta \frac{\partial E}{\partial w_j^2} = \eta \times (y - y') \times f'\left(\sum_{j=1}^{6} a_j w_j^2 + b^2\right) \times a_j \tag{3-12}$$

$$\Delta b^2 = -\eta \frac{\partial E}{\partial b^2} = \eta \times (y - y') \times f'\left(\sum_{j=1}^{6} a_j w_j^2 + b^2\right) \tag{3-13}$$

隐含层至输出层反向调整权重的具体表达式为

$$\Delta w_{ji}^l = -\eta \frac{\partial E}{\partial w_{ji}^l} = \eta \times (y - y') \times f'\left(\sum_{j=1}^{6} a_j w_j^2 + b^2\right) \times w_j^2 \times f'\left(\sum_{k=1}^{18} x_k w_{ji}^l + b_j^l\right) x_k \tag{3-14}$$

$$\Delta b_j^l = -\eta \frac{\partial E}{\partial b_j^l} = \eta \times (y - y') \times f'\left(\sum_{j=1}^{6} a_j w_j^2 + b^2\right) \times w_j^2 \times f'\left(\sum_{k=1}^{18} x_k w_{ji}^l + b_j^l\right) \tag{3-15}$$

式中，η 表示学习步长；Δw_j^2，Δb^2，Δw_{ji}^l，Δb_j^l 表示前向调整量。

调整隐含层神经元的输入输出层间的连接权重与阈值之后再次调用式（3-9）～式（3-10）进行计算。再由式（3-11）计算 BP 神经网络计算的结果与构造与巨厚砾岩耦合诱发回采巷道冲击危险性等级样本间的误差，若误差太高，则根据式（3-12）～式（3-15）进一步调整连接权重与阈值。通过反复多次学习训练神经网络直至误差达到给定精度。

3.3.3 基于蝙蝠算法优化的 BP 神经网络综合评价法

1. BA-BP 神经网络结构及参数确定

BA-BP 神经网络是一种通过蝙蝠算法优化的 BP 神经网络结构参数选择的算法，其本质还是一种利用了 BP 神经网络误差反向传播训练算法、含有隐含层的前馈网络。BP 神经网络的输入层节点数本节根据上述构造与巨厚砾岩耦合诱发回采巷道冲击危险性影响因素选择 14 项指标作为输入层。为适应 BP 神经网络的预测要求，BP 计算过程中由于数据间的数量级差异过大，从而造成网络预测的结果与实际情况相差较大，为避免此类误差过大，必须对影响构造与巨厚砾岩耦合诱发回采巷道冲击危险性各因素进行量化处理，输入层量化处理结果见表 3-16。

表 3-16　构造与巨厚砾岩耦合诱发回采巷道冲击危险性影响因素量化结果

影响因素	开采深度 h	单轴抗压强度 R_c	弹性能指数 W_{ET}	顶板岩层冲击倾向性 U_{wQS}	底板岩层冲击倾向性 U_{wQS}	断层影响	褶皱构造	区段煤柱宽度 d	上覆巨厚砾岩离层断裂	构造带异常影响	保护层卸压采参数	工作面与邻近采空区关系	工作面长度 L_m	工作面采煤工艺	冲击地压危险性等级划分
0	$h \leqslant 400\text{m}$	$R_c < 10\text{MPa}$	<2	$U_{wQS} \leqslant 15\text{kJ}$	$U_{wQS} \leqslant 15\text{kJ}$	无断层	构造简单	$d \leqslant 3\text{m}$，或 $d \geqslant 50\text{m}$	小	无构造异常带	好	实体煤工作面	$L_m > 300\text{m}$	智能化开采	无冲击危险性
1	$400 < h \leqslant 600\text{m}$	$10 < R_c \leqslant 14\text{MPa}$	$2 < W_{ET} \leqslant 3.5$	$15 < U_{wQS} \leqslant 120\text{kJ}$	$15 < U_{wQS} \leqslant 120\text{kJ}$	断层影响小	构造一般	$3\text{m} < d \leqslant 6\text{m}$	较小	构造异常带影响较小	良好	一侧采空	$150 < L_m \leqslant 300\text{m}$	综采	弱冲击危险性
2	$600 < h \leqslant 800\text{m}$	$14 < R_c \leqslant 20\text{MPa}$	$3.5 < W_{ET} \leqslant 5$			断层影响较大	构造较复杂	$6\text{m} < d \leqslant 10\text{m}$	较大	构造异常带影响较大	中等	两侧采空	$100 < L_m \leqslant 150\text{m}$	普采	中等冲击危险性
3	$h > 800\text{m}$	$R_c > 20\text{MPa}$	$W_{ET} > 5$	$U_{wQS} > 120\text{kJ}$	$U_{wQS} > 120\text{kJ}$	断层影响大	构造复杂	$10\text{m} < d \leqslant 50\text{m}$	大	构造异常带影响大	差	三侧及以上采空	$L_m < 100\text{m}$	炮采	强冲击危险性

2. BP 神经网络结构隐含层确定

BP 神经网络预测精度受 BP 神经网络隐含层神经元个数影响较大：当输入层神经元个数太少时，网络学习精度不够，需要通过更多次训练；当输入层神经元个数太多时，神经网络的训练可能需要更多时间，网络训练过程中也容易过拟合。最佳隐含层神经元个数选取经验公式参考如下：

$$l < \sqrt{(m+n)} + a \tag{3-16}$$

式中，n 为输入层节点数；l 为隐含层节点数；m 为输出层节点数；a 为 0~10 之间常数。将输入层输出层个数代入式（3-16）中，可得隐含层神经元数目在区间[4,14]内进行取值。在不同选值区间内对比不同数目隐含层神经元的模型运行结果得知，隐含层神经元数目为 8 个时计算精度最高，因此，本模型建立隐含层神经元个数为 8 的 BA-BP 神经网络评价模型。综上所述，本书建立的模型为 $14 \times 8 \times 1$ 的 3 层神经网络模型。

根据冲击地压危险等级划分，可划分为无危险、弱危险、中等危险、强危险。故在此确定输出层为 4 个，分别为无冲击危险性、弱冲击危险性、中等危险性、强冲击危险性。

3. 蝙蝠算法优化的 BP 神经网络

由于冲击地压影响因素繁多，这些因素在某种程度上有一定的非线性和相关性，使得传统的预测方法在预测冲击地压时有很大的局限性，往往无法取得较为满意的结果。前馈网络的核心部分是 BP 神经网络，该网络的主要特点是信号前项传递，误差单向传播，具有很强的非线性映射和数据拟合能力，但也存在着一定的缺陷，例如训练时间长、易陷入局部极值。BA 算法是一种搜索全局最优解的方法，具有操作简单、参数较少、潜在的并行性以及通用性强等优点。通过全局搜索，最大限度上保证了最优解输出。采用蝙蝠算法优化 BP 神经网络，改善了 BP 网络结构在权值和阈值确定上的随机缺陷，提高了算法稳定性，实现了目标样本中全局搜索，并将该改进算法用于实际中。

1）BA 算法

蝙蝠算法（BA）是 Xin-She Yang 在 2010 年提出的一种基于模拟蝙蝠在飞行过程中回声定位探测功能的新型启发式仿生算法。数据经处理后建立蝙蝠位置向量与 BP 神经网络之间一一对应关系，BA 算法模仿蝙蝠的回声定位，通过发射不同的脉冲频率和响度的声音，通过这些声音折回的声音信号以此确定目标位置、大小、速度、距离等信息。回波信号的频率和响度变化影响位置向量，通过迭代更新个体位置向量对应 BP 神经网络的权值与阈值的更新，进行寻优。

对于蝙蝠飞行和捕猎过程经数学公式进行模拟，过程如下：在 M 个不同维度空间中假设有 N 只蝙蝠飞行捕猎，x_i^t 为蝙蝠个体 i 所在空间中 t 时刻的位置，此时的速度为 v_i^t，在 $t+1$ 时刻位置标记为 x_i^{t+1}，速度标记为 v_i^{t+1}，其状态更新公式如下：

$$f_i = f_{\min} + (f_{\min} - f_{\min})\beta \tag{3-17}$$

$$\upsilon_i^t = \upsilon_i^{t-1} + (x_i^t - x_*)f_i \tag{3-18}$$

$$x_i^t = x_i^{t-1} + \upsilon_i^t \tag{3-19}$$

式中　　f_i——t时刻蝙蝠的声波频率；

　　　　$f_{\min}$——t时刻蝙蝠声波频率最小值；

　　　　$f_{\max}$——t时刻蝙蝠声波频率最大值；

　　　　β——[0,1]间产生均匀分布的随机数；

　　　　x_*——所有蝙蝠当前最优解。

产生一个均匀分布的随机数$rand$，若$rand > r_i$，则对当前的x_*进行随机干扰，产生一个新的解：

$$x_{\mathrm{new}}(i) = x_{\mathrm{old}} + \varepsilon A^t \tag{3-20}$$

在产生一个均匀分布的随机数$rand$，若$rand < A_i$，并且$f(x_i) \leqslant f(x_*)$，则根据下面公式对A_i（为第i只蝙蝠的脉冲响度）和r_i（第i只蝙蝠的脉冲频度）进行更新：

$$A_i^{t+1} = \alpha A_i^t \tag{3-21}$$

$$r_i^{t+1} = R_0[1 - \exp(-\gamma t)] \tag{3-22}$$

其中，R_0为脉冲发射频率的初始值；r_i^{t+1}为第i只蝙蝠在$t+1$时刻脉冲频度；α和γ分别为脉冲响度衰减系数和脉冲发射率增加系数。通常，$0 < \alpha < 1$，$\gamma > 0$。

最终对蝙蝠适度值进行排序，寻出当前最优解，根据蝙蝠算法流程进行循环更新，当满足设定停止条件时进行最优解。

2）基于蝙蝠算法优化BP神经网络模型

传统BP算法易陷入局部极值和收敛速度慢等问题，为克服上述问题而引入蝙蝠算法，对BP神经网络的初始权值、阈值进行优化，BA优化的适度值函数为

$$Fitness(i) = \frac{1}{l} \sum_{i=1}^{l} \sum_{j=1}^{n'} \left(y_{i,j}^p - y_{i,j} \right)^2 \tag{3-23}$$

式中，l表示样本个数；$y_{i,j}^p$、$y_{i,j}$分别表示i个样本对应输出点的预测值和实际值。

算法实现具体流程如下：

Step1　编码：蝙蝠算法中个体编码为实数编码，将BP神经网络的参数w_{ij}、c_j、θ_j、ε进行整体性参数编码。每一个个体都包含了BP的前部权值和阈值，都可独立表示BP神经网络各结构。

Step2　初始化蝙蝠种群规模N，初始化蝙蝠种群，随机初始化脉冲频率f_i、蝙蝠位置x_i^t以及速度υ_i^t等参数都是在搜索空间中完成。

Step3　计算适度值$Fitness(i)$并将其与每只蝙蝠个体位置之间建立联系。

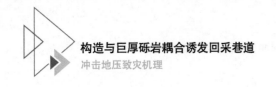

Step4 判断算法是否满足终止条件（是否达到最大迭代次数），若满足，则算法结束，输出最优解；否则转 Step5。

Step5 根据式（3-17）~（3-19）计算回声频率f_i及蝙蝠位置x_i^t以及速度v_i^t。

Step6 若随机数$rand > r_i^t$，当前个体中产生了全局最优个体位置，根据式（3-19）运用随机扰动产生一个局部个体，得到新的蝙蝠位置x_{new}。

Step7 $rand < A_i^t$，且x_{new}优于之前的空间位置x_b，此时把当前全局最优个体更新为x_{new}，并根据式（3-21）式（3-22）调整A_i^t和r_i^t。

Step8 判断算法是否满足终止条件，若满足，则输出优化结果；否则转向 Step3。

Step9 将蝙蝠算法优化得到的结果进行解码，作为 BP 神经网络初始权值和阈值。

Step10 经 BP 神经网络模拟训练后对输入数据进行预测，输出预测结果。

BA-BP 算法实现流程如图 3-11 所示。

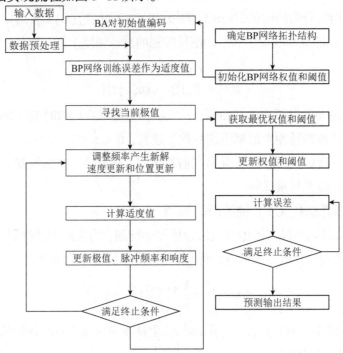

图 3-11 BA-BP 算法实现流程图

本书通过蝙蝠算法对 BP 神经网络的初始权值与阈值选择优化，选取最优初始权值与阈值输入给 BP 神经网络，对构造与巨厚砾岩耦合诱发回采巷道冲击危险性进行评价，因 BP 神经网络特点需要大量实际数据作为数据样本不断地对 BP 神经网络中间值进行调整，以使误差值小于设定值，得出该蝙蝠算法优化 BP 神经网络构造与巨厚砾岩耦合诱发回采巷道冲击危险性智能综合评价模型，完成训练并可以用于构造与巨厚砾岩耦合诱发回采巷道冲击危险性评价。

构造与巨厚砾岩耦合诱发回采巷道冲击地压力学关系模型研究

▶ 4.1 冲击地压动应力来源

对于井下巷道而言，假设地下工程断面为圆形，其半径为 a；原岩应力各向都等压，且为 p_1；巷道内边界等效均布支护抗力为 p_2；设围岩为均质的流变岩体。

对于平面轴对称问题而言，根据 $\varepsilon_v = 0$ 的假设，并由几何方程可得：

$$u = c/r \tag{4-1}$$

式中 c——积分常数。

对于平面应变问题，则有：

$$\begin{cases} \sigma_i = \dfrac{\sqrt{3}}{2}(\sigma_\theta - \sigma_r) \\ \varepsilon_i = \dfrac{\sqrt{2}}{3}\left[(\varepsilon_\theta - \varepsilon_r)^2 + \varepsilon_r^2 + \varepsilon_\theta^2\right]^{\frac{1}{2}} \end{cases} \tag{4-2}$$

将上式代入应变常态方程可得：

$$\sigma_\theta - \sigma_r = \frac{2^{m+1} c^m A_0}{3^{\frac{m+1}{2}} r^{2m}\left[1 + \delta\left(\dfrac{t}{T}\right)^\alpha\right]} \tag{4-3}$$

对于平面问题而言，轴对称问题的平衡方程为

$$\frac{d\sigma_r}{dr} + \frac{\sigma_r - \sigma_\theta}{r} = 0 \tag{4-4}$$

由式（4-3）和式（4-4），并根据边界条件 $\sigma_r|_{r=a} = p_2$ 和 $\sigma_r|_{r=\infty} = p_1$，可求得围岩应力分布和位移计算公式为

$$\begin{cases} \sigma_r = p_1 - \dfrac{a^{2m}}{r^{2m}}(p_1 - p_2) \\[2mm] \sigma_\theta = p_0 + (2m-1)\dfrac{a^{2m}}{r^{2m}}(p_1 - p_2) \\[2mm] \mu = \dfrac{a^2}{2r}\left\{ 3^{\frac{m+1}{2}}\left[1 + \delta\left(\dfrac{t}{T}\right)^\alpha\right]\dfrac{m(p_1 - p_2)}{A_0}\right\}^{\frac{1}{m}} \end{cases} \tag{4-5}$$

式中，t、T 为实验参数；A_0 为围岩变形系数；单位 MPa；$m \leqslant 1$ 为变性硬化系数；μ 为围岩位移量。

巷道支护在深孔卸压之后，首先煤体的整体性受到破坏，煤体自身的阻抗能力大幅降低；其次巷道采取深孔卸压之后，巷道围岩塑性区扩大，巷道支护的有效性降低；再次，当巷道受到采动影响时，巷道围岩裂隙进一步发育，自身阻抗能力进一步降低，巷道支护的有效性进一步减弱。由此可知，当巷道围岩阻抗降低时，巷道围岩的位移量增大，巷道变形就变大，当巷道变形达极限破坏强度时，支护失效，阻抗急剧降低，冲击地压发生时，巷道破坏程度大。

推采速度主要影响上覆岩层的悬顶长度和能量转化速率，工作面推采速度过快，悬顶长度大，能量释放不及时，能量集中释放将会对周边煤岩体产生强烈的动态扰动。积聚在上覆岩层的弹性应变能和重力势能，主要以上覆岩层断裂、回转等形式释放，煤体积聚的弹性应变能 ΔE 主要取决于上覆岩层的势能 E_p 和上覆岩层转化为煤体弹性应变能的转化效率 η，即 $\Delta E = E_p \eta$。以下证明 ΔU 与推采速度 v 的关系。

对于近水平煤层，设煤岩层倾角为 0°，煤层埋深为 H，覆岩平均密度为 ρ，推进距离为 l，则 E_p 的计算公式为

$$\begin{aligned} E_p &= \iiint_V \rho gz\mathrm{d}v \\ &= \int_0^H \int_0^l \int_0^L \rho gz\mathrm{d}x\mathrm{d}y\mathrm{d}z \\ &= \int_0^H \int_0^l \rho gLz\mathrm{d}z\mathrm{d}x \end{aligned} \tag{4-6}$$

式中　g——重力加速度；

　　　L——工作面的宽度；

　　　H——埋深；

　　　l——推采距离。

由式（4-6）可得：

$$E_p = \rho gLlH^2/2 \tag{4-7}$$

将 $l = v \cdot 1$ 代入式（4-7）可知：

$$E_p = \rho gvLH^2/2 \tag{4-8}$$

由式（4-8）可知，顶板势能E_p与推采速度v呈正比。当推采速度较大时，采场周期来压不明显，主要原因是：上覆岩层悬顶面积大，势能没有及时转化为动能，而是转化为前方煤体的弹性应变能，从而揭示了工作面快速推采时，前方煤体煤粉易超标而导致应力监测预警的原因。计算煤体积聚的弹性应变能公式如下：

$$\Delta U = \eta\rho g L v H^2/2 \tag{4-9}$$

由式（4-9）可知，转化率η与采场推采速度v呈正相关关系。煤层弹性应变能增量ΔU与推采速度v呈正相关关系。由此可知，控制推采速度，为上覆岩层能量的释放预留时间，减少能量的积聚，降低冲击地压发生的风险。

▶▶ 4.2 冲击地压类型划分

顶板发生初次和周期断裂期间，工作面附近煤体应力将会产生明显变化，这种煤体应力的变化一方面是顶板悬顶长度达到极限，对煤体施加的夹持力增大造成的，另一方面，在坚硬厚层顶板岩层发生断裂时产生的较强震动也可引起煤体应力的变化。一般情况下，在顶板来压期间，煤体的冲击危险性会有所升高，此间，煤体可在高夹持应力作用下发生破坏，聚集的能量突然释放形成冲击地压，也可以是处于较高应力状态的煤体在坚硬厚层顶板岩层突然破断产生的强烈震动作用下发生冲击破坏，两种情况如图 4-1 所示。

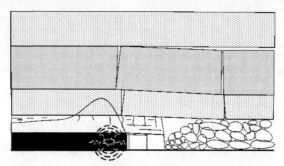

（a）煤层高应力诱发冲击

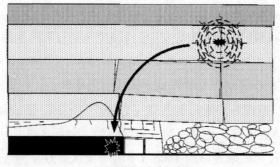

（b）顶板活动诱发冲击

图 4-1　冲击地压的两种情况

　　另外工作面在回采的过程中超前支承压力与断层形成的应力进行叠加，在叠加区域"动-静"应力作用下诱发冲击地压。工作面在回采的过程中，超前支承压力超过断层活化的极限造成断层活化，从而诱发矿震甚至冲击地压。

　　断层活化是岩层运动的一种特殊形式，断层处岩层的不连续性导致断层本身的不稳定性，在高应力作用下，断层比完整岩层先行运动。如图 4-2 所示，随着工作面或掘进头的推进，其超前支承压力的影响范围不断向前发展，当到达断层影响区域后，断层本身构造应力与工作面超前支承压力叠加，使断层附近的支承压力增高，重新分布。断层与工作面中间位置为应力叠加高峰区，如果断层本身能够积聚能量，则叠加后的应力高峰区位置同样容易积聚较大能量。当满足冲击条件时，可以诱发冲击地压。

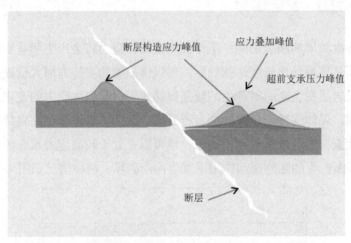

图 4-2　工作面推进时超前支承压力与断层构造应力叠加

　　对于"动-静"应力诱发冲击地压机理而言，分为高应力直接诱发型冲击地压、间接诱发型冲击地压、厚硬高位岩层的有震无灾型矿震。对于高应力直接诱发型冲击地压，多数发生在埋深大、开采强度大、动载扰动明显的矿井，比如山东、河南、新疆和内蒙古的部分地区。间接诱发型冲击地压，在高应力作用下引起断层的活化，进而诱发冲击地压。厚硬高位岩层的有震无灾型矿震，采区上方存在单一厚度或者组合岩层厚度大而硬，随着开采区域的逐渐增大，悬顶面积逐渐增大，当悬顶长度达到极限跨度的时候，厚硬岩层断裂，从而诱发矿震。

　　赵楼煤矿 1305 工作面开切眼布置没有避开应力集中区，且工作面掘进期间未施工迎头卸压孔提前释放应力，造成开切眼附近的高应力区。"7·29"事故无法通过卸压来消除危险，因卸压将煤柱整体性破坏，更易于造成煤层失稳。如图 4-3 所示，该工作面北为回采完毕的 1304 工作面，南为回采完毕的 1306 工作面。此次事故冲击造成 1305 工作面两巷部分巷道变形严重，其中轨道巷 30～70m 范围，两帮移近量为 1.7～3.8m。顶底板移近量为

0.3～1.7m;运输巷煤壁向前 40m 范围,两帮移近量为 0.7～1.2m。顶底板移近量为 1～1.7m。

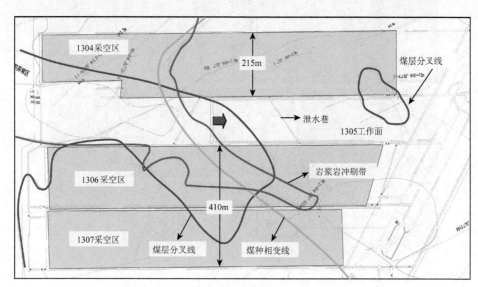

图 4-3　孤立煤体高应力动载诱发生型冲击地压

工作面内断层在 2305S 工作面超前支承压力动应力和 2304S 工作面侧向支承压力作用下,诱发断层活化,进而导致冲击地压的发生,最终造成 4 人死亡。

东滩煤矿六采区开采过程中,多次发生矿震。据统计,63$_{上}$04 工作面回采期间发生 2.0 级以上的震动 35 次,发生最大级别矿震为 2.71 级。63$_{上}$05 工作面回采期间发生 2.0 级以上的震动 55 次,发生最大级别矿震为 3.04 级,63$_{上}$03 工作面生产以来,震级在 2.0 级以上的有 7 次。分析认为,六采区矿震频发与煤层和上部较厚的侏罗系砂岩分布及间距有关。与六采区比较,五采区有基本相似的地层条件,煤层埋藏较深,侏罗系砂岩较厚且距煤层较近,并且五采区构造复杂,断层发育,因此预计五采区煤层回采过程中存在发生矿震的威胁。

▶ 4.3 高应力直接诱发巷道冲击地压力学关系分析

宽煤柱两侧工作面开采后,宽煤柱成为典型的"孤岛"煤柱,如图 4-4a 所示。宽煤柱上的应力增量不能按照已采工作面侧向支承压力简单叠加。

由图 4-4b 可知,宽煤柱两侧采空区上覆岩层对煤柱的加载路径:两采空区上覆岩层作用于煤柱上方与其对应岩层——煤柱上方岩层将自重和两侧采空区传递至煤柱上方岩层的应力传递至下部煤体,垂直于推采方向沿两侧开采完毕的工作面和宽煤柱做剖面,应力传递结构类似于字母"T",因此称该结构为"T"形应力传递结构。

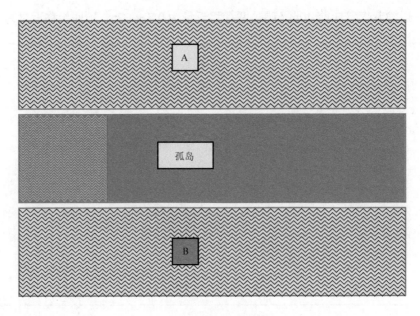

（a）宽煤柱两侧回采平面图

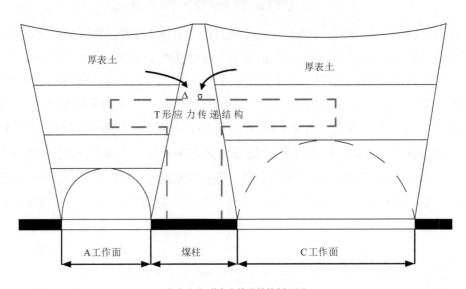

（b）"T"形应力传递结构剖面图

图 4-4　孤岛煤体覆岩空间结构

4.3.1 "T"形应力传递结构静应力分析

针对某一特定的采场，煤柱两侧工作面回采完毕后，工作面后方煤柱为典型的"孤岛"煤体，"孤岛"煤体两侧采空区上覆岩层沉降稳定后，此时煤柱所受到的"孤岛"煤体两侧采空区上覆岩层传递至煤柱的应力为静态作用力。如图 4-5 所示。

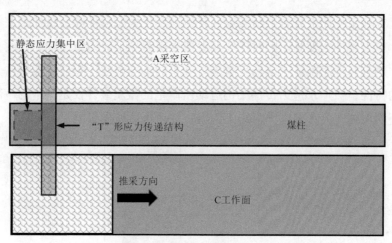

图4-5 "T"形应力传递结构下的静态应力集中区

4.3.2 "T"形应力传递结构动应力分析

随着C工作面的继续推进,"T"形应力传递结构是一个动态演化的过程,近面区域形成的"T"形应力传递结构随工作面的推进支承点不断前移,采场上覆岩层运动对煤柱产生动压作用,如图4-6所示。

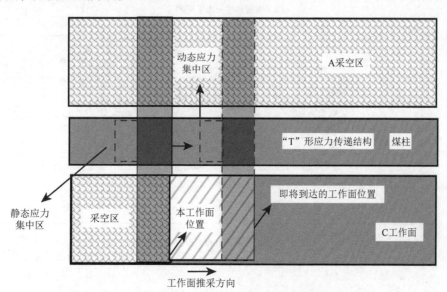

图4-6 "T"形应力传递结构下的动态应力集中区

4.3.3 基于微震监测的"T"形应力传递结构验证分析

图4-7a显示了微震事件分布平面图,"T"形应力传递结构的作用是煤柱区域出现应力集中,大能量事件密度较高。图4-7b显示了2018年8月23—27日微震事件分布剖面图,

采空区上方和工作面上方岩层断裂或回转运动产生大能量事件，煤柱及上覆岩层大能量分布密集，应力集中程度高，此时煤柱及上覆岩层起到了应力传递轴的作用，微震事件在平面和剖面的分布形态验证了采场支承压力分布的不均衡性，煤柱微震事件分布显示煤柱传递应力的特性，"T"形应力传递结构运动所产生的微震事件仅是其中的一部分。工作面回采实践证明煤柱应力水平高于两侧工作面，且动压显现强烈。

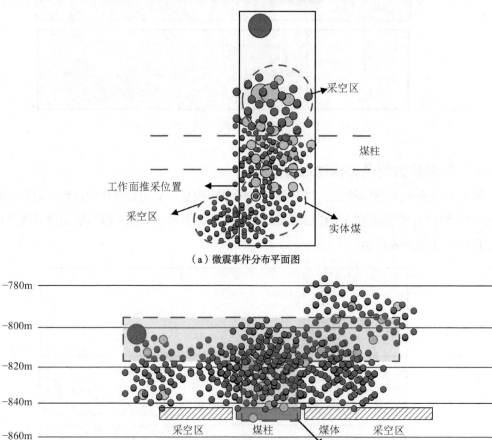

（a）微震事件分布平面图

（b）微震事件分布剖面图

图4-7　"T"形应力传递结构微震监测结果分布

4.3.4 "T"形应力传递结构应力场估算方法

为探究80m煤柱弹性核区的宽度，可采用大直径钻孔进行深孔钻探，通过记录钻探不同深度情况下，煤炮的数量、强度以及卡钻吸钻的程度、钻屑颗粒的大小来判断80m煤柱核区的宽度（$D-2d$）（其中D为煤柱宽度，d为破碎区宽度）。根据不同的煤矿其预警值的设定也不相同，总体上来讲是一个固定值，始终处于预警值σ_k以下，作用于大煤柱的覆岩空间结构支承应力的传递机制，是基于地表沉陷观测基础上建立的估算模型，由于两工作面地表下沉均未达到充分采动阶段，两侧采空区上覆岩层仍然处于悬跨状态，为简化计算过程，作用在煤柱上的应力近似地认为由三部分组成：两采空区上覆岩层悬跨重量的一半传递至煤柱上；煤柱上方覆岩的自重应力；两采空区裂隙发育地层的一部分。具体如图4-8所示区域E、F、G区域，其中θ和γ为两采空区的岩层垮落角。

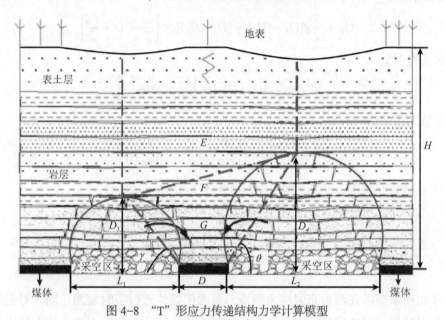

图4-8　"T"形应力传递结构力学计算模型

为方便描述，将两侧采空区作用于80m煤柱上的应力取平均值，简化如图4-9所示。

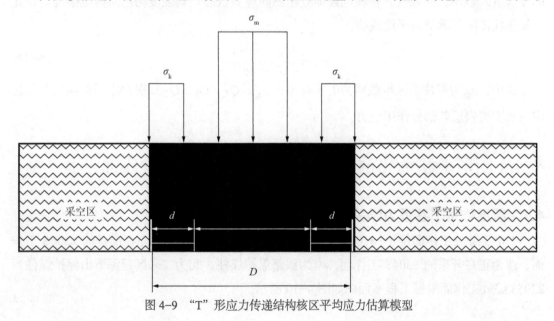

图4-9　"T"形应力传递结构核区平均应力估算模型

煤柱上所承载的应力主要由煤柱上方的自重和两采空区传递过来的力组成，计算公式如下。

煤柱所受的力：

$$Q_总 = Q_E + Q_F + Q_G \tag{4-10}$$

E区域的重量：

$$Q_E = \frac{1}{2}\gamma[(H - D_3) + (H - D_4)] \times \left[\frac{L_1}{2} + D + \frac{L_2}{2}\right] \tag{4-11}$$

F区域的重量：

$$Q_F = \frac{1}{2}\gamma[D_3 - D_4] \times \left[\frac{L_1}{2} + D + \frac{L_2}{2}\right] \tag{4-12}$$

G区域的重量：

$$Q_G = \frac{1}{2}\gamma D_4\left[\frac{D_4}{\tan\gamma} + 2D + \frac{D_3}{\tan\theta}\right] \tag{4-13}$$

式中，γ和θ分别为 1300、1301 工作面垮落角。

$$\gamma = \arctan\frac{2d_2}{L_1} \tag{4-14}$$

$$\theta = \arctan\frac{2d_1}{L_2} \tag{4-15}$$

工作面回采前需在两帮布置应力测点，对两帮煤体进行实时监测，同时对巷道两帮煤体特别是煤柱侧的煤体进行大直径钻孔预卸压，使得钻孔卸压区内煤体应力始终处于设定的预警值σ_k以下，而煤柱弹性核区煤体处于三向应力状态，其强度为三向抗压强度。据此可知煤柱核区所承受的平均载荷：

$$\sigma_m = \frac{Q_总 - 2d\sigma_k}{D - 2d} \tag{4-16}$$

式中，σ_m为煤柱核区承载能力的平均值；$Q_总$、Q_E、Q_F、Q_G分别为作用在煤柱上的总应力和上覆岩层各部分作用应力。

▶ 4.4 断层滑移活化诱发巷道冲击地压力学关系分析

4.4.1 断层作用下巷道力学关系

2305S 综放工作面位于-810m 水平二采区边界下山以北，东为正在准备的 2306S 工作面，西为正在开采的 2304S 工作面，南为铁路保护煤柱，北为二采区延深下山保护煤柱。2305S 综放工作面采掘工程平面图如图 4-10 所示。

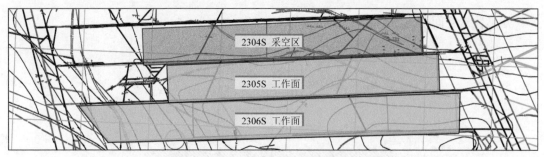

图4-10　2305S综放工作面采掘工程平面图

　　井田构造主要受区域构造控制，主要表现形式为断层和褶皱构造，目前没有发现陷落柱的存在。根据二采区三维地震资料显示，工作面开采区域自北向南发育FD8、FD11。工作面主要断层情况分析如下。

　　FD8断层：位于工作面北部，主要位于三联巷以北，为正断层，三维地震解释断层落差为0~15m，倾角为70°，倾向NW，走向NE，断层在工作面延展长度为720m；该断层在2305S下平巷开切眼以南63m揭露断层落差为10m，在2305S三联巷揭露断层落差为14m，在2304S工作面揭露断层落差为0~15m。该断层自北向南呈逐渐增大的趋势，对工作面北部开采影响大，造成推采困难，顶板维护难度加大。

　　FD11断层：位于工作面中部，正断层，倾向E，走向近NS，断层落差为0~15m，断层面倾角为70°，断层在工作面延展长度为750m，该断层共有7个揭露点：自南向北为2305S-2号充填工作面上平巷沿该断层掘进揭露点落差为13m，2305S一联巷揭露点落差为13m，2305S-2号充填工作面1号探巷揭露点落差为15m，2号探巷揭露点落差14m，2305S二联巷揭露点落差为14m，2304S工作面揭露点落差为0~10m。该断层对工作面中部开采影响大。

　　2305S工作面煤层大体位于刘海向斜的西翼，煤层走向为20°~220°，倾向为110°~310°，倾角为0°~12.0°；在工作面三联巷位置发育一向斜，轴向为107°~121°，工作面中部发育一背斜，轴向为102°~110°，向南一联巷附近发育一向斜，轴向为95°-110°。两向斜一背斜构造导致工作面不能自然疏水，造成工作面局部积水，回采时需加强疏排水管理。

　　当相邻工作面回采后，侧向支承压力作用于2305S工作面，造成2305S工作面沿空侧应力集中，在2305S工作面相邻工作面残余支承压力与断层形成的集中应力叠加，使冲击风险进一步增大；2305S工作面超前支承压力、相邻工作面残余支承压力和断层形成的集中应力叠加，"三场"应力叠加大大增加了冲击地压发生的风险。

　　冲击地压发生时，2305S工作面接近见方，工作面见方时应力异常，具体的计算如下。

　　图4-11所示为矩形覆岩空间结构应力计算简化模型。横轴$2a$为工作面推进距离，纵轴$2b$为工作面长度，W_0为煤层厚度。

矩形覆岩空间结构力学模型如下：

$$\tau_{xz} = \tau_{yz} = 0 \quad (\text{对} z = 0 \text{全平面}) \tag{4-17}$$

$$u_z(x, y, 0) = \begin{cases} -w_0 & (|x| \leq a, |y| \leq b) \\ 0 & (\text{其余区域}) \end{cases} \tag{4-18}$$

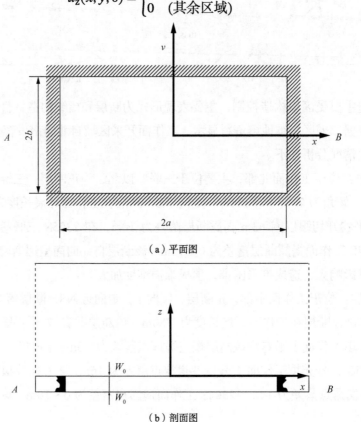

（a）平面图

（b）剖面图

图 4-11 矩形采场的力学模型

4.4.2 断层滑移活化诱发巷道冲击地压力学关系模型

假设采场岩体为横向同性岩体，根据 Berry 和 Wales（1962）研究结果可知：如果对称轴与 z 轴重合，则对于横观各向同性岩体，胡克定律有以下形式：

$$\left. \begin{aligned} \sigma_x = C_{11}\varepsilon_x + C_{12}\varepsilon_y + C_{13}\varepsilon_z, & \quad \tau_{yz} = C_{44}\gamma_{yz} \\ \sigma_y = C_{12}\varepsilon_x + C_{11}\varepsilon_y + C_{13}\varepsilon_z, & \quad \tau_{xz} = C_{44}\gamma_{xz} \\ \sigma_z = C_{13}\varepsilon_x + C_{13}\varepsilon_y + C_{33}\varepsilon_z, & \quad \tau_{xy} = \frac{1}{2}(C_{11} - C_{12})\gamma_{xy} \end{aligned} \right\} \tag{4-19}$$

式（4-19）中的系数可用拉梅常数表示为

$$C_{11} = 2G + \lambda, \ C_{12} = \lambda, \ C_{13} = \lambda', \ C_{33} = 2G' + \lambda, \ C_{44} = G', \ \frac{1}{2}(C_{11} - C_{12}) = G \quad (4\text{-}20)$$

式中带 "′" 的常数指参照于过z轴的任意平面，其余的常数表示参照于平面(x, y)。

Shields 和 Tumbull 已经证明，满足式（4-19）、平衡方程以及平面$z = 0$上剪应力为零这些条件的位移场，可表示为以下形式：

$$u_1 = \frac{\partial}{\partial x}(\phi_1 + \phi_2), \quad u_2 = \frac{\partial}{\partial y}(\phi_1 + \phi_2), \quad u_3 = \frac{\partial}{\partial z}(q_1\phi_1 + q_2\phi_2) \tag{4-21}$$

像式（4-21）那样，将位移分量的导数代入式（4-19）中，则应力张量分量可以由函数$\phi(x, y, z)$表达。经进一步研究，很容易求出沿z轴的应力和位移分量：

$$u_z = \frac{q_1}{1 + q_1\partial z_1}\phi(x, y, z_1) - \frac{q_2}{1 + q_2\partial z_2}\phi(x, y, z_2) \tag{4-22}$$

$$\sigma_z = C_{44}\left[\alpha_1\frac{\partial^2}{\partial z_1}\phi(x, y, z_1) - \alpha_2\frac{\partial^2}{\partial z_2}\phi(x, y, z_2)\right] \tag{4-23}$$

如下边界条件：

$$
\begin{aligned}
&u_z(x, y, 0) = -w_0 \quad |x| \leqslant a, \ |y| \leqslant b \\
&u_z(x, y, 0) = 0 \quad \text{平面} z = 0 \text{ 的其余部分} \\
&\tau_{xz} = \tau_{yz} = 0 \quad z = 0 \text{ 全平面}
\end{aligned}
\tag{4-24}
$$

可求出调和函数$\phi(x, y, z)$。最终求出$z = 0$时的应力分量σ_z：

$$
\sigma_z(x, y, 0) = \frac{w_0 C_{44}(\alpha_1 - \alpha_2)}{2\pi} \cdot \frac{(1 + q_1)(1 + q_2)}{q_1 - q_2}\left\{ \frac{\sqrt{(a-x)^2 + (y+b)^2}}{(y+b)(a-x)} - \right.
$$

$$
\left. \frac{\sqrt{(a-x)^2 + (y-b)^2}}{(y-b)(a-x)} + \frac{\sqrt{(a+x)^2 + (y+b)^2}}{(y+b)(a+x)} - \frac{\sqrt{(a+x)^2 + (y-b)^2}}{(y-b)(a+x)} \right\} \tag{4-25}
$$

对于矩形采场，当$a = b$时，即当工作面见方时σ_z有最大值。即当工作面推进至"见方"时，采场的支承压力达到最大。

由此可知，从力学角度验证了工作面"见方"时，悬顶面积大，来压明显。2305S 工作面超前支承应力、相邻工作面残余支承应力、断层形成的集中应力、工作面"见方"异常区应力等叠加造成巷道冲击地压的发生。

4.5 厚岩离层断裂诱发巷道冲击地压力学关系分析

4.5.1 厚岩作用下巷道力学关系

将煤矿巷道围岩的应力求解简化为弹性力学中的求解矩形孔口区域的应力问题，如图 4-12a 所示，带小圆孔的矩形板，受x向均布拉力q_1，y向均布拉力q_2，可以将荷载分解为两部分：第一部分是四边的均布拉力，如图 4-12b 所示，得到应力解答：

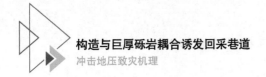

$$\left.\begin{aligned}\sigma_\rho &= \frac{q_1+q_2}{2}\left(1-\frac{r^2}{\rho^2}\right)\\\sigma_\phi &= \frac{q_1+q_2}{2}\left(1+\frac{r^2}{\rho^2}\right)\\\tau_{\rho\phi} &= \tau_{\phi\rho} = 0\end{aligned}\right\} \tag{4-26}$$

对于第二部分是左右两边的均布拉力和上下两边的均布压力，如图 4-12c 所示，得到应力解答：

$$\left.\begin{aligned}\sigma_\rho &= \frac{q_1-q_2}{2}\cos 2\phi\left(1-\frac{r^2}{\rho^2}\right)\left(1-3\frac{r^2}{\rho^2}\right)\\\sigma_\phi &= -\frac{q_1-q_2}{2}\cos 2\phi\left(1+3\frac{r^4}{\rho^4}\right)\\\tau_{\rho\phi} &= \tau_{\phi\rho} = -\frac{q_1-q_2}{2}\sin 2\phi\left(1-\frac{r^2}{\rho^2}\right)\left(1+3\frac{r^2}{\rho^2}\right)\end{aligned}\right\} \tag{4-27}$$

将两部分解答叠加，即得原荷载作用下的应力分量：

$$\left.\begin{aligned}\sigma_\rho &= \frac{q_1-q_2}{2}\cos 2\phi\left(1-\frac{r^2}{\rho^2}\right)\left(1-3\frac{r^2}{\rho^2}\right)+\frac{q_1+q_2}{2}\left(1-\frac{r^2}{\rho^2}\right)\\\sigma_\phi &= -\frac{q_1-q_2}{2}\cos 2\phi\left(1+3\frac{r^4}{\rho^4}\right)+\frac{q_1+q_2}{2}\left(1+\frac{r^2}{\rho^2}\right)\\\tau_{\rho\phi} &= \tau_{\phi\rho} = -\frac{q_1-q_2}{2}\sin 2\phi\left(1-\frac{r^2}{\rho^2}\right)\left(1+3\frac{r^2}{\rho^2}\right)\end{aligned}\right\} \tag{4-28}$$

式中　　　　σ_ρ——圆形巷道沿 ρ 方向的径向正应力；

　　　　　　σ_ϕ——圆形巷道沿 φ 方向的切向正应力；

　　$\tau_{\rho\phi}$、$\tau_{\phi\rho}$——圆形巷道切应力；

　　　　　　r——圆形巷道半径；

　　　　　　q_1——x 向均布拉力；

　　　　　　q_2——y 向均布拉力。

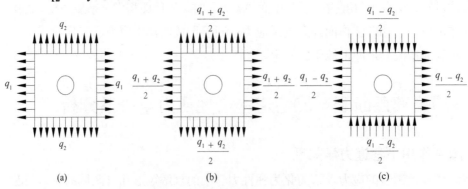

图 4-12　圆形孔口的应力集中

由于原岩应力场是分析开采空间周围应力重新分布的基础，研究岩体的初始应力状态，为分析开挖岩体过程中岩体内部应力变化、合理设计巷硐支护提供依据。自重应力场和构造应力场是原岩应力场的主要组成成分。

地壳自然运动过程中，大规模或者区域岩石受力弯曲变形形成向斜构造，因此在向斜构造的受力分析时，可以通过岩石的弯曲变形进行简化处理，而弯曲弹性梁的应力应变关系可以很好地描述岩石弯曲变形的过程。岩层在弯矩M的作用下弯曲，以中性层为界，下部受拉应力作用，上部受压应力作用，并且拉（或者压）应力离中性层越远越大，其最大值在远离中性层最远的上下边缘处（图4-13）。在岩层本身弯曲（纯弯曲）所决定的应力状态中，最大和最小压应力（σ_1和σ_2）垂直或者平行于岩层表面（与位于中性层上、下有关），并垂直于向斜轴，而中间应力应该平行于岩层面和向斜轴。

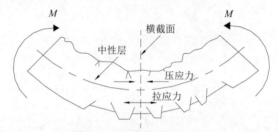

图4-13　岩层弯曲变形构造

岩层的最大拉应力为

$$\sigma_1 = E\frac{y}{\rho'} \tag{4-29}$$

式中　σ_1——最大拉应力；

　　　y——应力点距中性层的距离；

　　　E——巷道围岩弹性模量；

　　　ρ'——向斜构造曲率半径。

若令$q_1 = \sigma_1$，$q_2 = -\gamma \cdot H$，代入式（4-29），解出向斜构造影响下巷道围岩应力分布：

$$\left.\begin{array}{l}
\sigma_\rho = \dfrac{Ey + \gamma H\rho'}{2\rho'}\cos 2\phi\left(1 - \dfrac{r^2}{\rho^2}\right)\left(1 - 3\dfrac{r^2}{\rho^2}\right) + \dfrac{Ey - \gamma H\rho'}{2\rho'}\left(1 - \dfrac{r^2}{\rho^2}\right) \\[3mm]
\sigma_\phi = -\dfrac{Ey + \gamma H\rho'}{2\rho'}\cos 2\phi\left(1 + 3\dfrac{r^4}{\rho^4}\right) + \dfrac{Ey - \gamma H\rho'}{2\rho'}\left(1 + \dfrac{r^2}{\rho^2}\right) \\[3mm]
\tau_{\rho\phi} = \tau_{\phi\rho} = -\dfrac{Ey + \gamma H\rho'}{2\rho'}\sin 2\phi\left(1 - \dfrac{r^2}{\rho^2}\right)\left(1 + 3\dfrac{r^2}{\rho^2}\right)
\end{array}\right\} \tag{4-30}$$

式中　　　σ_ρ——圆形巷道沿ρ方向的径向正应力；

　　　　　σ_ϕ——圆形巷道沿φ方向的切向正应力；

　　$\tau_{\rho\phi}$、$\tau_{\phi\rho}$——圆形巷道切应力；

　　　　　E——巷道围岩弹性模量；

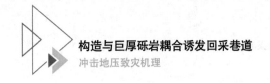

ρ'——向斜构造曲率半径；

r——圆形巷道半径；

γ——岩石重力密度；

H——巷道的埋深。

4.5.2 厚岩离层断裂诱发巷道冲击地压力学关系模型

采场超前支承压力的分布情况直接影响巷道稳定性，研究采场超前支承压力对分析巷道围岩应力的重新分布有重要意义。

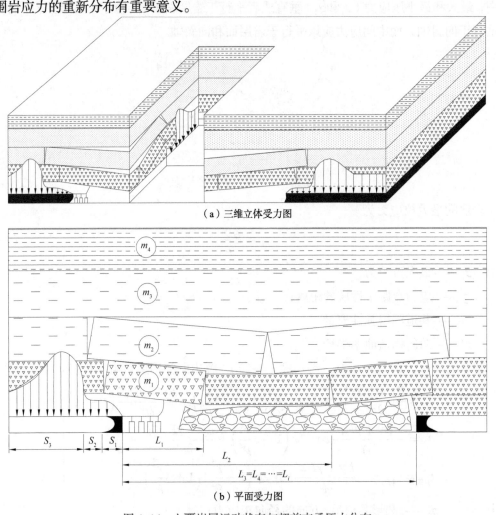

（a）三维立体受力图

（b）平面受力图

图4-14　上覆岩层运动状态与超前支承压力分布

如果在对模型进行简化处理的情况下，可以只考虑自重应力的影响，那么采矿活动中采场周围煤岩体的支承压力来源于上覆岩层的重力。假设煤层和岩层都是水平的，那么采场上覆岩层结构可以简化为由多岩层组成的组合梁结构，如图4-14所示。因此，距煤壁x

处煤层单位面积上承受的压力（σ_y）值可以近似看成是上覆各岩梁在该处作用力的总合。即

$$\sigma_y = \sum_1^n m_i \gamma_i + \sum_1^n m_i \gamma_i L_i C_{ix} \tag{4-31}$$

式中　σ_y——距煤壁x处煤层上的支承压力；

　　　n——直接作用于该处的岩梁数目；

　　　m_i——各岩梁厚度；

　　　γ_i——各岩梁重力密度；

　　　L_i——各岩梁的跨度；

　　　C_{ix}——各岩梁传递至该处的重量比例（传递比率）。

由式（4-31）表明，煤壁前方各处的支承压力都可以看成是下列两部分作用力的合成：直接覆盖岩梁的单位容重$\left(\sum_1^n m_i \gamma_i\right)$（与直接覆盖岩层总厚度成正比）和直接覆盖岩梁悬跨部分传递至该处的作用力$\left(\sum_1^n m_i \gamma_i L_i C_{ix}\right)$（分配比率不变的情况下与各岩梁的跨度和厚度成正比）。

直接覆盖于煤层一定部位上的岩梁数（n），由该处煤层的支承能力和上覆岩梁的强度及其运动发展情况所决定。煤层支承能力越低，可能承受的岩梁数将越少。图（4-14b）中S_1部分承受的支承压力主要有岩梁m_1的重量决定，而S_2部位则包含有m_1及m_2两个岩梁的作用，S_3部位则将受上至地表的所有岩梁的影响$\sigma_y = k\gamma H$。

令$q_1 = \lambda \cdot q_2 = -\lambda\sigma_y$，$q_2 = -\sigma_y$代入式（4-28），得出工作面回采影响下巷道围岩应力分布规律：

$$\left.\begin{array}{l} \sigma_\rho = \dfrac{\sigma_y - \lambda\sigma_y}{2}\cos 2\phi\left(1 - \dfrac{r^2}{\rho^2}\right)\left(1 - 3\dfrac{r^2}{\rho^2}\right) - \dfrac{\sigma_y + \lambda\sigma_y}{2}\left(1 - \dfrac{r^2}{\rho^2}\right) \\[3mm] \sigma_\phi = -\dfrac{\sigma_y - \lambda\sigma_y}{2}\cos 2\phi\left(1 + 3\dfrac{r^4}{\rho^4}\right) - \dfrac{\sigma_y + \lambda\sigma_y}{2}\left(1 + \dfrac{r^2}{\rho^2}\right) \\[3mm] \tau_{\rho\phi} = \tau_{\phi\rho} = -\dfrac{\sigma_y - \lambda\sigma_y}{2}\sin 2\phi\left(1 - \dfrac{r^2}{\rho^2}\right)\left(1 + 3\dfrac{r^2}{\rho^2}\right) \end{array}\right\} \tag{4-32}$$

式中　σ_ρ——圆形巷道沿ρ方向的径向正应力；

　　　σ_ϕ——圆形巷道沿φ方向的切向正应力；

　$\tau_{\rho\phi}$、$\tau_{\phi\rho}$——圆形巷道切应力；

　　　r——圆形巷道半径；

　　　σ_y——支承压力；

　　　λ——侧压系数。

根据千秋煤矿矿井地质报告和21221工作面作业规程,通过实测和整理得出千秋21221工作面的顶底板岩层物理力学性质。工作面回采85m时,基本顶厚岩断裂裂纹扩展,在自

身围岩应力调整中，离层发育，进而发生厚岩局部断裂离层垮落，垮落高度66m。工作面基本顶初次垮落步距为90m，垮落高度扩展至86m。

初次来压时，煤层受厚岩的作用，支承压力为

$$\sigma_y = \frac{27 \times 86 + (27 \times 66 \times 42.5 + 27 \times 20 \times 45) \times 0.3}{1000} \approx 32.33\text{MPa}$$

令$q_1 = -\lambda\sigma_y = -22.87\text{MPa}$，$q_2 = -32.33\text{MPa}$代入式（4-32），得出工作面回采影响下巷道围岩应力分布规律：

$$\left.\begin{aligned}
\sigma_\rho &= 4.73\cos 2\phi\left(1 - \frac{9}{\rho^2}\right)\left(1 - \frac{27}{\rho^2}\right) - 27.6\left(1 - \frac{9}{\rho^2}\right) \\
\sigma_\phi &= -4.73\cos 2\phi\left(1 + \frac{243}{\rho^4}\right) - 27.6\left(1 + \frac{9}{\rho^2}\right) \\
\tau_{\rho\phi} &= \tau_{\phi\rho} = -4.73\sin 2\phi\left(1 - \frac{9}{\rho^2}\right)\left(1 + \frac{27}{\rho^2}\right)
\end{aligned}\right\} \tag{4-33}$$

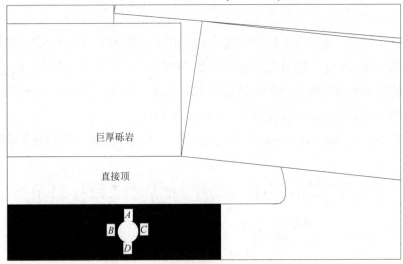

图4-15　巨厚砾岩作用下回采巷道

由式（4-33）可求得厚岩作用下千秋煤矿21221工作面回采巷道围岩任一点的应力分布状态。如图4-15所示，对于顶板中点A处，$\phi = \frac{3\pi}{2}$，应力分布为：$\sigma_\rho = 0$，$\sigma_\phi = -36.28\text{MPa}$，$\tau_{\rho\phi} = \tau_{\phi\rho} = 0$；对于底板中点$D$处，$\phi = \frac{\pi}{2}$，应力分布为：$\sigma_\rho = 0$，$\sigma_\phi = 36.28\text{MPa}$，$\tau_{\rho\phi} = \tau_{\phi\rho} = 0$；对于左帮中点$B$处，$\phi = \pi$，应力分布为：$\sigma_\rho = 0$，$\sigma_\phi = 74.12\text{MPa}$，$\tau_{\rho\phi} = \tau_{\phi\rho} = 0$；对于右帮中点$B$处，$\phi = 0$，应力分布为：$\sigma_\rho = 0$，$\sigma_\phi = 74.12\text{MPa}$，$\tau_{\rho\phi} = \tau_{\phi\rho} = 0$。

第**5**章

构造与巨厚砾岩耦合条件下回采巷道冲击地压试验研究

　　本章通过简化抽象总结义马矿区试验原型工程地质背景特点，建立了构造与巨厚砾岩耦合条件下回采巷道相似模拟模型，利用可以实现非线性加载的深部岩体工程与地质灾害模拟实验系统，并采用数字散斑全位移场监测、应力场监测、能量场监测，进行了向斜断层巨厚砾岩耦合条件下回采巷道冲击地压相似模拟研究。

▶ 5.1 相似模拟试验原型工程地质背景

5.1.1 试验工作面工程概况

　　本相似模拟原型是河南能源义马煤业集团千秋煤矿 21221 工作面。千秋煤矿属于义马煤田，义马向斜走向一般为东西方向，倾角多在 6°~25°。在其形成的过程中，义马向斜被义马 F16 近东西向压扭性逆冲断层所破坏，从而造成局部陡倾和直立，有时甚至发生倒转现象，向斜轴部构造应力发育，是冲击地压的多发区域，且煤层顶板有巨厚的砾岩地层。义马煤田地质构造如图 2-1 所示。义马煤田有千秋煤矿、跃进煤矿、耿村煤矿、常村煤矿和杨村煤矿 5 对生产矿井，目前埋深分布如下：千秋煤矿 750~980m，跃进煤矿 650~1060m，耿村煤矿 500~650m，常村煤矿 600~800m，杨村煤矿 400~600m。其中易发生冲击地压的典型煤矿为千秋煤矿和跃进煤矿。

　　千秋煤矿 21221 工作面主采 2 号煤层，煤层平均埋深为 758.5m；煤层倾角为 3°~18°，平均倾角为 10°；煤层厚度为 8.5~10.5m，平均厚度为 10m；煤层 f 值为 1.5~3.0，煤层节理、层理发育；工作面倾斜长度为 180m，走向长度为 1450m；煤层直接顶为 0~20m 的脆性泥岩，基本顶为侏罗系巨厚砾岩，且厚度为 179～429m，平均厚度为 410m，随着工作面的开采，直接顶随采随落，但巨厚砾岩不易断裂，致使基本顶难以垮落，给矿井冲击地压的防治大大增加了困难。

义马向斜走向一般为东西方向，倾角多在 6°～25°，在其形成的过程中义马向斜被义马 F16 近东西向压扭性逆冲断层所破坏，从而造成局部陡倾和直立，有时甚至发生倒转现象；义马向斜的西南边缘扬起角为 12°～15°，轴面倾角为 40°；向斜轴部构造应力发育，是冲击地压的多发区域。

义马 F16 逆断层为近东西向压扭性逆冲断层，走向为 110°，倾向南偏西，倾角为 30°～75°，水平错距为 120～1080m，落差为 31～102m，F16 断层的北面是千秋煤矿，西面是耿村煤矿和杨村煤矿，东面是跃进煤矿和常村煤矿。

千秋煤矿 21221 工作面采掘工程平面及剖面示意如图 5-1 所示。

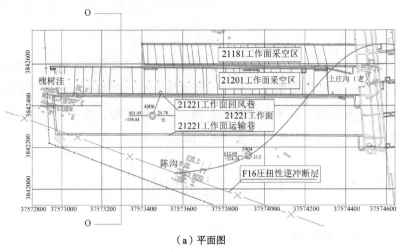

（a）平面图

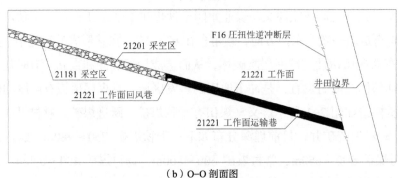

（b）O-O 剖面图

图 5-1 21221 工作面采掘工程平面及剖面示意图

5.1.2 实际岩体力学及物理性质

根据千秋煤矿矿井地质报告和 21221 工作面作业规程，通过实测和整理得出千秋煤矿

21221 工作面的综合柱状图如图 5-2 所示，顶底板岩层力学参数见表 5-1，千秋煤矿 21 采区地应力实测结果见表 5-2。

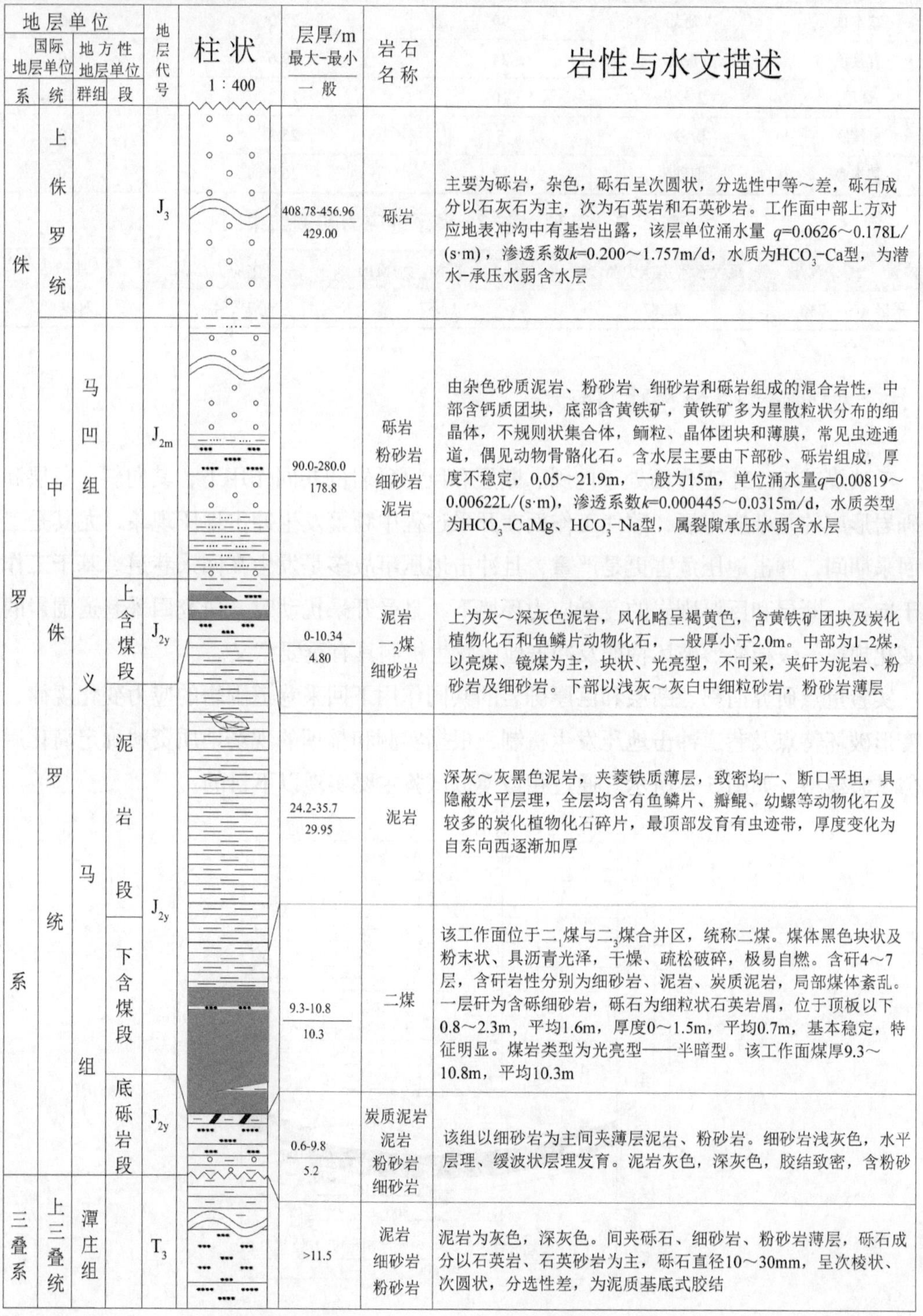

地层单位				地层代号	柱状 1:400	层厚/m 最大-最小 一般	岩石名称	岩性与水文描述
国际地层单位		地方性地层单位						
系	统	群组	段					
侏罗系	上侏罗统			J_3		408.78-456.96 429.00	砾岩	主要为砾岩，杂色，砾石呈次圆状，分选性中等～差，砾石成分以石灰石为主，次为石英岩和石英砂岩。工作面中部上方对应地表冲沟中有基岩出露，该层单位涌水量 $q=0.0626\sim0.178L/(s\cdot m)$，渗透系数 $k=0.200\sim1.757m/d$，水质为 HCO_3-Ca 型，为潜水-承压水弱含水层
	中侏罗统	马凹组		J_{2m}		90.0-280.0 178.8	砾岩 粉砂岩 细砂岩 泥岩	由杂色砂质泥岩、粉砂岩、细砂岩和砾岩组成的混合岩性，中部含钙质团块，底部含黄铁矿，黄铁矿多为星散粒状分布的细晶体，不规则状集合体，鲕粒、晶体团块和薄膜，常见虫迹通道，偶见动物骨骼化石。含水层主要由下部砂、砾岩组成，厚度不稳定，0.05～21.9m，一般为15m，单位涌水量 $q=0.00819\sim0.00622L/(s\cdot m)$，渗透系数 $k=0.000445\sim0.0315m/d$，水质类型为 HCO_3-CaMg、HCO_3-Na 型，属裂隙承压水弱含水层
罗侏系		侏罗义罗统马组	上含煤段	J_{2y}		0-10.34 4.80	泥岩 一-二煤 细砂岩	上为灰～深灰色泥岩，风化略呈褐黄色，含黄铁矿团块及炭化植物化石和鱼鳞片动物化石，一般厚小于2.0m。中部为1-2煤，以亮煤、镜煤为主，块状、光亮型，不可采，夹矸为泥岩、粉砂岩及细砂岩。下部以浅灰～灰白中细粒砂岩，粉砂岩薄层
			泥岩段	J_{2y}		24.2-35.7 29.95	泥岩	深灰～灰黑色泥岩，夹菱铁质薄层，致密均一、断口平坦，具隐蔽水平层理，全层均含有鱼鳞片、瓣鳃、幼螺等动物化石及较多的炭化植物化石碎片，最顶部发育有虫迹带，厚度变化为自东向西逐渐加厚
			下含煤段	J_{2y}		9.3-10.8 10.3	二煤	该工作面位于二₁煤与二₃煤合并区，统称二煤。煤体黑色块状及粉末状，具沥青光泽，干燥、疏松破碎，极易自燃。含矸4～7层，含矸岩性分别为细砂岩、泥岩、炭质泥岩，局部煤体紊乱。一层矸为含砾细砂岩，砾石为细粒状石英岩屑，位于顶板以下0.8～2.3m，平均1.6m，厚度0～1.5m，平均0.7m，基本稳定，特征明显。煤岩类型为光亮型——半暗型。该工作面煤厚9.3～10.8m，平均10.3m
			底砾岩段	J_{2y}		0.6-9.8 5.2	炭质泥岩 泥岩 粉砂岩 细砂岩	该组以细砂岩为主间夹薄层泥岩、粉砂岩。细砂岩浅灰色，水平层理、缓波状层理发育。泥岩灰色，深灰色，胶结致密，含粉砂
三叠系	上三叠统	潭庄组		T_3		>11.5	泥岩 细砂岩 粉砂岩	泥岩为灰色，深灰色。间夹砾石、细砂岩、粉砂岩薄层，砾石成分以石英岩、石英砂岩为主，砾石直径10～30mm，呈次棱状、次圆状，分选性差，为泥质基底式胶结

图 5-2　21221 工作面综合柱状图

表 5-1　21221 工作面顶底板岩层力学参数

类别	岩性	厚度/m	容重/(kN·m⁻³)	抗压强度/MPa
基本顶	砾岩	99	27.0	45
直接顶	泥岩	24	29.6	50
煤层	2 号煤	10	14.2	16
直接底	粉砂岩	5	25.2	30
基本底	细砂岩	12	26.0	50

表 5-2　千秋煤矿 21 采区地应力实测结果

位置	采深/m	最大水平主应力/MPa	最小水平主应力/MPa	垂直主应力/MPa	最大主应力方向
21 采区	736	22.87	11.67	19.54	N19.6°E

5.2 相似模拟试验目的

　　千秋煤矿 21221 工作面处于向斜、断层和巨厚砾岩的共同作用下，其向斜、断层和巨厚砾岩形成的复杂应力场，致使工作面在开采过程中频繁发生冲击地压现象，尤其是工作面回采期间，冲击地压危害更是严重，且冲击地压事故多是发生在回采巷道。基于工作面处于向斜、断层和巨厚砾岩的复杂应力环境下，且受开采扰动时，研究回采巷道围岩的应力变化规律、失稳变形破坏特征及冲击地压发生机制具有重要意义。

　　实验重点研究向斜、断层和巨厚砾岩的共同作用下回采巷道围岩的应力变化规律、失稳变形破坏特点及巷道冲击地压发生机制，根据实测和整理的现场地质资料确定简化后的相似试验模型，如图 5-3 所示。通过相似模拟试验主要实现以下目的：

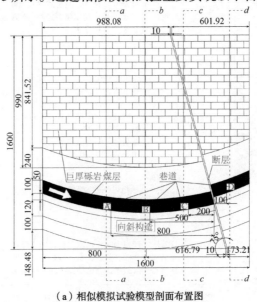

（a）相似模拟试验模型剖面布置图

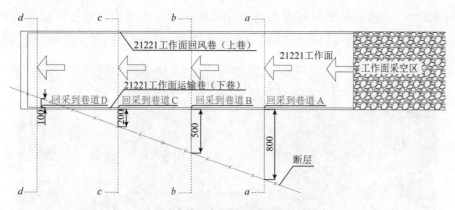

（b）相似模拟试验模型对应平面布置图

图 5-3　相似模拟试验模型平剖面布置图

（1）向斜、断层和巨厚砾岩共同作用下，且受回采影响下，回采巷道围岩的应力变化规律、失稳变形破坏特点及巷道冲击地压发生机制。

（2）向斜、断层和巨厚砾岩共同作用下，且受回采影响下，距逆断层（下盘区域）不同距离巷道（分别距断层 80m、50m、20m，如图 5-3 中 *a-a*、*b-b*、*c-c* 所示位置）变形特点及发生冲击机制。

（3）逆断层下盘区域的失稳滑移对回采巷道变形特点及冲击现象的影响，重点研究 B 和 C 巷道。

（4）巨厚砾岩上覆岩层垮落运移规律及对巷道变形和冲击现象的影响，重点研究 B 和 C 巷道。

鉴于相似模拟试验研究工作的试验步骤多、时间久、劳动强度大等等，其工作面开采速度、巷道支护方式、逆断层（增压型）上下盘、正断层上下盘等对回采巷道冲击的影响将通过数值模拟进行探究。

▶ 5.3 相似模拟试验系统介绍

相似模拟试验系统采用由中国矿业大学（北京）何满潮院士总体设计完成的深部岩体工程与地质灾害模拟实验系统。该系统具有四面非线性加载、多级控制、稳定可靠等优点。

5.3.1 模型加载系统

图 5-4 所示为模拟加载框架实物图，该系统主机结构由荷载支承梁和均布压力加载器组合而成，其中载荷支撑梁 4 个，每个支撑梁上有 6 个压力加载器，用以实现模型的非线性加载。模型加载系统设备的主要技术指标如下：①模型块体尺寸（长×高×厚）为160cm×

160cm×40cm；②模型是平面应力实验；③模型块体应变场均匀范围可以到达130cm×130cm；④荷载集度偏差小于1%；⑤主机总重为12700kg；⑥模型边界荷载可稳压48h以上。

图 5-4　模拟加载框架

5.3.2 液压控制系统

液压控制系统是在整个实验过程中对模型边界进行加载（包括线性和非线性）和控制的执行部分，如图 5-5 所示。液压控制系统的技术指标如下：①液压稳压器总重为 300kg；②电动油泵外形尺寸（长×宽×高）为800mm×450mm×900mm；③电动油泵总重为 80kg；④液压稳压器外形尺寸（长×宽×高）为1950mm×840mm×1570mm。

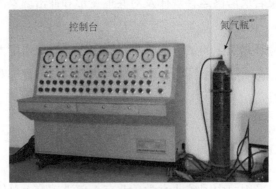

图 5-5　液压控制系统

5.3.3 数据采集系统

数据采集系统是采用由东华软件厂家提供的 DH3818 型静态应变测试系统，如图 5-6 所示。该测试系统广泛应用于交通运输、航空航天、土木工程、国防工业、机械制造等领域。该应变测量系统可自动平衡，内置标准电阻，在测量应变时可共用补偿片进行1/4桥连接，减少补偿片的数量，也可方便地实现半桥和全桥连接。数据采集系统技术指标如下：

①分辨率为 1με；②测试应变范围为±19999με；③程控状态下采样速率为 10 测点/s；④应变计阻值约 120Ω；⑤零漂不大于4με/2h（程控状态）；⑥系统不确定度小于 0.5%±3με（程控状态）；⑦电源电压为 220V±10%，50Hz±1%；⑧外形尺寸为（长×宽×高）为 353mm×291mm×105mm；⑨测量结果修正系数范围为 0.0000～0.9999（手动状态）。

图 5-6　数据采集系统

5.3.4 红外探测系统

红外探测系统测试实验系统原理示意图如图 5-7 所示。红外探测采用了 TVS-8100MKⅡ型红外热像仪，其技术性能为：①测量波段为 3.6～4.6μm；②测温范围为-40～300℃；③最大量程测温精度达±0.4%；④最小探测温差为 0.025℃；⑤最大探测距离为 20m；⑥实时热成像分辨率为 320×240；⑦视角为 13.6°～18.2°。

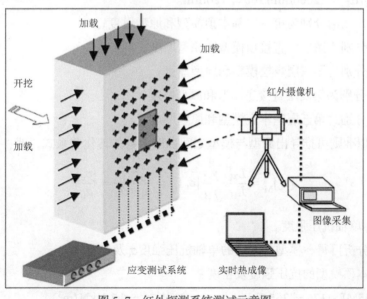

图 5-7　红外探测系统测试示意图

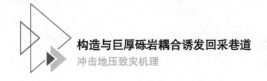

5.4 相似模拟试验内容设计

5.4.1 模型相似比及相似参数

1. 相似比选择

根据该工作面煤层及顶底板的赋存状态，以及相似模拟试验架的尺寸，考虑到实际需要研究对象在 2 号煤层上下的厚度，确定模型几何相似比为 $\alpha_L = 100$。

根据表 5-1 中所列岩层的密度情况，对所有岩层进行加权平均密度计算，即加权平均密度=加权密度/总厚度，所以岩层的加权平均密度为 26.33kN/m³，而相似模拟材料固结物的密度为15kN/m³左右。因此，相似模型材料的密度相似比 $\alpha_\gamma = 1.76$，强度相似比 $a_\sigma = 176$。

相似模拟试验要求：模型与实体各对应点的运动情况相似，即要求各对应点的速度、加速度、运动时间等都成一定比例。因此，要求时间比为常数，根据模型对应原则，模型时间相似比 $\alpha_t = 10$。

2. 模型相似参数

根据模型的几何相似比、密度相似比和强度相似比与各岩层的关系，得各岩层的相似厚度为

$L_{M1} = L_{H1}/\alpha_L = 109000mm/100 = 1090mm$；

$L_{M2} = L_{H2}/\alpha_L = 24000mm/100 = 240mm$；

$L_{M3} = L_{H3}/\alpha_L = 10000mm/100 = 100mm$；

$L_{M4} = L_{H4}/\alpha_L = 5000mm/100 = 50mm$；

$L_{M5} = L_{H5}/\alpha_L = 12000mm/100 = 120mm$。

其中：L_{M1}、L_{H1}分别为第一层基本顶模型和原型厚度；

L_{M2}、L_{H2}分别为第二层直接顶模型和原型厚度；

L_{M3}、L_{H3}分别为第三层煤层模型和原型厚度；

L_{M4}、L_{H4}分别为第四层直接底模型和原型厚度；

L_{M5}、L_{H5}分别为第五层基本底模型和原型厚度。

由主导相似准则可推导出原型与模型之间强度参数的转化关系式，即：

$$[\sigma_c]_M = \frac{L_M}{L_H} \cdot \frac{\gamma_M}{\gamma_H} [\sigma_c]_H = \frac{[\sigma_c]}{a_L \cdot a_\gamma} = \frac{[\sigma_c]}{a_\sigma}$$

式中 $[\sigma_c]$——单轴抗压强度。

综上所述分析可得，模型各岩层的单轴抗压强度 σ_c 及密度 γ_M。

第一层基本顶模型的抗压强度及密度：

$[\sigma_c]_{M1} = 45MPa/176 = 255.7kPa$；$\gamma_{M1} = 27/1.76 = 15.3(kN/m^3)$。

第二层直接顶模型的抗压强度及密度：

$[\sigma_c]_{M2} = 50MPa/176 = 284.1kPa$；$\gamma_{M1} = 29.6/1.76 = 16.8(kN/m^3)$。

第三层煤层的模型抗压强度及密度：

$[\sigma_c]_{M3} = 16MPa/176 = 91.0kPa$；$\gamma_{M1} = 14.2/1.76 = 8.1(kN/m^3)$。

第四层直接底岩层模型的抗压强度及密度：

$[\sigma_c]_{M4} = 30MPa/176 = 170.5kPa$；$\gamma_{M1} = 25.2/1.76 = 14.3(kN/m^3)$。

第五层底板岩层模型抗压强度及密度：

$[\sigma_c]_{M5} = 50MPa/176 = 284.1kPa$；$\gamma_{M1} = 26.0/1.76 = 14.8(kN/m^3)$。

5.4.2 相似试验材料制备

根据千秋煤矿 21221 工作面实际地质资料，相似模拟材料主要由骨料和胶结料两种成分组成。具体相似模拟试验模型材料配比及用量见表 5-3。

表 5-3 相似模拟试验模型材料配比及用量

层号	岩性	配比号	抗压强度		层厚/cm	模拟材料密度/(g·cm⁻³)	总质量/kg	砂/kg	碳酸钙/kg	膏/kg	水量
			σ_{cy}/MPa	σ_{cm}/kPa							
1	砾岩	337	45	255.7	109	1.53	1067.3	800.5	80.0	186.8	1/7水
2	泥岩	337	50	284.1	24	1.68	258.0	193.5	19.4	45.2	1/9水
3	2 号煤	437	16	91.0	10	0.81	51.8	41.5	3.1	7.3	1/9水
4	粉砂岩	637	30	170.5	5	1.43	45.8	39.2	2.0	4.6	1/9水
5	细砂岩	337	50	284.1	12	1.47	112.9	84.7	8.5	19.8	1/7水

5.4.3 相似试验模型构建

本相似模拟试验由于有向斜和断层的存在，在铺设的时候具有一定的难度，首先在模型的后背板上进行设计图绘制，并对模型底板向斜底座进行弧度处理。本试验铺设总高度为 1600mm，工作面总长度为 1600mm。为了尽可能真实地反映岩层之间的节理、裂隙等信息，在模型铺设时，模型每次铺设厚度为 2~2.5cm，层与层之间使用少量云母粉，模型铺设施工时，要严格按照实际尺寸进行。具体相似模拟试验模型材料铺设分层用量见表 5-4。相似模拟模型构建现场施工如图 5-8 所示。

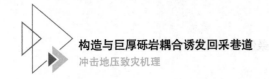
表 5-4   相似模拟试验模型材料铺设分层用量表

层号	岩性	配比号	分层及厚度层厚/cm	层厚/cm	模拟材料密度/(g·cm⁻³)	每分层总质量/kg	每分层用砂/kg	每分层用碳酸钙/kg	每分层用膏/kg	每分层用水量
1	砾岩	337	55×2	109	1.53	19.4	14.6	1.5	3.4	1/7水
2	泥岩	337	12×2	24	1.68	21.5	16.1	1.6	3.8	1/9水
3	2号煤	437	5×2	10	0.81	10.4	8.3	0.6	1.5	1/9水
4	粉砂岩	637	2×2.5	5	1.43	22.9	19.6	1.0	2.3	1/9水
5	细砂岩	337	6×2	12	1.47	18.8	14.1	1.4	3.3	1/7水

图 5-8   相似模拟模型构建现场施工图

工作面平均巷道埋深为 758.5m，模拟时取 758.5m 来设计。模拟方案定为 1∶100，模型铺设高度为 1600mm，模拟顶板岩层高度为 133m，剩余 625.5m 的高度通过相似模拟系统的非线性加载模块来实现。根据上覆岩层模型的密度是 26.33kN/m³，因此 625.5m 的深度产生的压强为

$$\sigma = \gamma h = 26.33\text{kN/m}^3 \times 625.5\text{m} = 16.55\text{MPa}$$

根据模型的实际尺寸和相似比例，对试验系统实际加载压力为

$$F_\text{m} = \frac{\sigma}{a_\sigma} \times s = \frac{16.55\text{MPa}}{176} \times 1.6\text{m} \times 0.4\text{m} = 60.18\text{kN}$$

5.4.4 相似模型制作步骤

本模型试验台尺寸（长×宽×高）为160cm×160cm×40cm。试验台4个边界各有6组压头，而且每组压头又可以独立加压，因此可以实现双向加载。前后加挡板即可，后面挡板为3块（长×宽×高）为50cm×160cm×1cm的木板，前面挡板为10块（长×宽×高）为15cm×160cm×1cm的挡板。本相似模拟试验具体制作过程有上模板、配料称重、配料搅拌、装模、风干和加重。

5.4.5 相似模型测点布置

相似模型中岩层应力是通过在煤层的直接底、直接顶、基本顶中铺设应变片来测定的，共布置34个监测点，分别布置于断层附近及煤层的直接底和直接顶以及位于基本顶中距煤层10、20、30、50、70、100cm的岩层中，岩层两边各留10cm；应变片通过传感器读数记录煤层在开采过程中的变形进而计算受力。相似模型中岩层变形是通过数字散斑仪监测模型表面布置的测点来实现的。相似模拟试验模型应力测点布置如图5-9所示。

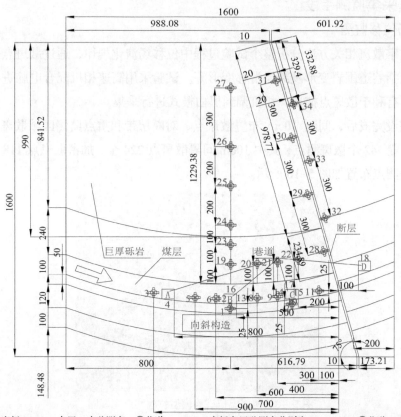

说明：①距煤层底板25mm，布置2个监测点；②巷道A、B、C底板布置监测点分别为4、7、10；③巷道B左帮、右帮、顶板监测点分别为12、13、16；④巷道C左帮、右帮、顶板监测点分别为14、15、1；⑤巷道D顶板监测为18；⑥共布置测点34个，每个监测点布置2个应变片，奇数应变片为水平布置，测的垂直应力，偶数应变片为垂直布置，测的水平应力。

（a）测点布置施工图

（b）测点布置现场图

图 5-9　相似模拟试验模型应力测点布置图

5.4.6 数据采集监测手段

1. 全场位移监测

采用数字散斑相关方法分析整个试验过程中位移场演化规律，通过散斑点进行实时位移监测，包括巷道围岩变形及断层滑移变形等。试验采用高速相机配合电脑进行实时图像采集，为更有利于散斑点捕捉，相机调到黑白模式进行采集。

模型铺设完成后，间隔 10cm 布置散斑点，对断层带和重点监测区域散斑点进行加密处理，共布置 342 个散斑测点，其中 10cm 间隔散斑点 224 个、加密散斑点 118 个。相似模拟实验散斑测点布置如图 5-10 所示。

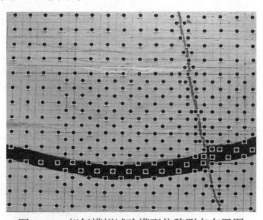

图 5-10　相似模拟试验模型位移测点布置图

2. 应力场监测

应力测量采用电阻应变式压力盒和应变片，进行巷道应力监测和断层应力监测。应力数据采用东华测试公司的两套动态电阻应变采集系统，采集仪型号为 DH5929 和 DH5927N，同步连续采样速率分别为 20kHz/通道和 256kHz/通道。DH3818 静态应变测试仪实时监测系统如图 5-11 所示。

（a）DH3818 静态应变测试仪　　　　　　　（b）DH3818 静态应变测量系统

图 5-11　DH3818 静态应变测试仪实时监测系统

3. 能量场监测

能量监测采用 TVS-8100MKⅡ型红外热像仪采集，进行提取模型厂的温度，然后，根据其温度转化成能量进行能量的采集，以达到实时动态地监测巷道围岩的变形破坏及冲击地压的发生规律。TVS-8100MKⅡ型红外热像仪实时监测系统如图 5-12 所示。

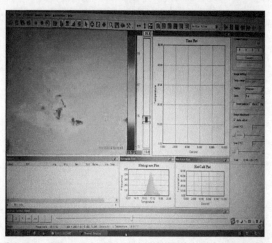

图 5-12　TVS-8100MKⅡ型红外热像仪实时监测系统

5.4.7 模型试验加载方案

模型实际加载过程分为 11 级加载，对应工程深度为 -140.8～-844.8m，详见表 5-5，实验加载油压与对应的模型边界荷载为 5∶1 的关系，实际应力水平由相似比计算可得，对应工程深度在计算中取近似整数。试验加载阶段分为 3 个阶段：垂直和水平应力同步增加段、

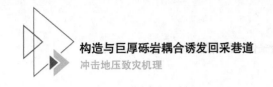
水平应力单独增加段及垂直应力单独增加段，从而分别研究不用水平应力变化对其巷道围岩的影响。相似模拟试验加载模型如图5-13所示。

表5-5　相似模拟试验模型加载方案

加载级数	实验加载油压/MPa		对应模型边界荷载/MPa		对应实际应力水平/MPa		对应工程深度/m
	垂直	水平	垂直	水平	垂直	水平	
1	0.10	0.10	0.02	0.02	3.52	3.52	140.80
2	0.20	0.20	0.04	0.04	7.04	7.04	281.60
3	0.20	0.30	0.04	0.06	7.04	10.56	281.60
4	0.20	0.40	0.04	0.08	7.04	14.08	281.60
5	0.20	0.50	0.04	0.10	7.04	17.60	281.60
6	0.30	0.50	0.06	0.10	10.56	17.60	422.40
7	0.40	0.50	0.08	0.10	14.08	17.60	563.20
8	0.50	0.50	0.10	0.10	17.60	17.60	704.00
9	0.60	0.50	0.12	0.10	21.12	17.60	844.80
10	0.60	0.60	0.12	0.12	21.12	21.12	844.80
11	0.60	0.70	0.12	0.14	21.12	14.64	844.80

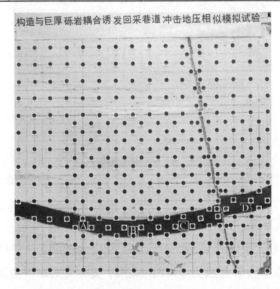

图5-13　构造与巨厚砾岩共同诱发回采巷道冲击地压加载模型图

5.5 相似模拟试验开采过程及结果分析

本次模拟煤层开采过程中，模型两边各留 10cm 的边界。原型与模型的几何相似比为 100，模型中的 1cm 代表原型中的 1m，为更直观地表示试验开挖过程及结果，后面的叙述行将模型中的试验数据直接转化为原型中的数据进行描述。

模型所模拟的 21221 工作面最大推进长度为 160m，从模型左侧 10m 处开始回采，每次回采 5m（模型对应回采 5cm），待整个模型变形稳定后再继续回采，直至模型右侧，位移、应力、能量监测系统全程进行监测和数据采集。模型回采前，先对巷道 A、巷道 B、巷道 C 和巷道 D 进行开挖（模拟掘进），巷道 A、巷道 B、巷道 C 和巷道 D 距断层的距离分别为 80m、50m、20m 和 10m，相似模拟试验掘进开挖模型如图 5-14 所示。

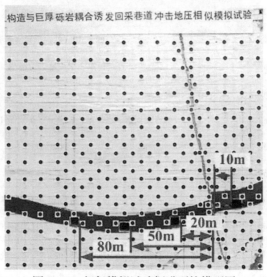

图 5-14　相似模拟试验掘进开挖模型图

对相似模拟实验开采过程中的现象进行整理统计，开采过程中的现象描述见表 5-6。

表 5-6　相似模型开采过程现象描述

序号	开采情况	现象描述
1	掘进巷道 A	模型没反应
2	掘进巷道 B	7 号、13 号监测点有变化
3	掘进巷道 C	巷道底板表面破碎
4	掘进巷道 D	模型右下角有裂纹
5	回采 5m	无明显反应
6	回采 10m	无明显反应

表 5-6（续）

序号	开采情况	现象描述
7	回采 15m	无明显反应
8	回采 20m	无明显反应
9	回采 25m	无明显反应
10	回采 30m	无明显反应
11	回采 35m	直接顶初次垮落，垮落高度为 2m
12	回采 40m	巷道 A 破坏，左侧顶板局部离层垮落
13	回采 45m	无明显反应
14	回采 50m 自稳 1	回采 25m 处顶板有裂纹扩展
15	回采 50m 自稳 2	回采 40m 处顶板局部离层垮落
16	回采 55m	直接顶第 2 次垮落，垮落高度扩展至 5m
17	回采 60m	无明显反应
18	回采 65m	直接顶第 3 次垮落，垮落高度扩展至 10m，巷道 B 有底鼓
19	回采 70m	巷道 B 破坏
20	回采 75m	无明显反应
21	回采 80m 自稳 1	垮落围岩自稳调整
22	回采 80m 自稳 2	围岩自稳调整
23	回采 85m 自稳 1	回采 70m 处顶板局部离层垮落，巷道 C 无明显底鼓
24	回采 85m 自稳 2	直接顶第 4 次垮落，垮落高度扩展至 24m
25	回采 85m 自稳 3	基本顶初次垮落，垮落高度扩展至 90m，巷道 C 有底鼓
26	回采 85m 自稳 4	基本顶巨厚砾岩下沉自稳
27	回采 90m 自稳 1	围岩自稳调整
28	回采 90m 自稳 2	巨厚砾岩断裂离层垮落，垮落高度扩展至 110m
29	回采 90m 自稳 3	巨厚砾岩断裂裂纹扩展
30	回采 90m 自稳 4	巨厚砾岩自稳调整
31	回采 95m 自稳 1	巷道 C 底板松动
32	回采 95m 自稳 2	巷道 C 左上部顶板有掉落
33	回采 95m 自稳 3	巷道 C 围岩变形显现

表 5-6（续）

序号	开采情况	现象描述
34	回采 95m 自稳 4	断层有滑移失稳迹象
35	回采 95m 自稳 5	回采 30～40m 处顶部 10m 范围内围岩掉落
36	回采 95m 自稳 6	模型底部距断层 20m 范围内开始松动
37	回采 95m 自稳 7	煤层与断层下盘交界处发生破坏，围岩掉落
38	回采 95m 自稳 8	断层距煤层 10m 处开始发生滑移失稳破碎
39	回采 95m 自稳 9	断层距煤层 35m 处开始发生滑移失稳破碎
40	回采 95m 自稳 10	断层距煤层 80m 处开始发生滑移失稳破碎
41	回采 95m 自稳 11	巷道发生底鼓及右上肩角发生失稳
42	回采 95m 自稳 12	巷道右上肩角发生破坏及底鼓更加严重
43	回采 95m 自稳 13	巷道底板和两帮破坏，并伴随断层滑移
44	回采 95m 自稳 14	断层继续滑移，并伴随大量的劈裂声
45	回采 95m 自稳 15	巷道 C 彻底破坏，煤层与断层交界处大面积滑移破坏
46	回采 95m 自稳 16	沿断层面发生断层彻底破坏，断层整体垮落 10m
47	回采 95m 自稳 17	断层下盘整体垮落，断层整体垮落 12m
48	回采 95m 自稳 18	断层下盘整体垮落，断层整体垮落 32m
49	回采 95m 自稳 19	断层下盘整体垮落，断层整体垮落 41m
50	回采 95m 自稳 20	断层下盘全部破坏垮落

5.5.1 直接顶垮落变化规律

整理相关实验结果得出，相似模型开采过程直接顶垮落变化规律如图 5-15 所示。

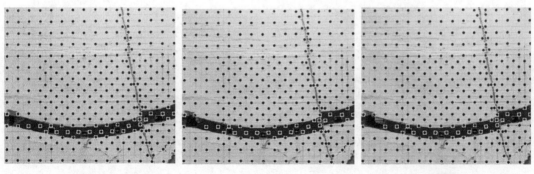

回采 5m　　　　　　　　回采 10m　　　　　　　　回采 15m

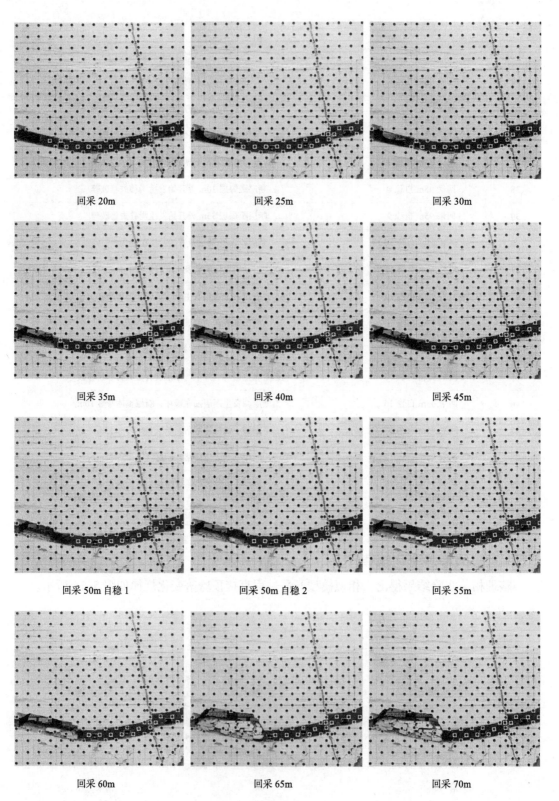

回采 20m	回采 25m	回采 30m
回采 35m	回采 40m	回采 45m
回采 50m 自稳 1	回采 50m 自稳 2	回采 55m
回采 60m	回采 65m	回采 70m

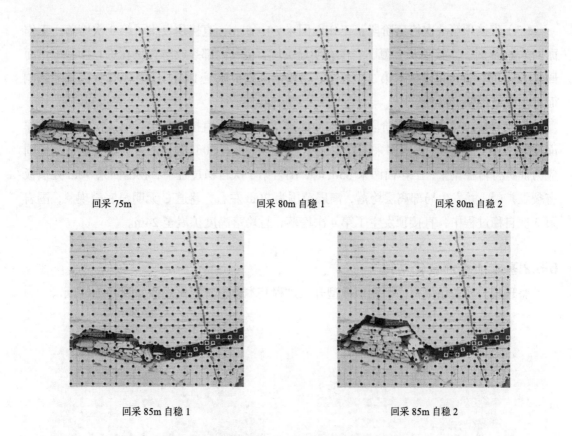

回采 75m　　　　　　　　回采 80m 自稳 1　　　　　　　回采 80m 自稳 2

回采 85m 自稳 1　　　　　　　　　　　　　　回采 85m 自稳 2

图 5-15　相似模型开采过程直接顶垮落变化规律

由表 5-6 和图 5-15 分析可知，相似模型开采过程直接顶垮落变化规律如下：

（1）直接顶初次垮落阶段：工作面回采 5～30m，直接顶及上覆巨厚砾岩没有明显的变化，即使工作面回采 30m 时，距巷道 A 只有 7m 时，巷道 A 也没有明显的矿压显现，此现象是因为相似模型回采距离相对较小，其形成的超前支承应力没有达到巷道破坏所能承载的最大应力集中程度；但当工作面回采 35m 时，直接顶瞬间垮落，直接顶垮落高度为 2m，直接顶跨度随工作面推进而增大，同时直接顶板悬露面积逐渐增大，直接顶承受的上覆岩层重力也逐渐增加，直接顶发生弯曲、下沉和离层等，当直接顶自重及上覆岩层重力达到直接顶极限承载能力时，直接顶就会发生破坏垮落。因此，工作面直接顶初次垮落步距为 35m，垮落高度为 2m。

（2）直接顶第 2 次垮落阶段：工作面回采 40～55m，直接顶发生了第 2 次垮落；工作面回采 40m 时，巷道 A 因回采而发生破坏，但引起了左侧顶板局部离层垮落，离层范围为 5m 左右；工作面回采 50m 时，围岩第 1 次自稳过程中，在已回采 25m 处顶板有裂纹扩展，围岩第 2 次自稳过程中，在已回采 40m 处顶板局部离层垮落，离层范围为 10m 左右；工作面回采 55m 时，直接顶发生了第 2 次垮落，且垮落高度扩展至 5m。

（3）直接顶第 3 次垮落阶段：工作面回采 60~65m，直接顶发生了第 3 次垮落；工作面回采 60m 时，直接顶及上覆围岩没有明显反应，但其内部裂纹孕育仍在进行中；工作面回采 65m 时，直接顶发生了第 3 次垮落，且垮落高度扩展至 10m，期间巷道 B 因采动影响而发生底鼓现象。

（4）直接顶第 4 次垮落阶段：工作面回采 70~85m，直接顶发生了第 4 次垮落；工作面回采 70m 时，巷道 B 因回采而发生破坏；工作面回采 80m 时，围岩为更好地适应周围应力而进行自稳调整；工作面回采 85m 时，围岩第 1 次自稳过程中，在已回采 70m 处顶板有裂纹扩展，并发生局部离层垮落，离层范围为 20m 左右，巷道 C 无明显底鼓现象，围岩第 2 次自稳过程中，直接顶发生了第 4 次垮落，且垮落高度扩展至 24m。

5.5.2 基本顶垮落变化规律

整理相关实验结果得出，相似模型开采过程基本顶垮落变化规律如图 5-16 所示。

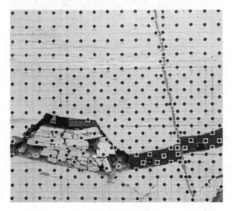 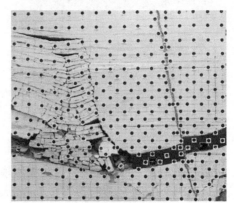

回采 85m 自稳 2　　　　　　　　　　　　　回采 85m 自稳 3

图 5-16　相似模型开采过程基本顶垮落变化规律

由表 5-6 和图 5-16 析可知，相似模型开采过程基本顶垮落变化规律如下：

工作面回采 85m 时，在围岩第 3 次自稳过程中，基本顶巨厚砾岩此时悬露跨度已达 85m，此前直接顶已经历经 4 次垮落，且在基本顶巨厚砾岩的自重及上覆岩层载荷的作用下，超过基本顶强度的极限承载能力，进而发生弯曲、下沉、旋转、折断等，从而引发基本顶的破坏垮落。因此，工作面基本顶初次垮落步距为 85m，垮落高度为 66m，至此，基本顶巨厚砾岩垮落高度已扩展至 90m。

5.5.3 巨厚砾岩离层断裂变化规律

整理相关实验结果得出，相似模型开采过程巨厚砾岩离层断裂变化规律，如图 5-17 所示。

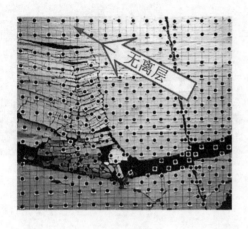 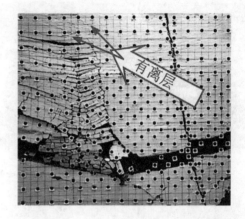

回采 90m 自稳 1　　　　　　　　　　　　　　　回采 90m 自稳 2

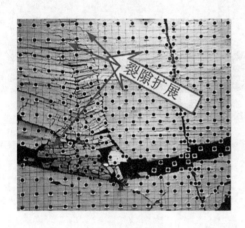 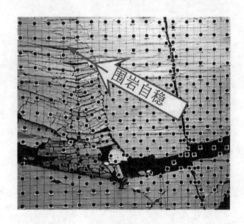

回采 90m 自稳 3　　　　　　　　　　　　　　　回采 90m 自稳 4

图 5-17　相似模型开采过程巨厚砾岩离层断裂变化规律

　　由表 5-6 和图 5-17 分析可知，相似模型开采过程巨厚砾岩离层断裂变化规律如下：

　　工作面回采 90m 时，围岩第 1 次自稳过程中，基本顶巨厚砾岩局部没有发生离层现象；围岩第 2 次自稳过程中，巨厚砾岩在上覆岩层载荷的作用下，局部发生了离层垮落，离层范围 20m，垮落高度扩展至 110m；围岩第 3 次自稳过程中，巨厚砾岩局部已离层区域裂隙在孕育发展，并有裂隙扩展的现象显现，已垮落岩层也在自稳的过程中发生裂隙扩展，甚至断裂；围岩第 4 次自稳过程中，基本顶巨厚砾岩局部暂时处于稳定状态。

5.5.4 断层滑移活化变化规律

　　整理相关实验结果得出，相似模型开采过程断层滑移活化变化规律如图 5-18 所示。

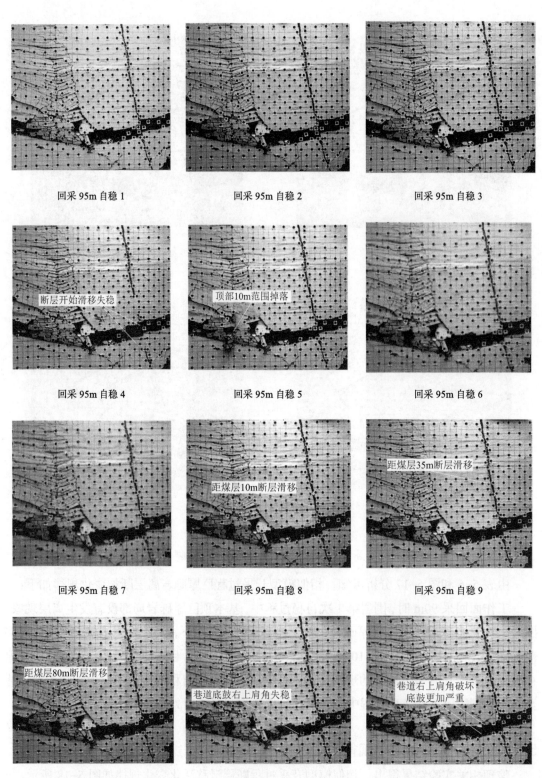

回采 95m 自稳 1　　　　　回采 95m 自稳 2　　　　　回采 95m 自稳 3

断层开始滑移失稳　　　　　顶部10m范围掉落

回采 95m 自稳 4　　　　　回采 95m 自稳 5　　　　　回采 95m 自稳 6

距煤层10m断层滑移　　　距煤层35m断层滑移

回采 95m 自稳 7　　　　　回采 95m 自稳 8　　　　　回采 95m 自稳 9

距煤层80m断层滑移　　　巷道底鼓右上肩角失稳　　巷道右上肩角破坏
底鼓更加严重

回采 95m 自稳 10　　　　回采 95m 自稳 11　　　　回采 95m 自稳 12

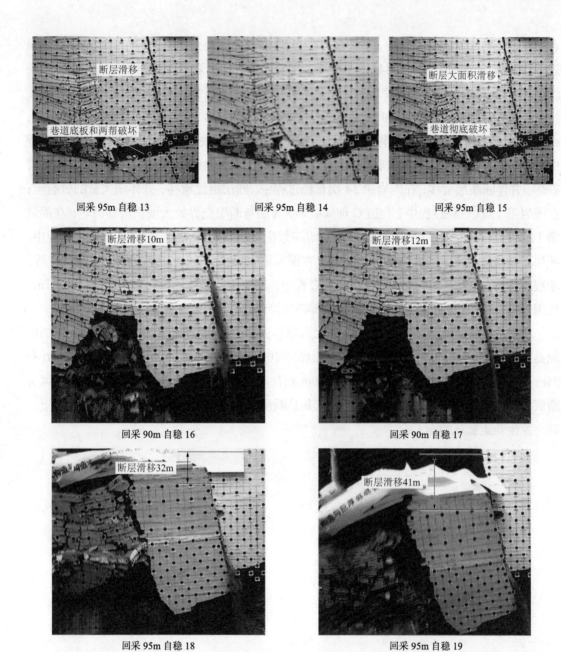

图 5-18　相似模型开采过程断层滑移活化变化规律

由表 5-6 和图 5-18 分析可知，相似模型开采过程断层滑移活化变化规律如下：

工作面回采 95m 时，即距回采巷道 2m，也即距断层 28m 时，在围岩第 1 次自稳过程中，巷道 C 底板松动；在围岩第 2 次自稳过程中，巷道 C 左上部顶板有掉落；在围岩第 3 次自稳过程中，巷道 C 围岩变形显现明显；在围岩第 4 次自稳过程中，断层有滑移失稳迹象；在围岩第 5 次自稳过程中，已回采 30~40m 处顶板有离层掉落现象，离层范围 10m 左

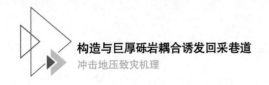

右；在围岩第 6 次自稳过程中，模型底部距断层 20m 范围内开始松动；在围岩第 7 次自稳过程中，煤层与断层下盘交界处发生破坏，围岩掉落；在围岩第 8 次自稳过程中，断层距煤层 10m 处开始发生滑移失稳破碎；在围岩第 9 次自稳过程中，断层距煤层 35m 处开始发生滑移失稳破碎；在围岩第 10 次自稳过程中，断层距煤层 80m 处开始发生滑移失稳破碎；在围岩第 11 次自稳过程中，巷道发生底鼓及右上肩角发生失稳；在围岩第 12 次自稳过程中，巷道右上肩角发生破坏及底鼓更加严重；在围岩第 13 次自稳过程中，巷道底板和两帮破坏，并伴随断层滑移；在围岩第 14 次自稳过程中，断层继续滑移，并伴随大量的劈裂声；在围岩第 15 次自稳过程中，巷道 C 彻底破坏，煤层与断层交界处大面积滑移破坏；在围岩第 16 次自稳过程中，沿断层面发生断层彻底破坏，模型垮落；在围岩第 17 次自稳过程中，断层下盘整体垮落，断层整体垮落 12m；在围岩第 18 次自稳过程中，断层下盘整体垮落，断层整体垮落 32m；在围岩第 19 次自稳过程中，断层下盘整体垮落，断层整体垮落 41m；在围岩第 20 次自稳过程中，断层下盘全部破坏垮落。

综上所述，工作面回采 95m 时，断层有滑移失稳迹象；断层易发生滑移失稳破碎的区域是断层与煤层交界处（交界区）、断层距煤层 10m 处（直接顶区）、断层距煤层 35m 处和 85m 处（基本顶区，断层距煤层 35m 和 80m 处在基本顶初次垮落高度内，统称基本顶区）；断层滑移失稳加剧回采巷道围岩变形，尤其是断层滑移活化前，巷道底鼓变形更加严重，甚至发生巷道底板冲击。

构造与巨厚砾岩耦合条件下回采巷道围岩冲击特性研究

第**6**章

本章基于相关文献和构造与巨厚砾岩耦合条件下回采巷道相似模拟试验研究结果，对构造与巨厚砾岩作用下回采巷道围岩冲击特性进行探讨，主要研究了巷道围岩全阶段变化规律、距工作面不同距离巷道围岩变化规律、距断层不同距离巷道围岩变化规律、巨厚砾岩离层断裂时巷道围岩变化规律和断层滑移活化时巷道围岩变化规律。

▶▶ 6.1 围岩全阶段变化规律

6.1.1 采动影响下巷道围岩全阶段应力场变化规律

1. 应变片的标定及修正

试验采用的应变片是在相关实验老师的指导下自制的。该应变片具有结构简单、灵敏度高、制作简单、体积小、价格实惠等优点，自制应变片流程如图 6-1 所示。DH3818 静态应变测试仪实际监测出来的数据是微应变值（$\mu\varepsilon$），而应变值和应力值存在曲线（可以拟合成线性关系）对应关系，即有系数转化关系，也即有多少微应变值（$\mu\varepsilon$）就对应多少应力值（MPa），其中应变片的 K 值定义为：应力与微应变的比值（kPa/$\mu\varepsilon$）。由此得出的应力数据更多的是反应围岩在开采过程中的应力变化规律趋势，而不是完全代表实际应力具体数值。

为了尽可能地使监测数据更为准确地反映实际开采过程中的应力变化规律趋势和数据，对应变片进行标定及修正。进行试验标定时，将应变片埋设在 40cm×20cm×10cm 的相似材料模型中，待相似模型风干后施加压力进行标定实验。应变片标定中应力与应变的对应关系见表 6-1。应变片标定曲线如图 6-2 所示。

（a）应变片制作　　　　　　　　（b）应变片完成　　　　　　　　（c）应变片干燥

图 6-1　自制应变片流程图

根据得到的应变片应力应变曲线，进行线性拟合，从而得到应变片的标定曲线，由此得到 K 值为 0.1909。因此，根据相似试验对应关系就可以得到原型中应力为：$\sigma = K\mu\varepsilon \times 176/1000 \text{MPa}$。

表 6-1　应变片标定中应力与应变的对应关系

加压值/kg	受力面积/cm²	应力值/kPa	微应变/μ\varepsilon
0	800	0	0
30	800	3.75	10
60	800	7.50	30
90	800	11.25	50
120	800	15.00	70
150	800	18.75	90
180	800	22.50	110
210	800	26.25	130
240	800	30.00	150
270	800	33.75	170
300	800	37.50	190
330	800	41.25	210

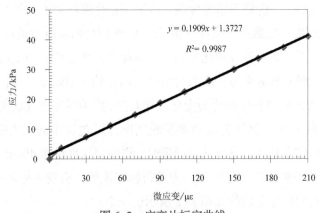

图 6-2　应变片标定曲线

2. 巷道围岩全阶段应力场变化特征

根据现场经验和现有试验结果可知，巷道围岩变形较为严重的是底板，且巷道底板围岩应力能更好地反映巷道围岩全阶段应力变化规律。因此，本书在全方位监测底板岩层全阶段应力变化（监测点 1、2、4、7 和 10，其中 7 和 10 点数据由于开采破坏造成了数据异常）、煤层全阶段应力变化（监测点 3、5、6、12、13、8、9、14、15 和 11，其中 6、8 和 9 点数据由于开采破坏造成了数据异常）、直接顶全阶段应力变化（监测点 19、20、21 和 22，其 20 点数据由于开采破坏造成了数据异常）、巨厚砾岩岩层全阶段应力变化（监测点 19、23、24、25、26 和 27）、断层下盘岩层全阶段应力变化（监测点 28、29、30 和 31）和断层上盘岩层全阶段应力变化（监测点 32、33 和 34）的同时，重点选取具有典型代表性的监测点 1（巷道 B 底板围岩中）和监测点 2（巷道 C 底板围岩中）的垂直应力和水平应力变化数据进行分析。因此构造与巨厚砾岩耦合条件下巷道围岩全阶段应力变化规律如图 6-3 所示。

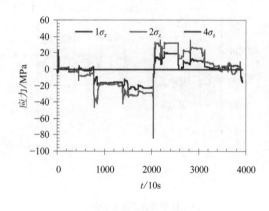

（a）底板岩层垂直应力

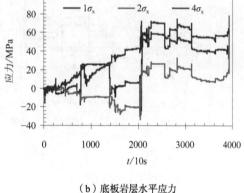

（b）底板岩层水平应力

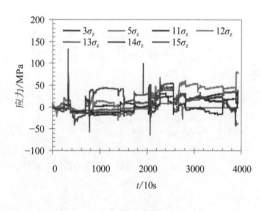

（c）煤层垂直应力

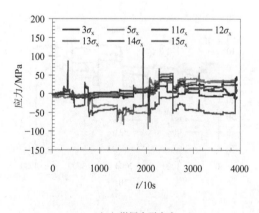

（d）煤层水平应力

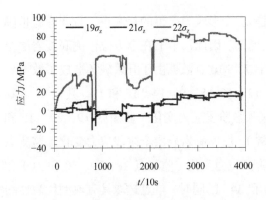

（e）直接顶岩层垂直应力

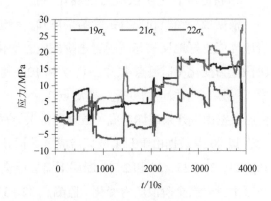

（f）直接顶岩层水平应力

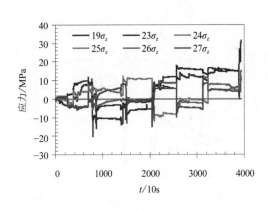

（g）巨厚砾岩岩层垂直应力

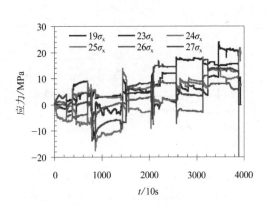

（h）巨厚砾岩岩层水平应力

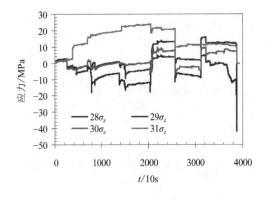

（i）断层下盘岩层垂直应力

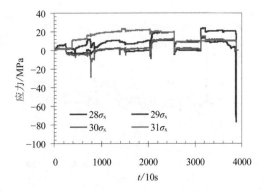

（j）断层下盘岩层水平应力

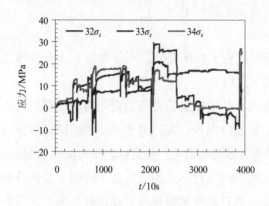

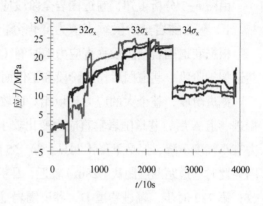

（k）断层上盘岩层垂直应力　　　　　　　　　　（l）断层上盘岩层水平应力

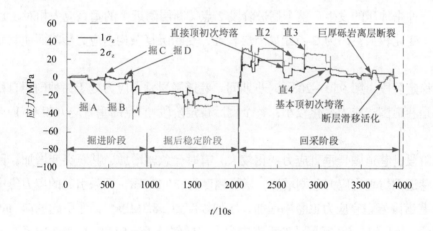

（m）巷道围岩全阶段垂直应力时间变化趋势

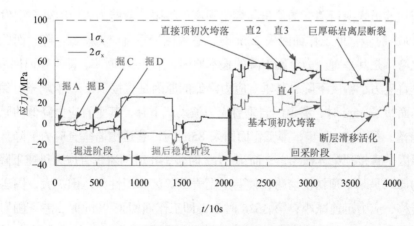

（n）巷道围岩全阶段水平应力时间变化趋势

图6-3　巷道围岩全阶段应力随时间变化规律

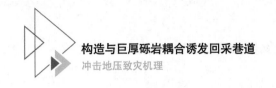

由图 6-3 分析可知，巷道围岩全阶段应力变化规律如下：

1）巷道围岩全阶段垂直应力变化分析

根据巷道围岩全阶段垂直应力随时间（开采过程）变化规律，可分为以下 3 个阶段：巷道掘进阶段、巷道掘后稳定阶段和工作面回采阶段。

掘进阶段，整个大的应力环境相对比较稳定，其中煤层垂直应力变化幅度相对较大；掘进巷道 A 后，巷道围岩垂直应力变化较小；第 249 时步，掘进巷道 B，巷道围岩垂直应力有小幅度下降，但是下降不明显；第 455 时步，掘进巷道 C，巷道围岩垂直应力有显现，因为此时巷道距断层距离（28m）较近，因断层构造应力而形成的应力集中得到了少部分释放；第 722 时步，掘进巷道 D，巷道围岩垂直应力开采扰动显现及波动都较为明显，因为此时巷道距断层距离（10m）很近，因断层构造应力而形成的应力集中得到了部分释放，因此掘进巷道 D 时，巷道围岩的垂直应力波动时间也相对较长，如现场掘进断层附近巷道时要特别注意冲击地压的发生；整个掘进阶段 2 点（断层附近）的垂直应力相对 1 点（向斜轴部附近）变化较大，因为 2 点距离断层较近，受断层复杂构造应力影响而使其垂直变化较大。

掘后稳定阶段，第 950～2034 时步期间，巷道围岩垂直应力处于一种围岩自稳调整状态，整体是巷道围岩应力变化较小；整个掘后稳定阶段 2 点的垂直应力相对 1 点变化也较大。

回采阶段，巷道围岩垂直应力变化较大，有时会急剧增加，甚至突变增加；回采开始后，1 点巷道围岩垂直应力急剧增加，增加幅度为 36.1MPa，回采引起的应力集中系数为 1.9，2 点巷道围岩垂直应力也急剧增加，增加幅度为 58.3MPa，回采引起的应力集中系数为 3.1，可见，回采巷道在断层处的垂直应力大于向斜处垂直应力，应力集中系数相对也较大，当围岩应力大规模释放或者围岩应力释放得到阻碍时，且应力集中而释放的积聚能量远大于其到达巷道煤壁所消耗的能量与煤壁强度的极限承载能力，此时就会引发巷道冲击事故；第 2563 时步，即工作面回采 35m 时，巷道围岩垂直应力急剧下降，而此时发生的直接顶初次垮落是其垂直应力急剧下降的根本原因；第 2699 时步，即工作面回采 55m 时，巷道围岩垂直应力小幅度下降，其垂直应力降低的原因是直接顶第 2 次垮落；第 2819 时步，即工作面回采 65m 时，巷道围岩垂直应力波动式下降，其垂直应力降低的原因是直接顶第 3 次垮落；第 3074 时步，即工作面回采 85m 时，巷道围岩垂直应力下降，其垂直应力降低的原因是直接顶第 4 次垮落；而第 3123 时步，巷道围岩垂直应力迅速下降，其垂直应力降低的原因是基本顶初次垮落，使巷道围岩破碎区和塑性区范围扩大，围岩应力向煤岩体深部转移，应力迅速减小；第 3626 时步，即工作面回采 90m 时，巷道围岩垂直应力小范围下降，其垂直应力降低的原因是巨厚砾岩断裂离层垮落造成的应力释放；第 3780 时步，即工作面回采 95m 时，巷道围岩垂直应力整体急剧下降，甚至突变下降，断层的滑移失稳及最终导致的断层活化是其垂直应力迅速降低的关键原因，而断层的滑移活化瞬间也正是巷道围岩发生冲击地压的易发时间。

2）巷道围岩全阶段水平应力变化分析

根据巷道围岩全阶段水平应力随时间（开采过程）变化规律，可分为以下 3 个阶段：巷道掘进阶段、巷道掘后稳定阶段和工作面回采阶段。

掘进阶段，整个大的应力环境相对比较稳定，其中煤层水平应力变化幅度较大，比垂直应力变化较大；掘进巷道 A 后，巷道围岩水平应力变化甚小；第 249 时步，掘进巷道 B，巷道围岩水平应力有小幅度的下降，其中 1 点变化幅度大于 2 点；第 455 时步，掘进巷道 C，巷道围岩水平应力有显现，其中 1 点变化幅度大于 2 点；第 722 时步，掘进巷道 D，巷道围岩水平应力开采扰动显现及波动都比较明显，尤其是 1 点水平应力变化幅度较大，明显高于 2 点，因为 1 点处于向斜轴部，其开采扰动使水平应力集中得到了释放，而处于断层附近的 2 点构造水平应力并没有得到较大释放（断层未发生滑移失稳），因此 1 点水平应力变化幅度大于 2 点，即掘进阶段向斜轴部处巷道水平应力大于断层处巷道水平应力。

掘后稳定阶段，第 950～2034 时步期间，巷道围岩水平应力处于一种围岩自稳调整状态，但巷道围岩应力有波动变化；整个掘后稳定阶段 1 点的水平应力相对 2 点变化较大。

回采阶段，巷道围岩水平应力变化较大，有时会急剧增加，甚至突变增加；回采开始后，1 点巷道围岩水平应力急剧增加，增加幅度为 46.1MPa，回采引起的应力集中系数为 2.5，2 点巷道围岩水平应力也急剧增加，增加幅度为 38.7MPa，回采引起的应力集中系数为 2.1，可见，回采巷道在向斜处的水平应力大于向斜处水平应力，应力集中系数相对较大；第 2563 时步，即工作面回采 35m 时，巷道围岩水平应力急剧下降，而此时发生的直接顶初次垮落是其水平应力急剧下降的根本原因；第 2699 时步，即工作面回采 55m 时，巷道围岩水平应力小幅度下降，其水平应力降低的原因是直接顶第 2 次垮落；第 2819 时步，即工作面回采 65m 时，巷道围岩水平应力波动式下降，其水平应力降低的原因是直接顶第 3 次垮落；第 3074 时步，即工作面回采 85m 时，巷道围岩水平应力略有下降，其水平应力降低的原因是直接顶第 4 次垮落；而第 3123 时步，巷道围岩水平应力迅速下降，其水平应力降低的原因是基本顶初次垮落，使巷道围岩破碎区和塑性区范围扩大，围岩应力向煤岩体深部转移，应力迅速减小；第 3626 时步，即工作面回采 90m 时，巷道围岩水平应力波动下降，其水平应力降低的原因是巨厚砾岩断裂离层垮落造成的应力释放；第 3873 时步，即工作面回采 95m 时，巷道围岩水平应力整体急剧变化，甚至突变增加，断层的滑移失稳及最终导致的断层活化是其水平应力突变增加的关键原因，而断层的滑移活化瞬间也正是巷道围岩发生冲击地压的易发时间。

3）巷道围岩全阶段应力变化分析

根据巷道围岩全阶段应力随时间（开采过程）变化规律，可分为以下 3 个阶段：巷道掘进阶段、巷道掘后稳定阶段和工作面回采阶段。

掘进阶段，整个大的应力环境相对比较稳定，其中煤层应力变化幅度相对较大，巷道围岩垂直应力变化幅度断层处大于向斜处，巷道围岩水平应力变化幅度断层处小于向斜处。

掘后稳定阶段，巷道围岩应力处于一种围岩自稳调整状态，应力变化较小，巷道围岩垂直应力变化幅度断层处大于向斜处，巷道围岩水平应力变化幅度断层处小于向斜处。

回采阶段，巷道围岩应力变化较大，有时会急剧变化，甚至突变；回采巷道垂直应力集中系数断层处大于向斜处；回采巷道水平应力集中系数随工作面开采，开始时断层处小于向斜处，随着工作面经历直接顶垮落、基本顶垮落和巨厚砾岩断裂离层垮落，当断层出现滑移活化后，回采巷道水平应力集中系数逆势转化为断层处大于向斜处，且断层滑移活化瞬间是回采巷道围岩发生冲击地压的易发时间。

6.1.2 采动影响下巷道围岩全阶段能量场变化规律

1. 红外辐射与能量的关系

巷道围岩的失稳、变形和破坏必然引起煤岩体内部损伤、能量耗散以及热力耦合效应等现象，并伴随着煤岩体节理、弱面及晶格的破坏和破裂，进而引起分子、原子或电子吸收能量产生能级跃迁而辐射电磁波。红外辐射是指波长 $0.75 \sim 1000\mu m$ 的电磁波，红外探测是指利用红外辐射原理，对煤岩体受力过程中电磁辐射变化进行定性、定量表征的技术。对于一个具有一定面积 ΔA 的红外辐射源，发射的辐射功率为 ΔP，其辐射出射度 M（W/m^2）定义为

$$M = \lim_{\Delta A \to 0}\left(\frac{\Delta P}{\Delta A}\right) = \frac{\partial P}{\partial A} \tag{6-1}$$

一般说来，辐射出射度是源表面位置的函数，是辐射功率在某一点面密度的度量。根据红外物理学，实际的物体都可看作为灰体，根据 Stefen-Boltzman 定律，灰体的全光谱辐射出射度为

$$M = \varepsilon \sigma T^4 \tag{6-2}$$

式中　ε——全发射率，$0 < \varepsilon < 1$；

　　　σ——Stefen-Boltzman 常数（$\sigma = 5.67 \times 10^{-8} W \cdot m^{-2} \cdot K^{-4}$）；

　　　T——热力学温度，K。

通过红外热成像仪得到的红外图像是通过伪色彩来描绘有关煤岩体断裂的前兆信息，轮廓和边缘以及亮区和暗区分别是不同温度的分布区。为了加深对红外图像的理解，可以使用以下既定规则：

（1）暖色或积极色彩代表高温区，冷色或消极色彩代表低温区。

（2）高温表征由摩擦、剪切或应力集中引起的高应力水平；低温表征由拉伸开裂、应力释放或卸载引起的低应力水平。

（3）温度分布可以表征断裂模式，即：散射分布的温度表示弹性变形，局部高温分布代表塑性变形并且局部分布的大小与损伤的规模相对应。

（4）冷色区与暖色区的分界边缘和轮廓说明了煤岩体的行为模式。

因此，在巷道围岩的失稳、变形和破坏过程中可以使用红外辐射表示能量的大小和变化趋势。

2. 巷道围岩全阶段能量场变化特征

利用 TVS-8100MK Ⅱ 型红外热像仪得到红外图像，并通过 Thermal Imaging Analyzer 软件系统进行能量场数据处理，得到巷道围岩全阶段能量场变化规律，如图 6-4 所示。

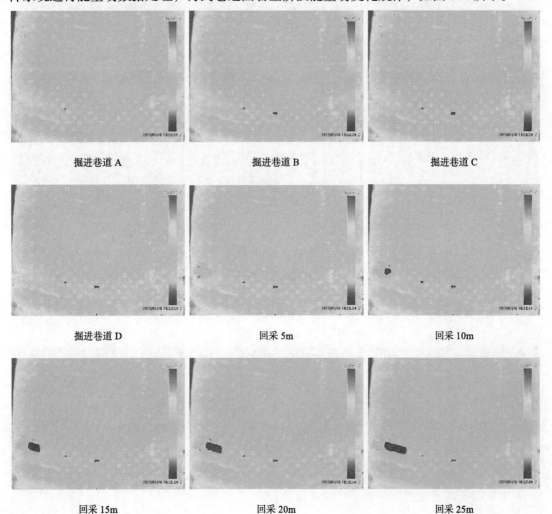

掘进巷道 A　　　　　　掘进巷道 B　　　　　　掘进巷道 C

掘进巷道 D　　　　　　回采 5m　　　　　　回采 10m

回采 15m　　　　　　回采 20m　　　　　　回采 25m

回采 30m

回采 35m

回采 40m

回采 45m

回采 50m

回采 55m

回采 60m

回采 65m

回采 70m

回采 75m

回采 80m

回采 85m

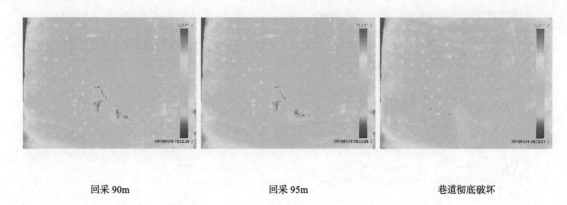

| 回采 90m | 回采 95m | 巷道彻底破坏 |

图 6-4　巷道围岩全阶段能量场变化规律

工作面开挖造成模型前后贯通从而对红外监测产生影响，能量场处理过程中应将外界干扰温度剔除。由图 6-4 分析可知，巷道围岩全阶段能量场变化规律如下：

（1）巷道掘进阶段，能量场整体较为稳定，向斜处巷道围岩能量场变化大于断层处。

（2）随工作面推进，巷道围岩能量场变化呈增大趋势；回采 70m 时，巷道围岩能量积聚较大，此区域温度场多为暖色，这是因为工作面已经推进至向斜轴部区域，围岩应力增大且处于高应力水平；回采 85m 时，巷道围岩能量释放较大，此区域温度场多为冷色，这是因为基本顶发生垮落且巨厚砾岩发生局部离层断裂，致使围岩应力大范围释放且处于低应力水平；回采 95m 时，巷道围岩能量急剧释放，断层附近围岩、采场围岩和巷道围岩基本都为冷色，这是因为断层发生失稳、滑移和活化，巷道围岩应力彻底释放，从而导致巷道发生彻底破坏，甚至诱发巷道冲击。

（3）工作面回采至断层距离 28m 时，断层发生失稳、滑移和活化，巷道围岩能量急剧释放，巷道彻底破坏，甚至发生冲击。

6.1.3 采动影响下巷道围岩全阶段位移场变化规律

1. 数字散斑位移场处理软件程序

目前针对回采巷道围岩位移的监测处理方法较少，如单点标记位移处理法、Digimetric 三维摄影测量系统等，但其对整个巷道围岩的监测分析，不能形成位移场，无法全面多角度分析。本书在相似模拟试验中采用数字散斑干涉法（Digital speckle pattern interferom-etry，简称 DSPI）对摄影图像进行位移场技术处理分析。

本书利用 MATLAB 自行开发编写图像处理程序，先对模型图片进行清晰度等处理，再利用 MATLAB 进行图像找点运行，最后利用 MATLAB 进行位移场图像计算程序。数字散斑位移场处理软件及计算流程如图 6-5 所示。

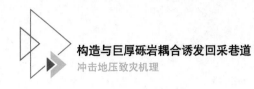

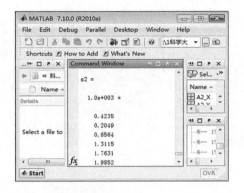

（a）MATLAB 主程序　　　　　　　　　　　（b）图像找点运行

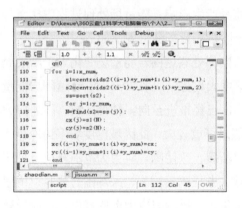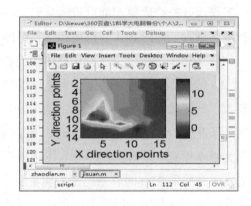

（c）软件计算过程　　　　　　　　　　　（d）软件计算结果

图 6-5　数字散斑位移场处理软件及计算流程

2. 巷道围岩全阶段位移场变化特征

利用数字散斑全阶段记录图像，并通过 MATLAB 进行位移场数据处理，得到巷道围岩全阶段位移场变化规律云图（图 6-6）。

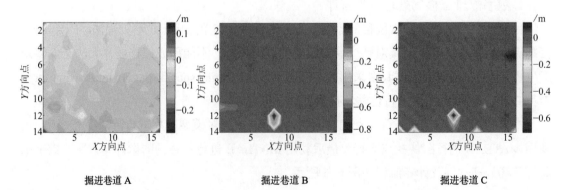

掘进巷道 A　　　　　　　　　　　掘进巷道 B　　　　　　　　　　　掘进巷道 C

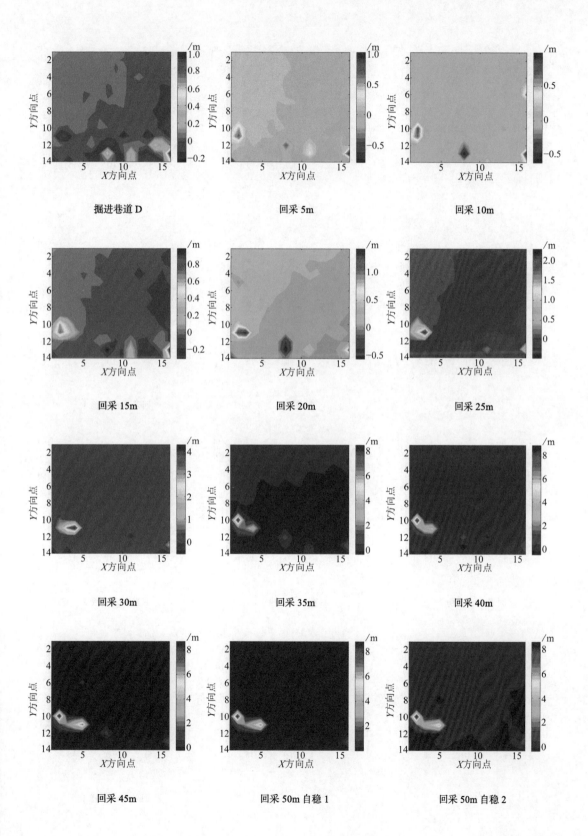

掘进巷道 D　　　　　　　　回采 5m　　　　　　　　回采 10m

回采 15m　　　　　　　　回采 20m　　　　　　　　回采 25m

回采 30m　　　　　　　　回采 35m　　　　　　　　回采 40m

回采 45m　　　　　　　回采 50m 自稳 1　　　　　回采 50m 自稳 2

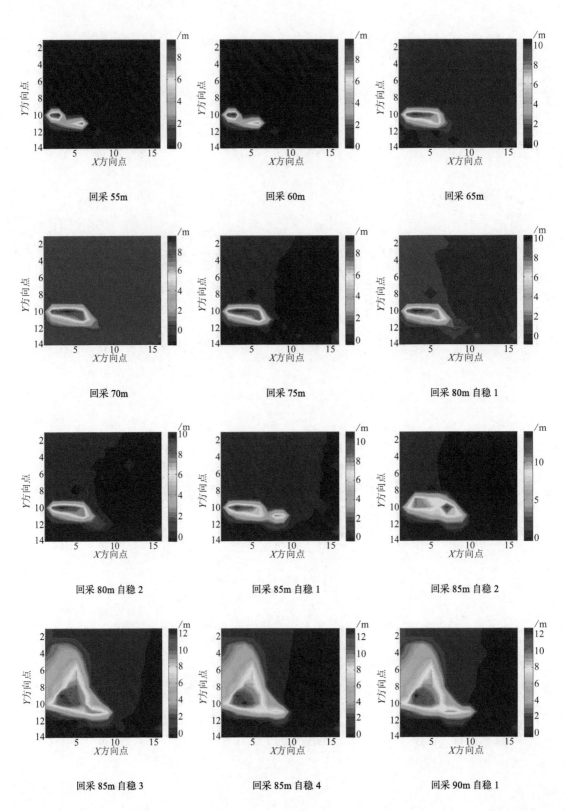

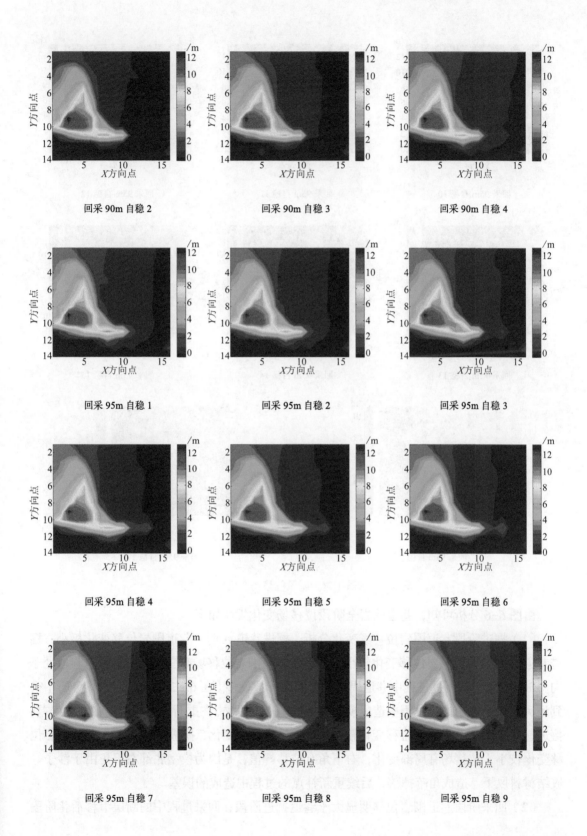

回采 90m 自稳 2 　　　　　回采 90m 自稳 3 　　　　　回采 90m 自稳 4

回采 95m 自稳 1 　　　　　回采 95m 自稳 2 　　　　　回采 95m 自稳 3

回采 95m 自稳 4 　　　　　回采 95m 自稳 5 　　　　　回采 95m 自稳 6

回采 95m 自稳 7 　　　　　回采 95m 自稳 8 　　　　　回采 95m 自稳 9

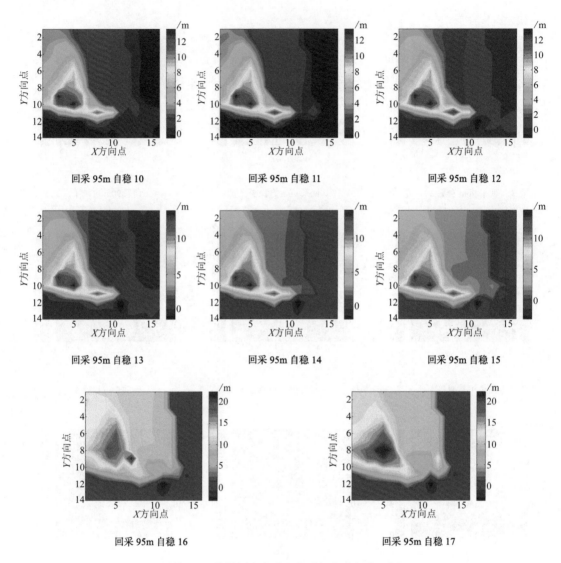

回采 95m 自稳 10

回采 95m 自稳 11

回采 95m 自稳 12

回采 95m 自稳 13

回采 95m 自稳 14

回采 95m 自稳 15

回采 95m 自稳 16

回采 95m 自稳 17

图 6-6　巷道围岩全阶段位移场变化规律云图

由图 6-6 分析可知，巷道围岩全阶段位移场变化规律如下：

（1）掘进阶段巷道围岩位移场变化分析。掘进巷道 A 时，巷道围岩位移变化极小；掘进巷道 B 时，巷道围岩位移变化较小，但整个巷道围岩位移场有变化，一是因为巷道处于向斜轴部位置，在掘进过程中巷道周围围岩应力释放较多（在 6.1.2 节中的应力场分析中得到证实），二是由于掘进过程中造成模型个别散斑点的丢失，在重新补点的过程中会有误差；掘进巷道 C 时，巷道围岩位移变化较小，位移场有局部变化；掘进巷道 D 时，巷道围岩位移变化较小，位移场有局部变化，右下角有位移峰值，是因为模型底部右下角由于沙子等胶结材料风干，造成角落掉落，后续重新补点的过程中造成的误差。

（2）回采阶段巷道围岩位移明显大于巷道掘进阶段；回采过程中的断层滑移活化阶段

巷道围岩位移大于巨厚砾岩断裂离层阶段。

（3）工作面回采至断层距离 28m 时，断层发生失稳、滑移、活化，此时巷道围岩变形也极其严重，以巷道底鼓突变最为明显。

6.2 距工作面不同距离回采巷道围岩变化规律

6.2.1 采动影响下距工作面不同距离巷道围岩应力场变化规律

为深入研究采动影响下距工作面不同距离巷道围岩应力变化规律，分析巷道 A（4 点）、巷道 B（7 点、12 点、13 点和 16 点）、巷道 C（2 点（由于 10 点损坏）、14 点、15 点和 17点）和巷道 D（4 点）顶板、底板、左帮和右帮围岩应力变化情况。采动影响下距工作面不同距离巷道围岩应力变化规律如图 6-7 所示。

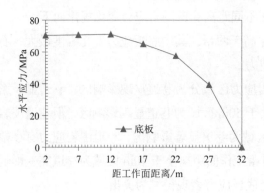

（a）巷道 A 底板

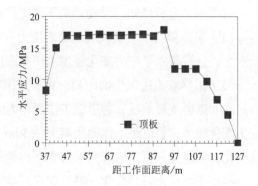

（b）巷道 D 顶板

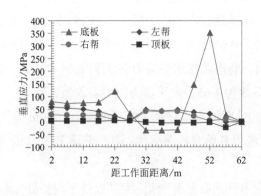

（c）巷道 B

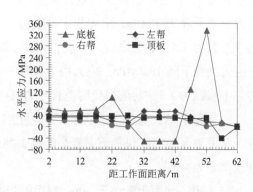

（d）巷道 B

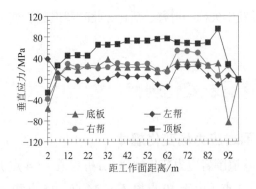
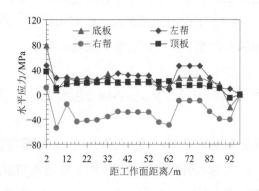

（e）巷道C　　　　　　　　　　　　　（f）巷道C

图6-7　距工作面不同距离巷道围岩应力变化规律

由图6-7分析可知，采动影响下距工作面不同距离巷道围岩应力变化规律如下：

（1）采动影响下巷道顶底板围岩应力变化高于两帮，其中底板应力变化幅度最大，右帮次之，且右帮水平应力变化幅度大于垂直应力。

（2）根据巷道距工作面距离，将巷道围岩应力区域分为巷道显现影响区、巷道显著影响区和巷道突变影响区；巷道距工作面距离大于50m区域为巷道显现影响区，但巷道围岩应力变化很小；巷道距工作面距离10~50m区域为巷道显著影响区，巷道围岩应力有小幅度变化，但是其一直保持着高应力状态；巷道距工作面距离小于10m区域为巷道突变影响区，巷道围岩应力急剧变化，甚至突变，巷道底板应力表现得尤为突出。

（3）在巷道突变影响区域，巷道距工作面距离由7m减小到2m时，巷道顶板垂直应力突变下降51.1MPa，应力集中系数为2.8，巷道底板垂直应力突变下降59.4MPa，应力集中系数为3.2，巷道左帮垂直应力突变下降27.3MPa，应力集中系数为1.5，巷道右帮垂直应力突变下降39.8MPa，应力集中系数为2.2；巷道顶板水平应力突变增加25.8MPa，应力集中系数为1.4，巷道底板水平应力突变下降71.4MPa，应力集中系数为3.8，巷道左帮水平应力突变下降19.7MPa，应力集中系数为1.1，巷道右帮水平应力突变下降64.8MPa，应力集中系数为3.5；巷道突变时垂直应力集中系数为1.65，水平应力集中系数为2.44。

（4）巷道A、巷道B、巷道C和巷道D的共同特点是在距工作面距离小于50m范围内（巷道显著影响区和巷道突变影响区）巷道应力开始有显著变化，其中巷道B和巷道C表现得尤为突出。

（5）距工作面距离小于50m范围内巷道应力开始有显著变化，尤其以处于向斜处和断层处巷道围岩应力最为突出；向斜轴部巷道围岩构造应力较大，工作面回采推进巷道时，会引起因构造应力而形成的应力集中突然释放，从而导致巷道底鼓的突变增加，此现象是巷道冲击地压的前兆信息；断层处巷道围岩存在复杂高构造应力，工作面回采推进巷道时，会引起断层滑移活化，从而引发因高构造应力而形成的应力集中突然大范围地应力释放，而当高构造应力因应力集中而释放的积聚能量远大于其到达巷道煤壁所消耗的能量与煤壁强度的极限承载能力时，就会引发巷道底板冲击地压，也因此导致巷道彻底破坏。

6.2.2 采动影响下距工作面不同距离巷道围岩位移场变化规律

工作面在回采过程中，巷道围岩由于采动影响会发生失稳、变形、冒落，甚至垮落，其严重影响矿井安全生产。根据现场经验，采动影响下距工作面不同距离巷道围岩的受力情况大不相同，巷道围岩变形规律也不尽相同，因采动造成工作面前方形成超前支承压力，加上向斜、断层和巨厚砾岩形成的复杂构造应力使回采巷道围岩变形规律更具有隐蔽性，当巷道围岩所受的应力集中程度较高时，达到其巷道围岩所能承受的极限承载能力，此时，外界的开采扰动就是诱发回采巷道冲击地压的最后条件，从而引发巷道冲击。

尽管构造与巨厚砾岩耦合条件下回采巷道围岩变形规律难以发现，但是巷道围岩位移变化是其巷道围岩变形规律最直观的显现。本节借助第 5 章已有相似模拟结果，对采动影响下不同回采距离巷道围岩位移场变化进行分析，由于相似模拟过程中研究了 4 条巷道的变化情况，下面的研究分析过程中以巷道 C 作为典型巷道进行研究。巷道 C 距工作面不同距离巷道围岩位移场变化规律如图 6-8 所示。巷道距工作面不同距离巷道围岩位移变化规律如图 6-9 所示。

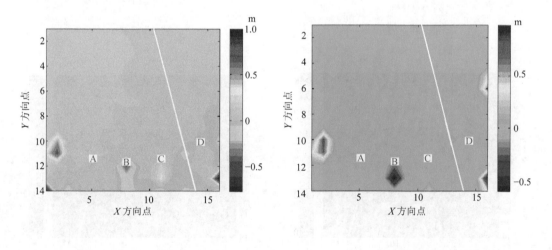

距工作面 92m　　　　　　　　　　　　　距工作面 87m

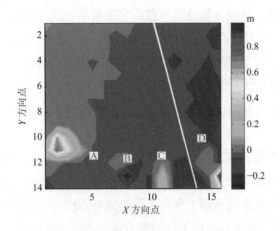

距工作面 82m

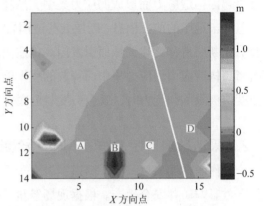

距工作面 77m

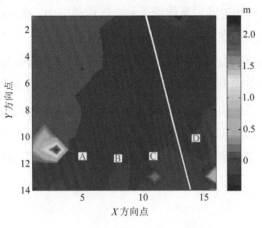

距工作面 72m

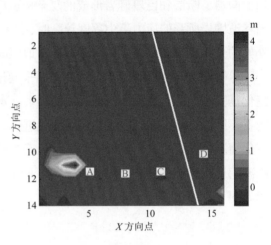

距工作面 67m

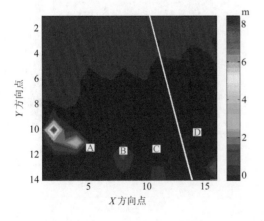

距工作面 62m

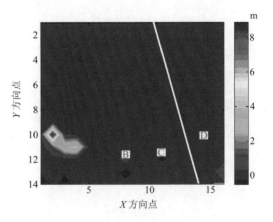

距工作面 57m

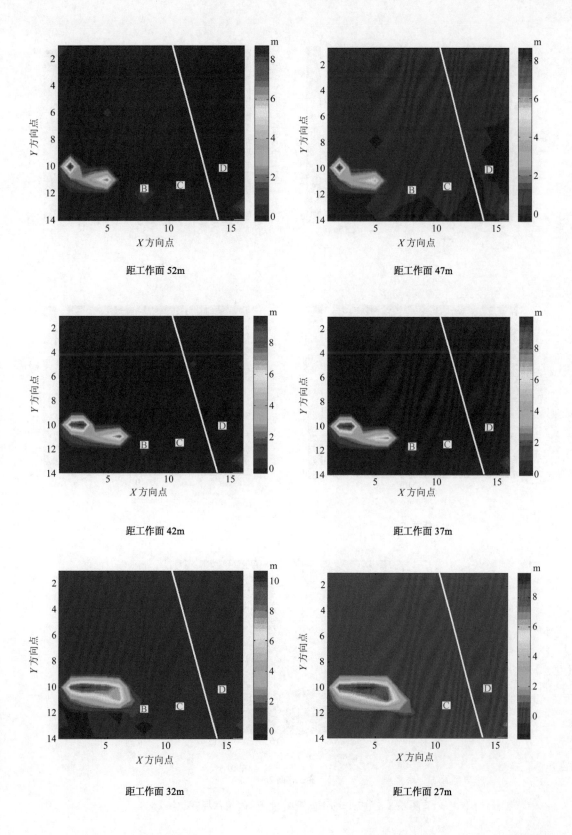

距工作面 52m

距工作面 47m

距工作面 42m

距工作面 37m

距工作面 32m

距工作面 27m

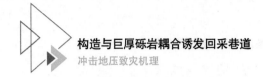

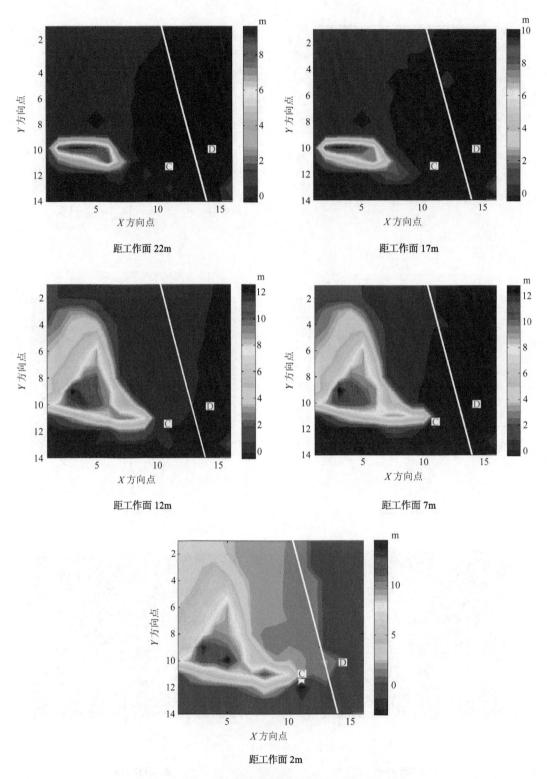

图 6-8　距工作面不同距离巷道围岩位移场变化规律

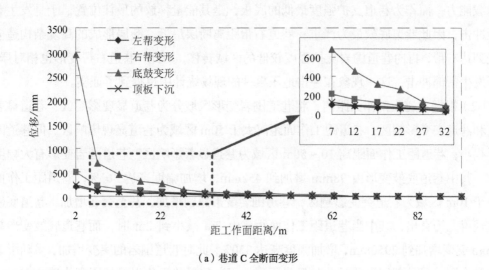

（a）巷道 C 全断面变形

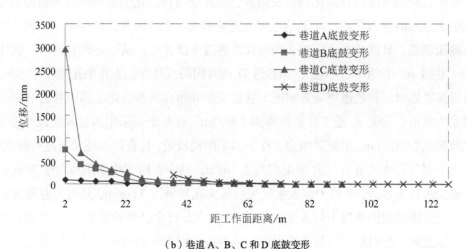

（b）巷道 A、B、C 和 D 底鼓变形

图 6-9　距工作面不同距离巷道围岩位移变化规律

由图 6-8 和图 6-9 分析可知，采动影响下距工作面不同距离巷道围岩位移变化规律如下：

（1）采动影响下巷道顶底板变形明显大于两帮变形，其中底鼓最为严重，右帮变形次之；回采巷道处于向斜、断层、巨厚砾岩形成的复杂构造应力环境中，必定也处在高应力状态，因回采而造成的开采扰动，使巷道围岩本处于一个相对平衡的应力环境被打破，其中一部分巷道围岩应力会向煤岩体深部转移，而另一部分围岩应力必定释放出来，作为巷道围岩支护最薄弱的底板（通常支护强度低或者无支护）必定是其应力释放的一个重要途径，当巷道回采到距断层形成的高构造应力区域时，因开采扰动破坏了应力平衡，而高构造应力因应力集中而释放的积聚能量远大于其到达巷道煤壁所消耗的能量与煤壁强度的极

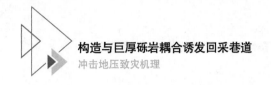

限承载能力，而作为巷道支护强度最低的底板，是其能量释放的最佳位置，于是发生巷道底板冲击，因此巷道底鼓最为严重；巷道右帮距离断层最近，断层形成的高复杂构造应力首先到达右帮，再向巷道围岩支护强度较低的区域转移，因此，巷道右帮变形也相对严重，甚至发生帮部冲击，这一现象在冲击地压事件的现场统计中也得到了证实。

（2）根据巷道距工作面距离，将巷道围岩变形区域分为巷道显现影响区、巷道显著影响区和巷道突变影响区；巷道距工作面距离大于50m区域为巷道显现影响区，但巷道围岩变形很小；巷道距工作面距离10~50m区域为巷道显著影响区，巷道围岩变形有大幅度的增加，其中巷道底鼓变形由98mm增加到452mm，增加幅度高达361%；巷道距工作面距离小于10m区域为巷道突变影响区，巷道围岩变形急剧增加，甚至突变增加，巷道底鼓变形表现得尤为突出，其中当巷道距工作面距离由7m减小到2m时，而巷道底鼓变形却由686mm突变增加到2950mm，增加幅度高达330%，此时巷道围岩的突变增加，采动影响不起主导作用，只是断层滑移活化的诱发因素，而断层滑移活化引发的因高构造应力形成的应力集中大范围的应力释放，才是巷道围岩突变的关键主导因素，此现象可以视为巷道底板冲击地压现象，具体冲击地压的表现形式为巷道底鼓突变，从而导致巷道彻底破坏。

（3）巷道A、巷道B、巷道C和巷道D的共同特点是在距工作面距离小于50m范围内（巷道显著影响区和巷道突变影响区）巷道变形开始有显著变化，其中巷道B和巷道C表现得尤为突出；巷道A距工作面距离为2~32m，在整个回采距离过程底鼓变形较小，最大底鼓量仅为102mm，主要是因为工作面回采距离较短，且直接顶还没有进行初次垮落，矿压显现不明显；巷道B距工作面距离为2~62m，其中在距工作面距离小于30m范围内巷道底鼓变形较为显著，巷道围岩发生突变后最大底鼓量为754mm，是因为巷道B处于向斜轴部，向斜轴部的构造应力较大（在6.1.2节应力分析中已得到证实），工作面回采推进距离巷道较近时，会引起因为构造应力而形成的应力集中突然释放，从而导致巷道B底鼓的突变增加，此现象也是巷道冲击地压的前兆信息；巷道C距工作面距离5m变化范围内底鼓却突变到2950mm，增幅高达330%，而此时巷道C距离断层的距离为20m，可见巷道底鼓突变主要是因断层滑移活化引发的因高构造应力形成的应力集中大范围的应力释放，此现象为巷道底板冲击地压现象，也因此而导致巷道彻底破坏；巷道D距工作面距离由127m减小到42m的过程中巷道底鼓量变化较小，直到距工作面距离为37m时，巷道底鼓才发生了显著变化，最大底鼓量为201mm，而此时断层已经发生了滑移活化，其断层附近形成的应力集中释放是造成巷道D显著底鼓变形的主要原因，然而，巷道D距离断层距离为10m，与巷道C距离断层的距离相比可知，断层滑移活化对断层上盘回采巷道的影响相对较小，对断层下盘回采巷道影响较大，甚至诱发下盘回采巷道的冲击地压的发生，而上盘回采巷道也有发生巷道冲击地压的可能。

6.3 距断层不同距离回采巷道围岩变化规律

6.3.1 采动影响下距断层不同距离巷道围岩应力场变化规律

为深入研究采动影响下距断层不同距离巷道围岩应力变化规律，分析巷道 A（4 点）、巷道 B（7 点、12 点、13 点和 16 点）、巷道 C（2 点（由于 10 点损坏）、14 点、15 点和 17 点）和巷道 D（4 点）顶板、底板、左帮和右帮围岩应力变化情况。采动影响下距断层不同距离巷道围岩应力变化特点如图 6-10 所示。

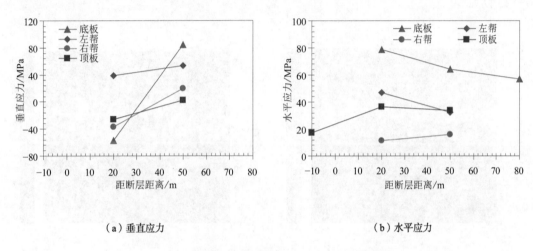

（a）垂直应力　　　　　　　　　　（b）水平应力

图 6-10　距断层不同距离巷道围岩应力变化特点

由图 6-10 分析可知，采动影响下距断层不同距离巷道围岩应力变化特点如下：

（1）同一采动影响程度下（距工作面距离 2m 时），距断层不同距离，巷道顶底板围岩应力变化高于两帮，其中底板应力变化幅度最大，右帮次之。

（2）距离断层下盘 80m 时，巷道围岩只监测到底板水平应力，应力水平相对较高；距离断层下盘 50m 时，巷道围岩垂直应力绝对值中，底板应力最大，巷道围岩水平应力中，底板应力也是最大；距离断层下盘 20m 时，巷道围岩垂直应力绝对值中，底板应力达到最大值，巷道围岩水平应力中，底板应力达到最大值，且应力水平处于一种高应力状态；距离断层上盘 10m 时，巷道围岩水平应力较小，但有应力扰动。因此，距断层下盘 20m，巷道围岩垂直应力和水平应力都达到最大值，且应力水平处于一种高应力状态，其中以底板应力呈现的尤为显著。

（3）断层下盘巷道围岩应力明显高于断层上盘。

6.3.2 采动影响下距断层不同距离巷道围岩位移场变化规律

工作面在回采过程中，巷道围岩由于采动影响会发生失稳、变形、冒落，甚至垮落，向斜、断层和巨厚砾岩共同作用下，距断层不同距离巷道围岩的变形特点不尽相同，甚至相差很大。本节深入研究在采动影响下距断层不同距离巷道围岩的变形特点和变化特征，首先确定在同一采动影响程度的条件下进行对比，本书选取条件是在巷道距工作面距离 2m 时，其次，分析距断层不同距离巷道围岩位移变化规律，最后分别分析巷道 A（距断层下盘 80m）、巷道 B（距断层下盘 50m）、巷道 C（距断层下盘 20m）和巷道 D（距断层上盘 10m）围岩变形特点和破坏特征。采动影响下（距工作面距离 2m）距断层不同距离巷道围岩位移场变化规律，如图 6-11 所示。采动影响下距断层不同距离巷道围岩位移变化如图 6-12 所示。

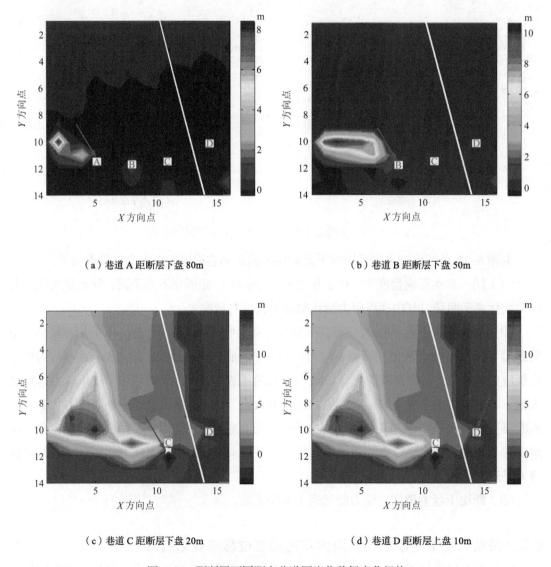

（a）巷道 A 距断层下盘 80m   （b）巷道 B 距断层下盘 50m

（c）巷道 C 距断层下盘 20m   （d）巷道 D 距断层上盘 10m

图 6-11　距断层不同距离巷道围岩位移场变化规律

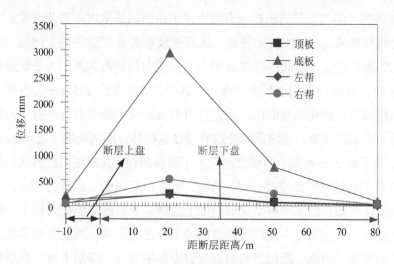

图 6-12　距断层不同距离巷道围岩位移变化特点

由图 6-11 和图 6-12 分析可知，采动影响下距断层不同距离巷道围岩位移变化规律如下：

（1）同一采动影响程度下（距工作面距离 2m 时），回采巷道距断层不同距离巷道围岩变形不尽相同，距断层下盘 20m，巷道围岩变形最为严重，其中底鼓最大值达到 2950mm，右帮变形最大值也达到 512mm，距断层下盘 50m，巷道围岩底鼓变形最大值为 754mm，距断层下盘 80m，巷道围岩底鼓变形最大值为 102mm，由此得出：随着距断层下盘距离减小，巷道围岩变形呈现非线性增加，甚至急剧突变，尤其巷道底鼓表现得更为明显。因此，采动影响下巷道围岩变形，随着距断层下盘距离减小先是缓慢增加，再是非线性急剧增加，最后突变增加，尤其巷道底鼓表现得更为明显。

（2）巷道围岩顶底板变形明显大于两帮变形，其中底鼓最为严重，右帮变形次之。随着回采巷道距断层距离减小，巷道围岩所受断层构造应力影响的程度加大，加上开采扰动的影响，可能打破巷道围岩所处的相对平衡的应力环境，其中一部分巷道围岩应力会向煤岩体深部转移，而另一部分围岩应力必定释放出来，作为巷道围岩支护最薄弱的底板必定是其应力释放的一个重要途径，而当高构造应力因应力集中而释放的积聚能量远大于其到达巷道煤壁所消耗的能量与煤壁强度的极限承载能力时，而作为巷道支护强度最低的底板是其能量释放的最佳位置，于是便会发生巷道底板冲击，因此巷道底鼓最为严重；巷道右帮距离断层最近，断层形成的高复杂构造应力首先到达右帮，再向巷道围岩支护强度较低的区域转移，因此，巷道右帮变形也相对严重，甚至发生帮部冲击。

（3）距离断层下盘 80m 时，巷道 A 围岩变形较小，最大底鼓量为 102mm，主要是因为工作面回采距离较短，且直接顶还没有进行初次垮落，矿压显现不明显；距离断层下盘 50m 时，巷道 B 底鼓变形较为显著，巷道围岩发生突变后最大底鼓量为 754mm，是因为巷道 B 处于向斜轴部，向斜轴部的构造应力较大，工作面回采推进距离巷道较近时，会引起因为构造应力而形成的应力集中突然释放，从而导致巷道 B 底鼓的突变增加，此现象也是巷道冲击地压的前兆信息，因此，巷道 B 围岩变形受向斜构造的影响大于断层构造；距离断层下盘 20m 时，巷道 C 围岩变形突变增加，其中底鼓突变到 2950mm，可见到巷道底鼓突变主要是因断层滑移活化引发的因高构造应力形成的应力集中大范围的应力释放，此现象为巷道底板冲击地压现象，也因此而导致巷道彻底破坏；距离断层上盘 10m 时，也就是巷道 C 距离断层下盘 20m 时刻，断层已经发生了滑移活化，其断层附近形成的应力集中释放是造成巷道 D 的底鼓变形的主要原因，然而，巷道 D 距离断层距离为 10m，与巷道 C 距离断层的距离相比可知，断层滑移活化对断层上盘回采巷道的影响相对较小，对断层下盘回采巷道影响较大，甚至诱发下盘回采巷道的冲击地压的发生，而上盘回采巷道也有发生巷道冲击地压的可能。因此，断层下盘巷道围岩变形明显大于断层上盘；断层滑移活化对断层上盘回采巷道的影响相对较小，对断层下盘回采巷道影响较大，甚至诱发下盘回采巷道的冲击地压的发生，而上盘回采巷道也有发生巷道冲击地压的可能。

6.4 巨厚砾岩离层断裂回采巷道围岩变化规律

6.4.1 采动影响下巨厚砾岩离层断裂巷道围岩应力场变化规律

采动影响下巨厚砾岩离层断裂巷道围岩的失稳、变形和破坏，根本原因在于因巷道围岩应力变化而形成的应力集中。巷道围岩因应力集中而不断产生能量积聚，当能量积聚达到一定程度，即应力集中区域积聚的能量大于其到达巷道煤壁所消耗的能量与煤壁强度的极限承载能之和时，就会发生回采巷道冲击地压。

本节深入研究采动影响下巨厚砾岩离层断裂过程中巷道围岩应力场变化特征，以回采过程中巨厚砾岩离层断裂过程为研究对象，首先分析巨厚砾岩时空应力演化规律（分析巨厚砾岩岩层监测点 19、23、24、25、26 和 27），再重点分析研究巷道 C（巷道 A 和巷道 B 已经被回采破坏）[2 点（由于 10 点损坏）、14 点、15 点和 17 点] 和巷道 D（4 点）顶板、底板、左帮和右帮围岩应力变化特征。采动影响下巨厚砾岩离层断裂过程中巷道围岩应力场变化特征如图 6-13 所示。

由图 6-13 分析可知，采动影响下巨厚砾岩离层断裂过程中巷道围岩应力场变化特征规律如下：

（1）采动影响下巨厚砾岩岩层应力随距煤层距离增大，变化特征略有不同，但整体上具有相似的规律性；距煤层距离 10m 岩层（19 监测点）和距煤层距离 20m 岩层（23 监测点）垂直应力变化都近似为直线，而 23 监测点的水平应力明显高于 19 监测点，是因为 19

和 23 监测点都在直接顶范围，且都已垮落，垂直应力得到释放，而 23 监测点在已垮落岩层中距离断层距离更近，受其构造水平应力影响所致；距煤层距离 30m 岩层（24 监测点）垂直应力监测失效，水平应力变化不大；距煤层距离 50m 岩层（25 监测点）垂直应力和水平应力变化相对稳定；距煤层距离 70m 岩层（26 监测点）垂直应力和水平应力都在第 3676 时步，出现应力减小变化，而此时正是巨厚砾岩的离层垮落时段，巨厚砾岩所蕴藏的应力（能量）得到释放，使其围岩应力降低，在第 3726 时步至第 3776 时步，巨厚砾岩岩层裂纹扩展，并呈现出围岩自稳；距煤层距离 100m 岩层（27 监测点）因在离层垮落高度的顶部区域，因此其垂直应力和水平应力变化不大，且近似呈现直线形态。

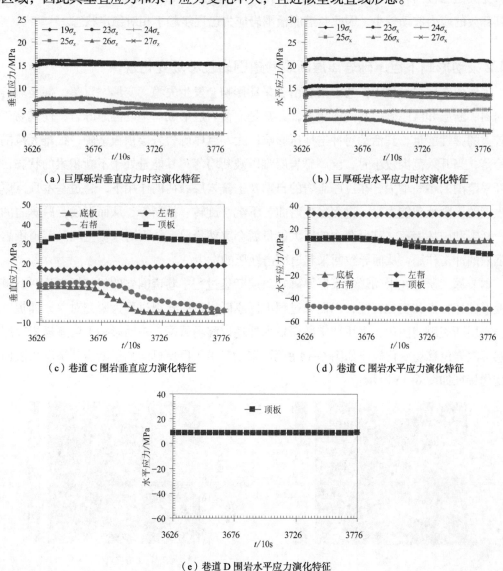

（a）巨厚砾岩垂直应力时空演化特征　　　　（b）巨厚砾岩水平应力时空演化特征

（c）巷道 C 围岩垂直应力演化特征　　　　（d）巷道 C 围岩水平应力演化特征

（e）巷道 D 围岩水平应力演化特征

图 6-13　巨厚砾岩离层断裂过程中巷道围岩应力变化特征

（2）采动影响下巨厚砾岩离层断裂过程中断层下盘巷道 C 围岩垂直应力变化最明显是底板围岩应力，右帮围岩应力次之，顶板围岩垂直应力和水平应力都有局部减小趋势，左帮围岩垂直和水平应力都相对稳定；断层上盘巷道 D 围岩水平应力相对稳定。

（3）第 3626 时步，巷道底板围岩相对稳定；第 3676 时步，巨厚砾岩在自重及上覆岩层载荷的作用下，超过其极限承载能力，从而引发巨厚砾岩的局部离层、断裂和破坏垮落，巨厚砾岩所蕴含的应力得到突然释放，从而对巷道围岩形成强烈的冲击作用，而此时巷道围岩支护强度最低的底板成为释放应力的最好突破口，从而引起巷道底板围岩应力迅速降低，尤其是底板围岩垂直应力；第 3726 时步，巨厚砾岩局部已离层区域裂纹在孕育发展，但其释放的应力波动较小，因此巷道底板围岩应力已逐步趋于相对稳定状态。

6.4.2 采动影响下巨厚砾岩离层断裂巷道围岩位移场变化规律

工作面在回采过程中，巷道围岩由于采动影响会发生失稳、变形、冒落，甚至垮落，在向斜、断层和巨厚砾岩共同作用下，尤其是上覆岩层形成的坚硬巨厚砾岩，使其易于储存较大的弹性能量，其活动对冲击地压影响巨大。巨厚砾岩岩层顶板坚硬，很难大范围离层垮落，当开采范围较小时，巨厚砾岩层难以破断垮落，其能量处于不断积累的状态，随着开采范围的不断增大，在巨厚砾岩的自重及上覆岩层载荷的作用下，超过基本顶巨厚砾岩强度的极限承载能力时，进而发生弯曲、下沉、旋转、折断等，从而引发巨厚砾岩的离层、断裂和破坏垮落，其所蕴含的巨大能量就会突然释放，从而对采掘空间及巷道围岩形成强烈的冲击作用，从而导致回采巷道冲击地压的发生。

本节深入研究在采动影响下巨厚砾岩离层断裂过程中巷道围岩的位移场变化、巷道围岩变形破坏特点和变化特征，以回采过程中巨厚砾岩离层断裂过程为研究对象，捕捉巨厚砾岩离层断裂瞬间图像，采用数字散斑技术处理位移场数据。采动影响下巨厚砾岩离层断裂巷道围岩位移场变化规律如图 6-14 所示。采动影响下巨厚砾岩离层断裂巷道围岩表面位移变化特征如图 6-15 所示。

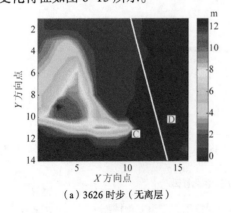

（a）3626 时步（无离层）

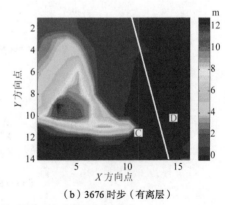

（b）3676 时步（有离层）

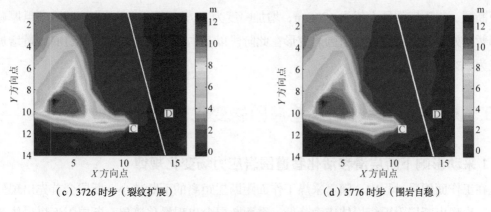

（c）3726 时步（裂纹扩展）　　　　　　　　　（d）3776 时步（围岩自稳）

图 6-14　巨厚砾岩离层断裂巷道围岩位移场变化规律

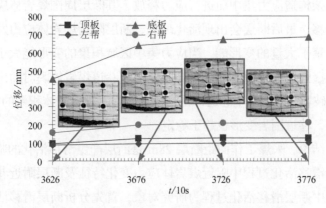

图 6-15　巨厚砾岩离层断裂巷道围岩表面位移变化特征

由图 6-14 和图 6-15 分析可知，采动影响下巨厚砾岩离层断裂巷道围岩位移场变化规律和表面位移变化特征如下：

（1）采动影响下巨厚砾岩离层断裂过程中巷道围岩变形最严重为巷道底鼓，顶板围岩有小范围下沉，两帮围岩变形不大。

（2）工作面回采 90m 后，在巷道围岩自稳过程中，第 3626 时步，基本顶巨厚砾岩局部没有发生离层现象，而此时巷道围岩变形最严重为巷道底鼓，最大值达到 452mm；第 3676 时步，巨厚砾岩在自重及上覆岩层载荷的作用下，超过其极限承载能力，从而引发巨厚砾岩的局部离层、断裂和破坏垮落，离层范围 20m，垮落高度扩展至 110m，巨厚砾岩所蕴含的弹性能量得到突然释放，从而对巷道围岩形成强烈的冲击作用，而此时巷道围岩支护强度最低的底板成为释放能量的最好突破口，进而引发巷道底鼓，底鼓最大值为 638mm，增加幅度达 41.2%，顶板下沉达 125mm，增加幅度为 28.9%，左帮移近到 97mm，增加幅度为 10.2%，右帮移近到 199mm，增加幅度为 27.5%；第 3726 时步，巨厚砾岩局部已离层区域裂纹在孕育发展，并有裂纹扩展的现象显现，已垮落岩层也在自稳的过程中发生裂纹扩展，甚至断裂，巷道底鼓最大值为 670mm，增加幅度为 5.0%；第 3776 时步，基本顶巨厚砾岩局部暂时处于稳定状态，巷道围岩变形在此阶段以基本处于稳定状态，巷道底鼓量增加幅度仅为 2.3%。

6.5 断层滑移活化回采巷道围岩变化规律

6.5.1 采动影响下断层滑移活化巷道围岩应力场变化规律

在工作面回采过程中，随着采煤工作面距断层距离的不断减小，断层会首先出现失稳现象，表现出断层附近煤岩体应力降低，继而断层会出现滑移迹象，断层附近煤岩体会因断层周围原有的复杂构造应力集中而进行应力释放，其断层周围煤岩体应力随之降低，应力向煤岩体深部转移，最后断层会出现活化现象，断层附近煤岩体应力发生急剧突变，断层附近巷道围岩积聚了大量的变形能，当应力集中区域积聚的变形能大于其到达巷道煤壁所消耗的能量与煤壁强度的极限承载能之和时，引起巷道煤岩体瞬时涌出，同时伴随着巷道围岩急剧变形、破坏，进而发生巷道冲击地压。断层附近煤岩体积聚的能量得以释放后，断层滑移活化停止，巷道围岩变形也趋于稳定。

基于本书已有结论，采煤工作面距断层 28m 是断层产生滑移活化的临界距离。本节研究采动影响下断层滑移活化过程中附近煤岩体应力变化特征及断层附近巷道围岩应力变化规律。以回采过程中断层滑移活化过程为研究对象，首先分析断层滑移活化应力演化规律（分析断层下盘监测点 28、29、30 和 31，及断层上盘监测点 32、33 和 34），再重点分析研究巷道 C（巷道 A 和巷道 B 已经被回采破坏）[2 点（由于 10 点损坏）、14 点、15 点和 17点] 和巷道 D（4 点）顶板、底板、左帮和右帮围岩应力变化特征。采动影响下断层滑移活化过程中应力演化规律及巷道围岩应力变化特征，如图 6-16 所示。

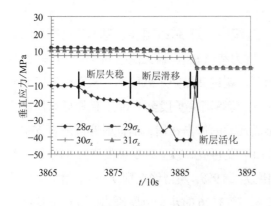

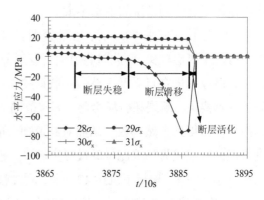

（a）断层下盘垂直应力演化特征　　　　　　　　（b）断层下盘水平应力演化特征

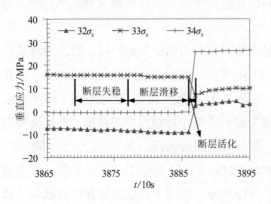

（c）断层上盘垂直应力演化特征

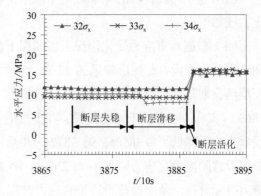

（d）断层上盘水平应力演化特征

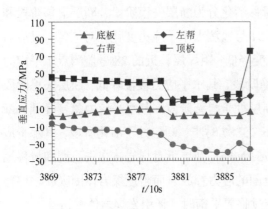

（e）巷道 C 围岩垂直应力演化特征

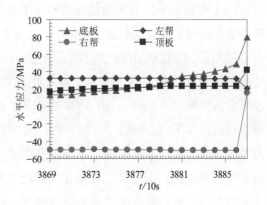

（f）巷道 C 围岩水平应力演化特征

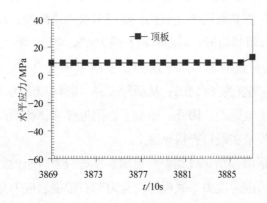

（g）巷道 D 围岩水平应力演化特征

图 6-16　断层滑移活化过程中应力演化规律及巷道围岩应力变化特征

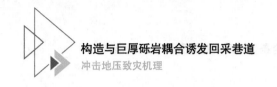
由图 6-16 分析可知,采动影响下断层滑移活化过程中应力演化规律及巷道围岩应力变化特征如下:

(1)根据垂直应力变化情况可将断层下盘滑移活化分为断层失稳阶段、断层滑移阶段和断层活化阶段;距煤层较远的 29 号、30 号和 31 号监测点垂直应力变化相对均匀,但在断层活化期其垂直应力也突变降低;距煤层较近的 28 号监测点垂直应力变化比较明显,第 3869 时步后,断层处于失稳阶段,其垂直应力先迅速降低,后缓慢渐进降低,断层失稳阶段垂直应力降低了 9.3MPa;第 3877 时步后,断层处于滑移阶段,其垂直应力急剧降低,断层滑移阶段垂直应力降低了 21.2MPa;第 3886～3887 时步,断层处于活化阶段,其垂直应力突变升高,断层滑移阶段垂直应力升高了 41.6MPa;断层下盘煤岩体在失稳期和滑移期因其应力释放而逐渐降低,在活化期断层大范围的应力释放,而附近煤岩体因吸收、储存变形能有限,进而造成垂直应力突变增加,超过临界平衡时,便引发煤岩体冲击。

(2)根据水平应力变化情况将断层下盘滑移活化分为断层失稳阶段、断层滑移阶段和断层活化阶段;距煤层较远的 29 号、30 号和 31 号监测点水平应力变化相对均匀,且应力水平值相近,但在断层活化期其水平应力也突变降低;距煤层较近的 28 号监测点水平应力变化比较明显,第 3869 时步后,断层处于失稳阶段,其水平应力缓慢降低,断层失稳阶段水平应力降低了 5.9MPa;第 3877 时步后,断层处于滑移阶段,其水平应力急剧降低,断层滑移阶段水平应力降低了 72.2MPa;第 3886～3887 时步,断层处于活化阶段,其水平应力突变升高,断层滑移阶段水平应力升高了 75.2MPa;断层下盘煤岩体在失稳期和滑移期因其应力释放而逐渐降低,在活化期断层大范围的应力释放,而附近煤岩体因吸收、储存变形能有限,进而造成水平应力突变增加,超过临界平衡时,便引发煤岩体冲击。

(3)根据垂直应力和水平应力变化情况可将断层上盘滑移活化分为断层失稳阶段、断层滑移阶段和断层活化阶段;从断层上盘的整体应力变化看,垂直应力和水平应力变化规律相近,其水平应力变化更具有同步相似性;断层上盘失稳阶段,垂直应力和水平应力变化都比较平稳,断层上盘滑移阶段,局部时期有应力波动变化,第 3886～3887 时步,断层上盘处于活化阶段,其垂直应力和水平应力都发生了突变升高,垂直应力增加幅度为 15.2MPa,水平应力增加幅度为 6.0MPa;从断层失稳、滑移和活化 3 个阶段来看,断层下盘应力变化明显比断层上盘剧烈,因此,断层下盘附近煤岩体比断层上盘更易引发冲击地压,这对断层区域现场开采实践具有指导意义。

(4)采动影响下断层滑移活化过程中巷道围岩垂直应力分布近似呈"倒梯形",垂直应力变化最为明显的是顶板围岩应力,底板围岩应力和右帮围岩应力变化次之,左帮围岩应力变化相对较小;第 3869～3877 时步,断层失稳期巷道围岩垂直应力变化较小,整体略有下降;第 3877～3886 时步,断层滑移期巷道围岩垂直应力变化较大,整体呈现下降趋势,顶板、底板和右帮局部围岩垂直应力迅速下降，分别下降了 24.4MPa、8.4MPa 和 24.1MPa；第 3886～3887 时步，断层活化期巷道围岩垂直应力发生突变增加，尤其是顶板围岩垂直应力升高了 48.9MPa。

（5）采动影响下断层滑移活化过程中巷道围岩水平应力分布近似指数分布，水平应力变化最为明显的是右帮围岩应力，底板围岩应力次之，顶板和左帮围岩应力变化幅度较小；第 3869～3877 时步，断层失稳期巷道围岩水平应力整体稳定；第 3877～3886 时步，断层滑移期巷道围岩水平应力缓慢增加，以底板围岩应力表现得最为明显，增加幅度为 24.0MPa；第 3886～3887 时步，断层活化期巷道围岩水平应力发生突变增加，右帮、底板和顶板围岩水平应力分布增加了 65.9MPa、31.4MPa 和 18.1MPa；断层上盘巷道 D 顶板围岩整体水平应力变化近似直线，即使在断层活化期，围岩应力也仅增加了 4.1MPa。

（6）采动影响下断层滑移活化过程中巷道围岩水平应力增加幅度明显高于垂直应力，在巷道围岩应力中起到关键作用；巷道围岩应力大小因断层失稳、滑移和活化过程中的应力释放而发生改变；断层在失稳期和滑移期其附近煤岩体因为应力释放而发生降低，围岩应力向煤岩体深部或者更远处转移，从而对巷道围岩应力产生影响，使其应力大小降低抑或是升高；因断层高构造应力造成的应力集中在断层活化期进行大范围的应力释放，而附近煤岩体因吸收、储存变形能有限，进而造成水平应力突变增加，应力达到煤岩体强度极限时，煤岩体产生破坏，除煤岩体中保存的部分残余变形能外，其储存的能量（应力）将大部分或者全部释放，断层附近巷道围岩应力状况因此受到很大改变，甚至颠覆性改变，当巷道围岩积聚的变形能大于其到达巷道煤壁所消耗的能量与煤壁强度的极限承载能之和时，巷道煤岩体瞬时大量涌出，同时伴随着巷道围岩急剧变形、破坏，进而发生巷道冲击地压。

6.5.2 采动影响下断层滑移活化巷道围岩位移场变化规律

巷道围岩应力与巷道围岩变形有着紧密联系，巷道围岩应力的释放在一定程度上通过巷道围岩变形予以表现。本节基于 6.5.1 节对采动影响下断层滑移活化过程中巷道围岩应力演化规律及巷道围岩应力变化特征的分析，研究采动影响下断层滑移活化过程中附近煤岩体位移场变化规律及断层附近巷道围岩变形特征。以回采过程中断层滑移活化过程为研究对象，首先分析断层滑移活化位移场演化规律（第 3869 时步至第 3887 时步），再重点分析研究巷道 C 顶板、底板、左帮和右帮围岩变形特征。

采动影响下断层滑移活化过程中位移场演化规律如图 6-17 所示。采动影响下断层滑移活化过程中巷道围岩变形特征如图 6-18 所示。

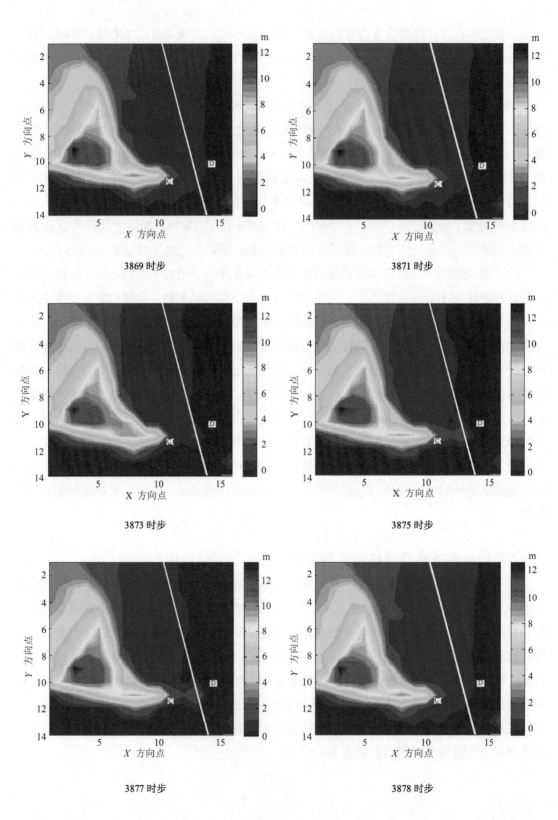

3869 时步

3871 时步

3873 时步

3875 时步

3877 时步

3878 时步

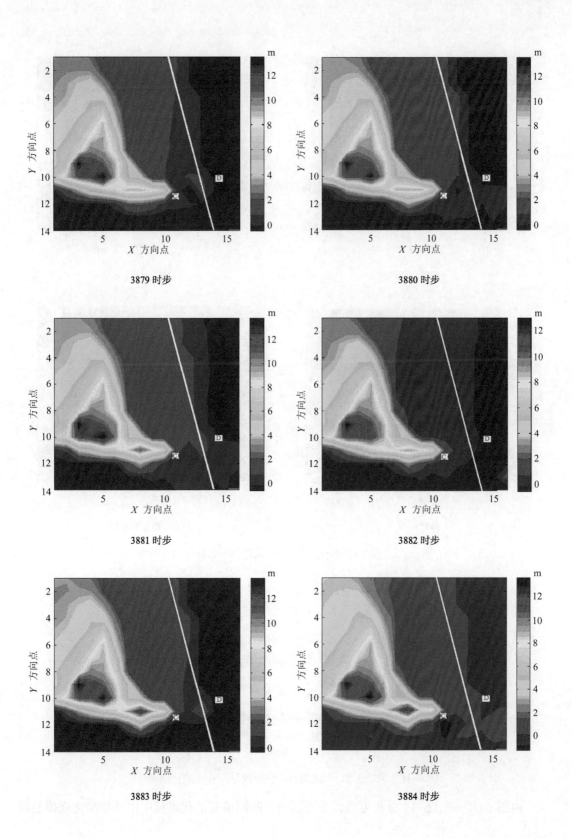

3879 时步

3880 时步

3881 时步

3882 时步

3883 时步

3884 时步

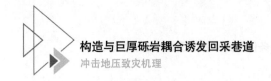

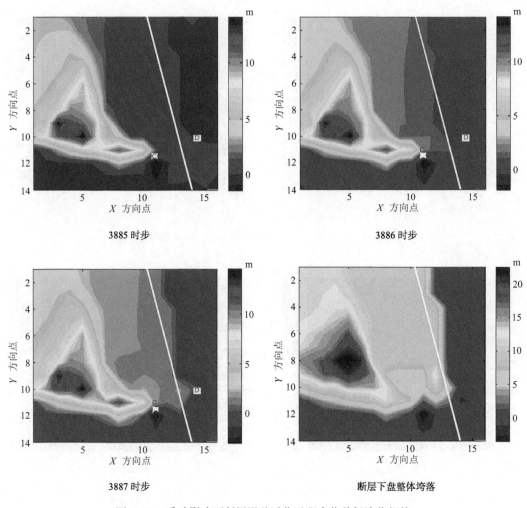

图 6-17　采动影响下断层滑移活化过程中位移场演化规律

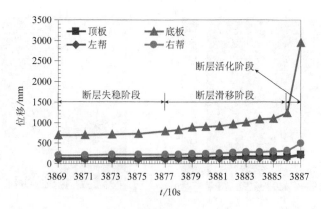

图 6-18　采动影响下断层滑移活化过程中巷道围岩变形特征

由图 6-17 和图 6-18 分析可知，采动影响下断层滑移活化过程中位移场演化规律及巷道围岩变形特征如下：

（1）采动影响下断层滑移活化过程中断层附近煤岩体围岩位移随着断层处于失稳阶段、滑移阶段和活化阶段呈现出不同的位移量和移近速度，经历先缓慢、后迅速、再突变的演化规律；第3869～3877时步（断层失稳期），断层附近煤岩体位移整体变化缓慢；第3877～3886时步（断层滑移期），断层附近煤岩体位移量及移近速度明显迅速增加，尤其从第3884时步开始后煤岩体位移迅速增加，且巷道围岩开始变形显著；第3886～3887时步（断层活化期），断层附近煤岩体位移量及移近速度突变增加。

（2）断层带及其附近煤岩体不同部位吸收、存储、积聚和释放应变能不同，造成不同部位位移场和位移速度有差异，且由于断层带接触面的非均匀，加上采动影响，使局部断层带出现应力集中，当应力集中超过极限平衡状态时，其因应力集中而形成的变形能必定会部分或者全部释放，断层带就会发生失稳、滑移和活化，最先出现断层移动和破坏的区域是应力集中程度较高的位置，也是断层带局部出现较大位移的原因所在；断层下盘煤岩体位移及移近速度明显大于断层上盘。

（3）采动影响下断层滑移活化过程中巷道围岩变形最严重为巷道底鼓，右帮移近次之，顶板下沉和左帮移近较小；断层下盘巷道围岩变形明显大于断层上盘。

（4）第3869～3877时步（断层失稳期），巷道围岩变形整体上缓慢增加，其中以底鼓变形最为严重，底鼓量最大值为802mm；第3877～3886时步（断层滑移期），巷道围岩变形迅速增大，底鼓量由802mm增加到1231mm，增幅高达53.5%，右帮移近量由230mm增加到317mm，增幅达37.8%，顶板下沉量由146mm增加到188mm，增幅达28.8%，左帮移近量由110m增加到149mm，增幅达36.4%；第3886～3887时步（断层活化期），巷道围岩变形突变增加，底鼓量由1231mm增加到2950mm，增幅高达207.1%，右帮移近量由317mm增加到512mm，增幅也高达83.0%，顶板下沉量由188mm增加到235mm，增幅达31.3%，左帮移近量由149m增加到212mm，增幅达53.9%；由此可知，采动影响下断层滑移活化过程中巷道围岩底鼓量及增幅都为最大，右帮移近量及增幅次之。

（5）采动影响下断层滑移活化过程中巷道围岩变形主要受断层构造水平应力影响，加上回采巷道本身也受向斜和巨厚砾岩形成的复杂应力影响，共同作用下高构造应力形成的应力集中在断层活化期进行大范围的应力释放，而附近煤岩体因吸收、储存变形能有限，造成水平应力突变增加，应力达到煤岩体强度极限时，煤岩体产生破坏，除煤岩体中保存的部分残余变形能外，其储存的能量（应力）将大部分或者全部释放，断层附近巷道围岩应力状况因此受到很大改变，甚至颠覆性改变，巷道围岩一部分应力向煤岩体深部转移，另一部分应力必定全部释放出来，当巷道围岩积聚的变形能大于其到达巷道煤壁所消耗的能量与煤壁强度的极限承载能之和时，作为巷道围岩支护强度最薄弱的底板（通常支护强

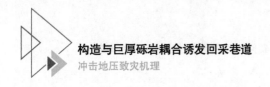

度低或者无支护）必定是其能量（应力）释放的最佳位置，巷道煤岩体瞬时大量涌出，同时伴随着巷道底板急剧变形，甚至完全破坏，进而发生巷道底板冲击；巷道右帮距离断层最近，断层形成的高复杂构造应力首先到达右帮，而巷道帮部支护强度通常较高，于是应力再次向巷道围岩支护强度较低的底板围岩转移，从而进一步加剧底鼓变形，但右帮围岩也因此受到较大变形，甚至发生帮部冲击。

构造与巨厚砾岩耦合条件下回采巷道冲击地压数值研究及机理

第7章

  巷道冲击地压的本质原因是巷道围岩在高应力作用下的突然失稳、变形和破坏。巷道围岩冲击特性主要是指巷道冲击地压在孕育、发生过程中伴随着周围煤岩体应力场转移、能量场积聚、塑性区扩展和位移场演化（三场一区），巷道围岩的应力场、能量场、塑性区和位移场是巷道围岩冲击特性的表现形式。本章主要采用数值模拟手段对构造与巨厚砾岩耦合条件下回采巷道围岩变形规律进行研究，研究了向斜、断层、巨厚砾岩分别作用下和构造与巨厚砾岩耦合条件下回采巷道围岩冲击特性，得到了一些有益的结论。

  本章将通过数值模拟手段深入分析采动影响向斜作用下巷道围岩冲击特性，从向斜轴部回采巷道围岩冲击特性和向斜翼部回采巷道围岩冲击特性入手，并对比分析了向斜轴部和翼部回采巷道围岩冲击特性的异同；分析采动影响断层作用下巷道围岩冲击特性，从断层下盘回采巷道围岩冲击特性和断层上盘回采巷道围岩冲击特性入手，并对比分析断层下盘和上盘回采巷道围岩冲击特性的异同；分析采动影响巨厚砾岩作用下回采巷道围岩冲击特性，从不同砾岩厚度条件下对比分析了回采巷道围岩冲击特性；分析采动影响构造与巨厚砾岩耦合条件下回采巷道围岩冲击特性，对同时间不同地点距工作面不同距离回采巷道围岩冲击特性、同地点不同时间距工作面不同距离回采巷道围岩冲击特性分析和距断层不同距离回采巷道围岩冲击特性分别进行详细研究。

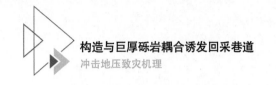

7.1 向斜作用下回采巷道冲击地压数值分析

7.1.1 CDEM 数值软件介绍及模型建立

1. CDEM 数值软件介绍

连续-非连续单元方法（Continuum-discontinuum element method，CDEM）是中国科学院力学研究所非连续介质力学及工程灾害联合实验室提出的适用于模拟材料在静、动载荷作用下非连续变形及渐进破坏的一种数值算法。该方法将连续介质算法（如有限元）与非连续介质算法（如离散元）进行耦合，通过单元内部及单元边界的断裂，即可以模拟连续介质和非连续介质的变形、运动和动载冲击等特性，也实现材料由连续体到非连续体的渐进破坏过程。CDEM 方法中包括弹性模型、塑性模型、断裂模型、蠕变模型等多种模型，已经在采矿工程、岩土工程及水利水电工程等多个领域广泛应用。

CDEM 具有将有限元与离散元耦合计算、单元体破裂、大变形位移、GPU 加速等优点。因此，基于 CDEM 数值软件的特点和优点，对于采矿工程中的大变形、垮落、断层位移场等问题，更具有真实直观性和实际参考价值。CDEM 数值软件计算方法流程如图 7-1 所示。

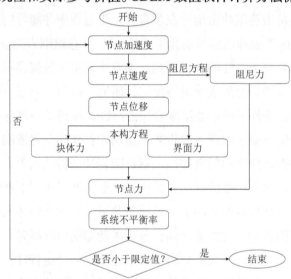

图 7-1　CDEM 数值软件计算方法流程

2. 数值模型建立

本节基于现场资料、查阅文献及相似模拟中的相关数据和经验，对义马矿区向斜作用下回采巷道围岩冲击特性的影响进行数值研究。数值模拟工程背景以义马矿区千秋煤矿 21221 工作面运输巷（以下简称"下巷"）为数据支撑，并结合义马向斜及相关文献进行统筹分析，将向斜作用下回采巷道围岩冲击特性数值模拟方案分为 2 个，分别为向斜轴部回采巷道冲击地压模型和向斜翼部回采巷道冲击地压模型。

向斜作用下回采巷道冲击地压数值模型建立采用 CDEM 数值软件，依据现场数据确定数值模拟中向斜翼间角（正交剖面上两翼间的内夹角，圆弧形向斜的翼间角是指通过两翼上两个拐点的切线之间的夹角）为 160°，为平缓向斜。本节重点在于分析采动影响下位于向斜轴部巷道和向斜翼部巷道围岩冲击特性演化规律。

　　CDEM 数值模型建模思路及过程具体如下：第一，在 AutoCAD 中建立向斜作用下回采巷道冲击地压模型；第二，AutoCAD 模型文件以 DXF 格式输出保存；第三，把 .dxf 文件导入 GID 软件，并在 GID 软件中进行分组及复杂网格划分操作；第四，把 GID 模型以 ASCII 文件格式（美国信息交换标准代码）输出，最后以 .msh 文件保存；第五，把 .msh 文件导入 CDEM 数值软件，模型建立完成。

　　根据千秋煤矿现场地质条件和向斜地质特征，并综合考虑各方面的因素，建立向斜作用下回采巷道冲击地压离散元数值模型如图 7-2 所示。整个模型尺寸（长×高）确定为：266m × 247m，+X 方向为工作面的推进方向，+Y 方向为垂直向上；模型上部边界施加压力使其等同于上覆岩层的重量，底边界垂直方向固定，左右边界水平方向固定；模型巷道尺寸（长×高）确定为：6m × 5m。

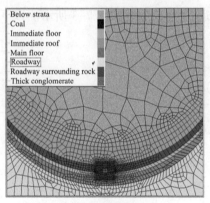
（a）向斜轴部模型

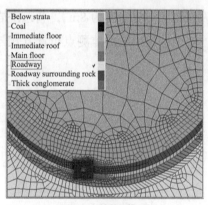
（b）向斜翼部模型

图 7-2　向斜作用下回采巷道冲击地压数值模型

3. 岩体力学参数

数值模型中材料本构模型为摩尔-库仑模型，模拟中各煤岩层的岩体力学参数参考了煤岩块力学性能测试结果以及当地地质资料等，最终得到各岩层的岩体力学参数见表 7-1。为保证数值计算结果的一致性，本章所有模拟均采用此岩体力学参数。

表 7-1　数值计算模型的岩体力学参数

岩层	体积模量 K/GPa	剪切模量 G/GPa	密度 ρ/(kg·m^{-3})	摩擦角 f/(°)	黏结力 C/MPa	抗压强度 R_c/MPa
巨厚砾岩	5.0	2.4	2700	34	20	45
直接顶	3.5	2.2	2960	30	15	50

表 7-1（续）

岩层	体积模量 K/GPa	剪切模量 G/GPa	密度 ρ/(kg·m⁻³)	摩擦角 f/(°)	黏结力 C/MPa	抗压强度 R_c/MPa
煤层	2.0	1.2	1420	24	2.5	16
直接底	3.5	2.2	2520	30	15	30
基本底	4.8	2.3	2600	34	20	50
下覆岩层	5.0	2.4	2700	34	20	45

7.1.2 向斜轴部回采巷道围岩冲击特性分析

通过建立向斜轴部回采巷道冲击地压数值模型，对巷道围岩在采动影响下的应力场、能量场和位移场进行分析研究，根据现场资料和巷道围岩变形特点，本节重点关注巷道顶板围岩、底板围岩和两帮围岩，并分别在巷道的四周布置监测点，分别监测巷道顶板、底板、左帮、右帮和底板深部围岩的应力、能量和位移变化情况，巷道顶板、底板、左帮和右帮表面围岩监测点序号分别为 1、2、3 和 4，巷道底板深部围岩监测点序号分别为 21、22、23、25 和 28（以 28 监测点序号为例，代表意义：前面数字 2 为底板，后面数字 8 为底板表面距监测点深度为 8m），巷道围岩监测点布置序号及深度如图 7-3 所示。以下章节数值模拟中巷道围岩的监测点布置方式与此相同。

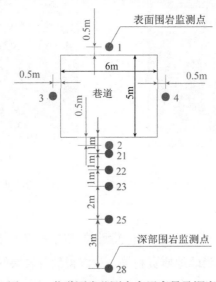

图 7-3　巷道围岩监测点布置序号及深度

1. 应力场演化规律

统计和分析 CDEM 数值软件计算结果发现，向斜轴部回采巷道围岩应力场变化呈现一定的规律性。向斜轴部采场及巷道围岩应力场演化规律如图 7-4 所示。向斜轴部巷道围岩应力演化特征如图 7-5 所示。

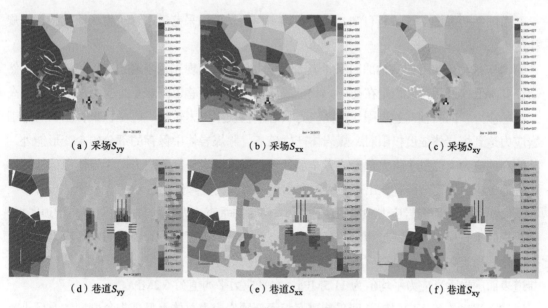

（a）采场S_{yy}　　　　　　　（b）采场S_{xx}　　　　　　　（c）采场S_{xy}

（d）巷道S_{yy}　　　　　　　（e）巷道S_{xx}　　　　　　　（f）巷道S_{xy}

图 7-4　向斜轴部采场及巷道围岩应力场演化规律

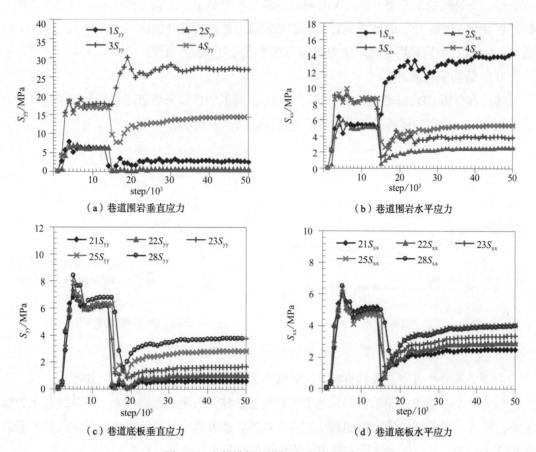

（a）巷道围岩垂直应力　　　　　　　　　　　　（b）巷道围岩水平应力

（c）巷道底板垂直应力　　　　　　　　　　　　（d）巷道底板水平应力

图 7-5　向斜轴部巷道围岩应力演化特征

由图 7-4 和图 7-5 分析可知，采动影响下向斜轴部回采巷道围岩应力场演化特征及规律如下：

（1）采动影响下向斜轴部回采巷道围岩应力总体上呈现先急剧增大，后持续稳定，然后突变降低，最后持续稳定在高应力状态或低应力状态；巷道围岩垂直应力最后稳定值高于水平应力；向斜轴部巷道围岩在高应力状态下会发生应力转移、能量积聚，当其巷道围岩应力达到煤岩体强度极限时，煤岩体产生破坏，除煤岩体中保存的部分残余变形能外，其储存的应力（能量）将大部分或者全部释放，巷道围岩一部分应力向煤岩体深部转移，另一部分应力必定全部释放出来，因此会出现应力的突变降低。

（2）巷道表面围岩应力中底板应力最小，两帮的垂直应力和水平应力明显高于顶底板，且帮部的垂直应力可以保持相对的高应力状态；左帮的垂直应力和顶板的水平应力发生复杂变化后稳定在一种相对高应力状态，其最后的稳定应力值分别为 26.9MPa 和 17.2MPa；巷道表面围岩垂直应力平均值为 11.5MPa，水平应力平均值为 6.2MPa。

（3）采动影响下向斜轴部回采巷道底板深部围岩应力总体上呈现先急剧增大，后小范围下降，再持续稳定波动，然后突变降低，最后缓慢稳定；底板深部围岩应力呈现相同的规律性变化，底板 1~3m 范围围岩最后的稳定应力值约为其峰值应力的1/4，甚至更低；底板 5~8m 范围围岩最后的稳定应力值约为其峰值应力的1/3~1/2。

2. 能量场演化规律

统计和分析 CDEM 数值软件计算结果发现，向斜轴部回采巷道围岩能量场变化具有一定的规律性。向斜轴部巷道围岩能量演化特征如图 7-6 所示。

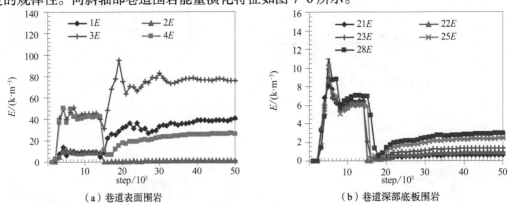

（a）巷道表面围岩   （b）巷道深部底板围岩

图 7-6 向斜轴部巷道围岩能量演化特征

由图 7-6 分析可知，采动影响下向斜轴部回采巷道围岩能量演化特征如下：

（1）采动影响下向斜轴部回采巷道围岩能量总体上呈现先急剧增大，后持续稳定，然后突变降低，最后持续稳定增加到一定应力状态，或者稳定不变；对比分析向斜轴部巷道围岩应力可知，巷道围岩应力和巷道围岩积聚的能量存在着某种对应关系。

（2）巷道表面围岩积聚的能量中底板最小，最后其能量值为零；两帮围岩积聚的能量整体上高于顶底板围岩，顶板和两帮围岩最后积聚的能量值稳定在一定水平，其中顶板围岩积聚的能量最后稳定在 76.3kJ/m^3。

（3）采动影响下向斜轴部回采巷道底板深部围岩能量总体上呈现先急剧增大，后小范围下降，再持续稳定波动，然后突变降低，最后缓慢稳定在一定水平上；底板深部围岩能量整体上释放的较多，其中底板 0～3m 范围围岩释放能量的程度大于底板深部 5～8m 范围。

3. 位移场演化规律

向斜轴部采场及巷道围岩位移场演化规律如图 7-7 所示。向斜轴部巷道围岩位移和移近速度演化特征如图 7-8 所示。

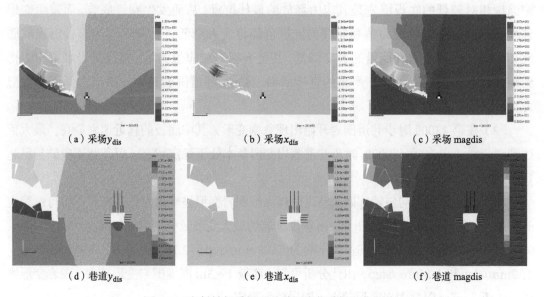

（a）采场 y_{dis}　　　　（b）采场 x_{dis}　　　　（c）采场 magdis

（d）巷道 y_{dis}　　　　（e）巷道 x_{dis}　　　　（f）巷道 magdis

图 7-7　向斜轴部采场及巷道围岩位移场变化规律

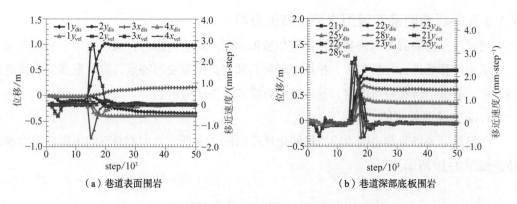

（a）巷道表面围岩　　　　　　　　　（b）巷道深部底板围岩

图 7-8　向斜轴部巷道围岩位移和移近速度演化特征

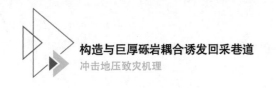

由图 7-7 和图 7-8 分析可知，采动影响下向斜轴部回采巷道围岩应力场演化特征及规律如下：

（1）采动影响下向斜轴部回采巷道围岩变形以顶底板变形为主，两帮变形为辅，其中底鼓尤为突出；巷道掘进后破坏了巷道围岩的原始三向应力状态，使其处于两向应力状态，而动压影响下的向斜回采巷道处于向斜构造应力影响下，而构造应力主要使水平应力得到增加，使其周围煤体应力状态变为复杂，煤岩体能量积聚也在持续进行，当其能量（应力）积聚到一定程度后，即巷道围岩应力达到煤岩体强度极限时，煤岩体产生破坏，除煤岩体中保存的部分残余变形能外，其储存的应力（能量）将大部分或者全部释放，巷道围岩一部分应力向煤岩体深部转移，另一部分应力必定全部释放出来，使巷道围岩的水平应力增加，而水平应力主要使巷道围岩顶底板发生变形破坏，因此作为支护强度相对较低的底板围岩是其应力释放的最佳位置，从而发生巷道底鼓，而发生变形破坏后的巷道围岩其应力值和储存的能量值都将大大降低，当底板浅部围岩出现彻底破坏后就会出现应力和能量的突变降低，甚至表现为对应值为零；巷道围岩水平应力得到较大释放是底板变形破坏严重的直接原因，因此，巷道围岩整体水平应力低于垂直应力。

（2）在第 13000 时步巷道围岩开始出现急剧变形，其中底板的移近速率最高，最大值达到 2.8mm/step，在 20000 时步巷道围岩变形基本处于稳定状态，但其巷道底鼓量已达 1.0m。

（3）采动影响下向斜轴部回采巷道底板深部围岩变形呈现出先急剧升高，后持续稳定的状态；底板 1m、2m、3m、5m 和 8m 深度围岩的最大变形量分别为 0.98m、0.78m、0.62m、0.36m 和 0.08m，最大变形速率分别为 2.79mm/step、2.76mm/step、2.71mm/step、2.22mm/step和 1.74mm/step，由此分析可知，底板 1~3m 深度围岩变形较大，围岩变形剧烈；底板 5~8m 深度围岩变形较小，围岩较为稳定。

7.1.3 向斜翼部回采巷道围岩冲击特性分析

通过建立向斜翼部回采巷道冲击地压数值模型，对巷道围岩在采动影响下的应力场、能量场和位移场进行分析研究，根据现场资料和巷道围岩变形特点，本节重点关注巷道顶板围岩、底板围岩和两帮围岩，巷道测点布置如图 7-3 所示。

1. 应力场演化规律

向斜翼部采场及巷道围岩应力场演化规律如图 7-9 所示。向斜翼部巷道围岩应力演化特征如图 7-10 所示。

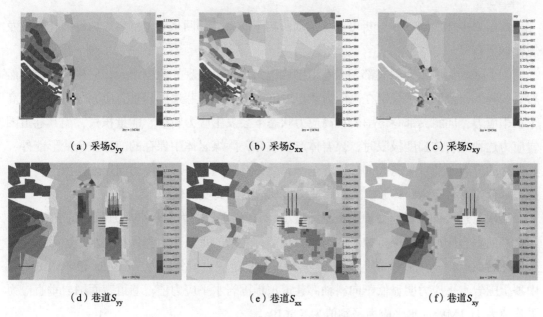

（a）采场S_{yy}　　　　（b）采场S_{xx}　　　　（c）采场S_{xy}

（d）巷道S_{yy}　　　　（e）巷道S_{xx}　　　　（f）巷道S_{xy}

图 7-9　向斜翼部采场及巷道围岩应力场演化规律

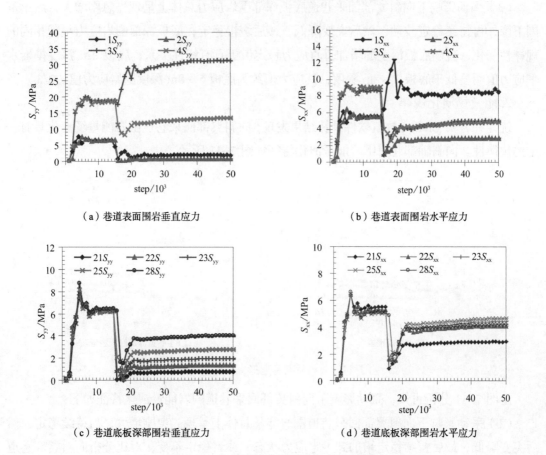

（a）巷道表面围岩垂直应力　　　　　　（b）巷道表面围岩水平应力

（c）巷道底板深部围岩垂直应力　　　　　　（d）巷道底板深部围岩水平应力

图 7-10　向斜翼部巷道围岩应力演化特征

由图 7-9 和图 7-10 分析可知，采动影响下向斜翼部回采巷道围岩应力场演化特征及规律如下：

（1）采动影响下向斜翼部回采巷道围岩应力总体上呈现先急剧增大，后持续稳定，然后突变降低，最后持续稳定在高应力状态或低应力状态；巷道围岩垂直应力最后稳定值高于水平应力；向斜翼部巷道围岩在高应力状态下会发生应力转移、能量积聚，当其巷道围岩应力达到煤岩体强度极限时，煤岩体产生破坏，除煤岩体中保存的部分残余变形能外，其储存的应力（能量）将大部分或者全部释放，巷道围岩一部分应力向煤岩体深部转移，另一部分应力必定全部释放出来，因此会出现应力的突变降低。

（2）巷道表面围岩应力中底板应力最小，两帮的垂直应力和水平应力明显高于顶底板，且帮部的垂直应力可以保持相对的高应力状态；左帮的垂直应力和顶板的水平应力发生复杂变化后稳定在一种相对高应力状态，其最后的稳定应力值分别为 31.2MPa 和 8.5MPa，其中顶板围岩水平应力明显低于向斜轴部巷道顶板围岩水平应力值；巷道表面围岩垂直应力平均值为 11.1MPa，水平应力平均值为 5.5MPa。

（3）采动影响下向斜翼部回采巷道底板深部围岩应力总体上呈现先急剧增大，后小范围下降，再持续稳定波动，然后突变降低，最后缓慢稳定；底板深部围岩应力呈现相同的规律性变化，且随底板深度的增加垂直应力稳定值更具有线性关系；底板 1m 深度围岩水平应力值明显低于底板 2~8m 深度，其应力值约为底板 5~8m 深度围岩应力值的2/3。

2. 能量场演化规律

统计和分析 CDEM 数值软件计算结果发现，向斜翼部回采巷道围岩能量场变化具有一定的规律性。向斜轴部巷道围岩能量演化特征如图 7-11 所示。

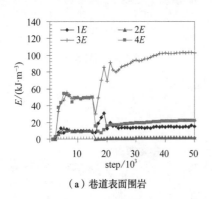
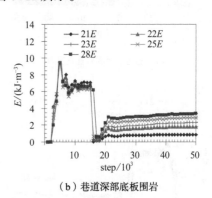

（a）巷道表面围岩 （b）巷道深部底板围岩

图 7-11　向斜翼部巷道围岩能量演化特征

由图 7-11 分析可知，采动影响下向斜翼部回采巷道围岩能量演化特征如下：

（1）采动影响下向斜翼部回采巷道围岩能量总体上呈现先急剧增大，后持续稳定，然后突变降低，最后持续稳定增加到一定应力状态，或者稳定不变；对比分析向斜翼部巷道围岩应力可知，巷道围岩应力和巷道围岩积聚的能量存在着某种对应关系。

（2）巷道表面围岩积聚的能量中底板最小，最后其能量值为零；两帮围岩积聚的能量整体上高于顶底板围岩，顶板和两帮围岩最后积聚的能量值稳定在一定水平，其中左帮围岩积聚的能量最后稳定在 $103.4kJ/m^3$。

（3）采动影响下向斜翼部回采巷道底板深部围岩能量总体上呈现先急剧增大，后小范围下降，再持续稳定波动，然后突变降低，最后缓慢稳定在一定水平上；底板深部围岩能量整体上释放的较多，其中底板 1m 深度围岩能量值仅为 $0.9kJ/m^3$，明显低于底板 $2\sim8m$ 深度围岩能量值，说明底板 1m 深度围岩能量释放较多，巷道围岩变形破坏严重。

3. 位移场演化规律

向斜翼部采场及巷道围岩位移场演化规律如图 7-12 所示。向斜翼部巷道围岩位移和移近速度演化特征如图 7-13 所示。

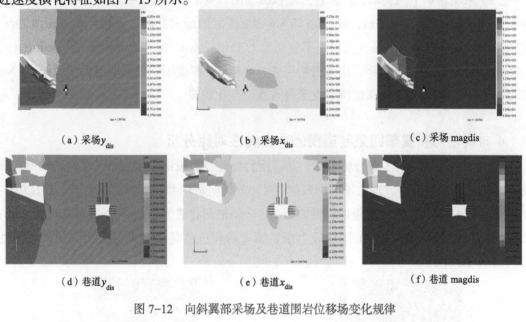

（a）采场 y_{dis} （b）采场 x_{dis} （c）采场 magdis

（d）巷道 y_{dis} （e）巷道 x_{dis} （f）巷道 magdis

图 7-12　向斜翼部采场及巷道围岩位移场变化规律

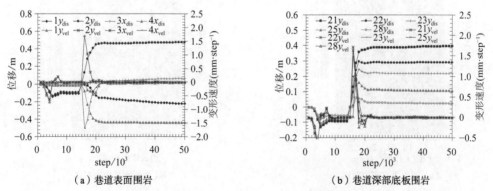

（a）道表面围岩   （b）巷道深部底板围岩

图 7-13　向斜翼部巷道围岩位移变化特征

由图 7-12 和图 7-13 分析可知，采动影响下向斜翼部回采巷道围岩位移场演化特征及规律如下：

（1）采动影响下向斜翼部回采巷道围岩变形中底板和帮部变形都较为严重；向斜翼部巷道围岩受向斜轴部构造应力影响，但是其影响程度较轴部小，也因此表现出向斜翼部巷道帮部变形也较为严重；巷道围岩垂直应力和水平应力的共同释放是底板和帮部变形破坏的根本原因，但水平应力的整体释放程度高于垂直应力，因此巷道围岩稳定后整体水平应力低于垂直应力。

（2）在第 15000 时步巷道围岩开始出现急剧变形，其中底板和右帮的移近速率较高，分别为 1.71mm/step 和 1.68mm/step，在 23000 时步巷道围岩变形基本处于稳定状态，底板和右帮的围岩变形量分别为 0.47m 和 0.43m。

（3）采动影响下向斜轴部回采巷道底板深部围岩变形整体上呈现出先急剧升高，后持续稳定的状态；底板 1m、2m、3m、5m 和 8m 深度围岩的最大变形量分别为 0.39m、0.29m、0.24m、0.16m 和 0.06m，最大变形速率分别为 1.72mm/step、1.64mm/step、1.48mm/step、1.01mm/step 和 0.79mm/step，由此分析可知，底板 1m 深度围岩变形明显大于底板 2～8m 深度围岩，且底板 2～8m 深度围岩变形具有线性变化规律。

7.1.4 向斜轴部和翼部回采巷道围岩冲击特性对比分析

通过 7.1.2 节和 7.1.3 节分析可知，巷道围岩特性及底板深部围岩特性在向斜轴部与翼部巷道围岩冲击特性中表现出不同的规律，对比分析向斜轴部和翼部回采巷道（出图说明：X 轴代表推进时步；Y 轴代表距向斜轴部距离，向斜轴部巷道为 0m，向斜翼部巷道为 30m；Z 轴代表应力、能量和位移）围岩应力场、能量场和位移场的数据呈现出一定的规律性（图 7-14、图 7-15）。

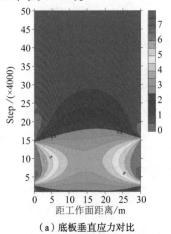
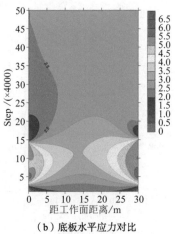

（a）底板垂直应力对比　　　　　　（b）底板水平应力对比

图 7-14　向斜轴部和翼部回采巷道围岩应力场对比

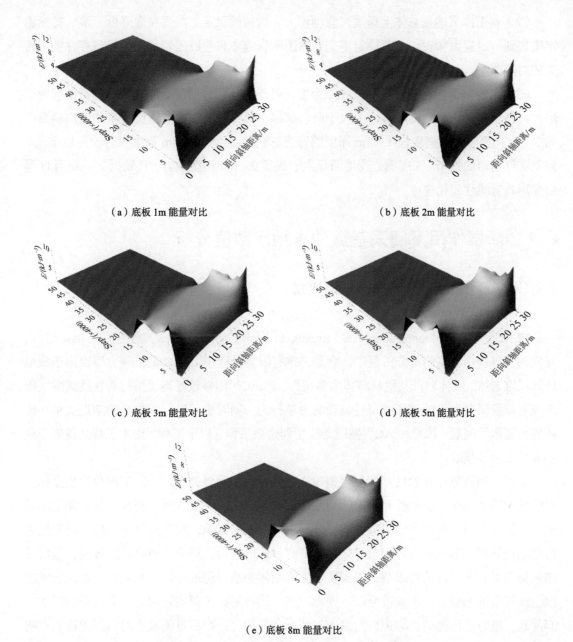

（a）底板 1m 能量对比　　　　　　　　　　（b）底板 2m 能量对比

（c）底板 3m 能量对比　　　　　　　　　　（d）底板 5m 能量对比

（e）底板 8m 能量对比

图 7-15　向斜轴部和翼部回采巷道围岩能量场对比

由 7.1.2 节、7.1.3 节和图 7-14、图 7-15 分析可知，采动影响向斜作用下回采巷道围岩冲击特性具有如下规律：

（1）采动影响向斜作用下回采巷道围岩应力总体上呈现先急剧增大，后持续稳定，然后突变降低，最后持续稳定在高应力状态或低应力状态；巷道围岩垂直应力最后稳定值高于水平应力。

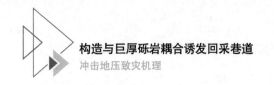

（2）巷道围岩能量总体上呈现先急剧增大，后持续稳定，然后突变降低，最后持续稳定增加到一定应力状态，或者稳定不变；巷道围岩应力和巷道围岩积聚的能量存在着正相关的对应关系。

（3）向斜轴部巷道围岩变形以底鼓为主，向斜翼部巷道围岩变形是底板和帮部同时变形；向斜轴部巷道围岩变形整体上大于向斜翼部，其中向斜轴部巷道底鼓量约为向斜翼部的 2 倍；向斜轴部巷道底板 1～3m 深度围岩变形剧烈，底板 5～8m 深度围岩较为稳定，而向斜翼部巷道底板 1m 深度围岩变形明显大于底板 2～8m 深度围岩，且底板 2～8m 深度围岩变形具有线性变化规律。

▶ 7.2 断层作用下回采巷道冲击地压数值分析

7.2.1 FLAC³D 数值软件介绍及模型建立

1. FLAC³D 数值软件介绍

FLAC³D（Three Dimensional Fast Lagrangian Analysis of Continua）是由美国 Itasca 公司开发的三维快速拉格朗日分析程序，它是二维有限差分程序 FLAC 的扩展，可以用于模拟计算三维岩体、煤体以及其他材料体力学特性，FLAC³D 能够较好地模拟材料在达到强度极限或屈服极限时发生的破坏或塑性流动的力学行为，同时也可以模拟材料的渐进失稳、破坏和大变形等问题。因此 FLAC³D 被广泛应用到边坡工程、岩土工程、土木工程、隧道工程和采矿工程等领域。

采矿工程数值计算的可靠性与模型建立是否合理有重要关系。采矿工程数值模型建立时应考虑四个方面（四要素）：首先考虑研究目的与开采活动的关系，充分了解开采活动对研究目的的影响；其次考虑模型网格划分对重点区域的影响，对重点研究区域尽可能地进行精细化处理；第三考虑模型边界效应对研究目的的影响，尽可能消除边界效应；最后考虑采掘关系对研究目的的影响，根据实际生产衔接关系合理进行掘进和回采。在充分考虑以上四要素的基础上，也要遵循以下四点原则：①将采矿工程实际问题真实地视为三维空间问题，进行三维模拟；②边界约束应与实际条件相符，并尽可能减小对问题的影响，初始条件与实际相符；③巷道围岩条件应与实际一致，对巷道赋存状况的模拟尤为重要，由于采矿地质构造复杂，相同外部条件下其内部围岩属性及状态差别较大，将围岩地应力状态作为围岩受力是较为适合的；④数值模拟结果要充分尊重现场实际，以此为基础的进一步规律性研究更具有科学价值。

2. 数值模型建立

本节基于现场资料及相似模拟中的相关经验，对义马矿区断层作用下回采巷道围岩冲击特性的影响进行数值研究。数值模拟工程背景以义马矿区千秋煤矿 21221 工作面运输巷为数据支撑，并结合义马矿区 F16 大断层及相关逆断层和正断层情况进行统筹分析，将断层作用下回采巷道围岩冲击特性数值模拟方案分为 2 个，分别为断层下盘回采巷道围岩冲击地压模型和断层上盘回采巷道围岩冲击地压模型。三维模型尺寸（长×宽×高）分别确定为270.66m×210m×192m，共有 520320 个块体、579040 个节点，+X方向为工作面的走向方向，+Y方向为巷道掘进方向，+Z方向为垂直向上。模型上部边界施加压力使其等同于上覆岩层的重量，底边界沿垂直方向固定，左右边界沿水平方向固定；三维模型中巷道尺寸（长×高）确定为：6m×5m。模型的岩体力学参数见表 7-1。

　　断层作用下回采巷道冲击地压三维模型建立过程如图 7-16 所示。断层下盘回采巷道围岩冲击地压模型和断层上盘回采巷道围岩冲击地压模型如图 7-17 所示。

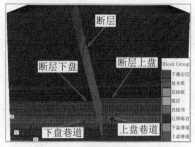

（a）模型建立分组

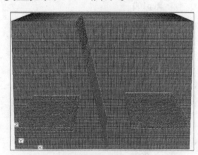

（b）模型上下盘划分

图 7-16　断层作用下回采巷道冲击地压三维模型建立过程

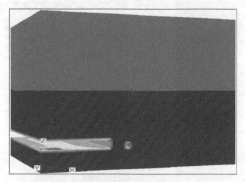

（a）断层下盘回采模型

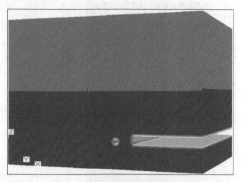

（b）断层上盘回采模型

图 7-17　断层下盘和断层上盘回采巷道围岩冲击地压模型

7.2.2 断层下盘回采巷道围岩冲击特性分析

　　通过建立断层下盘回采巷道冲击地压数值模型，对巷道围岩在采动影响下的应力场、能量场、塑性区和位移场进行分析研究，根据现场资料和巷道围岩变形特点，本节重点关注巷道顶板围岩、底板围岩和两帮围岩，具体监测点布置如图 7-3 所示。

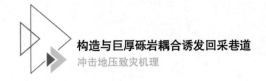

1. 应力场演化规律

统计和分析FLAC^{3D}数值软件计算结果发现，采动影响下断层下盘采场及巷道围岩应力场变化呈现一定的规律性。不同时步断层下盘采场及巷道围岩应力场演化规律如图 7-18 所示。断层下盘巷道底板围岩应力演化特征如图 7-19 所示。

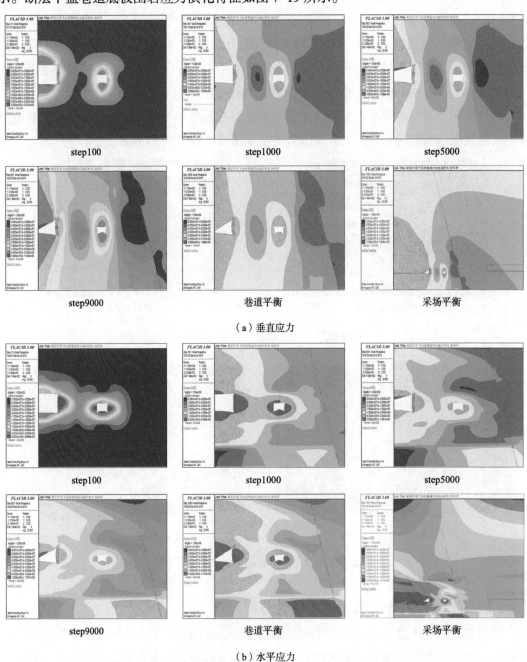

step100 step1000 step5000

step9000 巷道平衡 采场平衡

（a）垂直应力

step100 step1000 step5000

step9000 巷道平衡 采场平衡

（b）水平应力

图 7-18　不同时步断层下盘采场及巷道围岩应力场演化规律

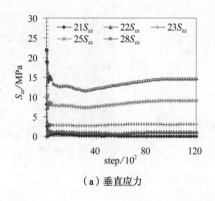
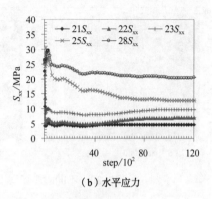

(a) 垂直应力　　　　　　　　　　　　　(b) 水平应力

图 7-19　断层下盘巷道底板围岩应力演化特征

由图 7-18、图 7-19 分析可知，采动影响下断层下盘回采巷道围岩应力场演化特征及规律如下：

（1）采动影响下断层下盘回采巷道围岩应力总体上呈现先逐渐降低后持续稳定在一定应力水平的状态；断层附近围岩应力存在转移、释放、降低和稳定的过程。

（2）采动对巷道围岩及断层附近围岩的影响较大，大范围回采后，采动应力与巷道围岩应力呈逐渐相互作用的状态，开始时水平应力比垂直应力的作用明显；然后采动应力作用下使巷道围岩应力发生大范围的改变，对断层附近围岩应力状态起到扰动作用，具有引导断层附近围岩应力发生改变，进而释放的作用，其中水平应力比垂直应力的作用更为突出；因进一步动压扰动使断层附近围岩应力得到彻底释放，进而彻底改变巷道围岩应力环境，使巷道围岩处于动压扰动和断层构造应力的共同作用下，此时水平应力起到关键作用；最后断层附近围岩应力及巷道围岩应力恢复到稳定状态。

（3）巷道围岩应力的改变以底板和右帮最为明显，底板围岩稳定后的应力值为4.63MPa；底板 1～3m 深度围岩应力释放比较明显，底板 5～8m 范围围岩应力释放较为稳定。

2. 能量场演化规律

不同时步断层下盘采场及巷道围岩能量场演化规律如图 7-20 所示。断层下盘巷道底板围岩能量演化特征如图 7-21 所示。

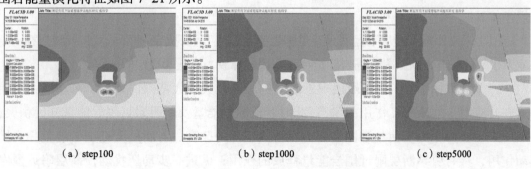

（a）step100　　　　　　　　　（b）step1000　　　　　　　　　（c）step5000

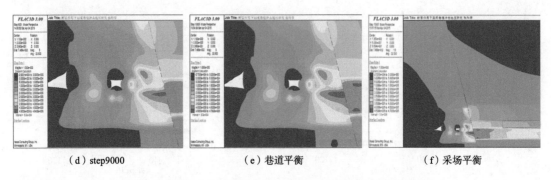

（d）step9000　　　　　　　　　（e）巷道平衡　　　　　　　　　（f）采场平衡

图 7-20　不同时步断层下盘采场及巷道围岩能量场演化规律

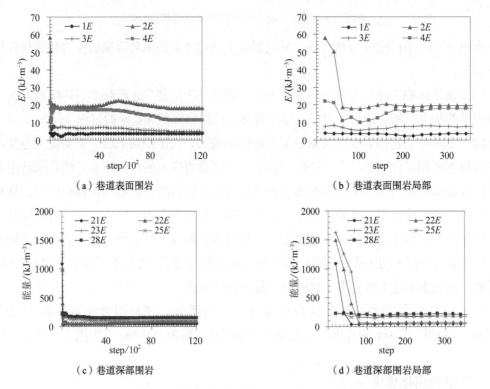

（a）巷道表面围岩　　　　　　　　　　　　　　　（b）巷道表面围岩局部

（c）巷道深部围岩　　　　　　　　　　　　　　　（d）巷道深部围岩局部

图 7-21　断层下盘巷道底板围岩能量演化特征

　　由图 7-20 和图 7-21 分析可知，采动影响下断层下盘回采巷道围岩能量场演化特征及规律如下：

　　（1）采动影响下断层下盘回采巷道围岩能量总体上呈现先迅速降低后持续稳定在一定应力水平的状态；断层附近围岩能量存在积聚、释放、降低和稳定的过程。

　　（2）采动对巷道围岩及断层附近围岩的影响较大，大范围回采后，采动应力与巷道围岩应力呈逐渐相互作用的状态，此时巷道围岩能量及断层附近围岩能量开始积聚；然后采动应力作用下使巷道围岩应力发生大范围的改变，对断层附近围岩能量起到扰动作用，具有引导断层附近围岩能量释放的作用；因进一步动压扰动使断层附近围岩能量得到彻底释放，进而彻底改变巷道围岩能量环境，使巷道围岩处于动压扰动和断层因构造应力而释放的能量环境中；最后断层附近围岩能量及巷道围岩能量恢复到稳定值。

（3）巷道围岩能量的释放以底板和右帮最为明显，底板围岩能量瞬间变化幅度最大为 $1500kJ/m^3$；底板 1～3m 深度围岩能量释放比较明显，底板 5～8m 范围围岩能量释放较为稳定。

3. 塑性区演化规律

统计和分析 FLAC^{3D} 数值软件计算结果发现，采动影响下断层下盘采场及巷道围岩塑性区变化呈现一定的规律性。不同时步断层下盘采场及巷道围岩塑性区扩展演化规律如图7-22 所示。

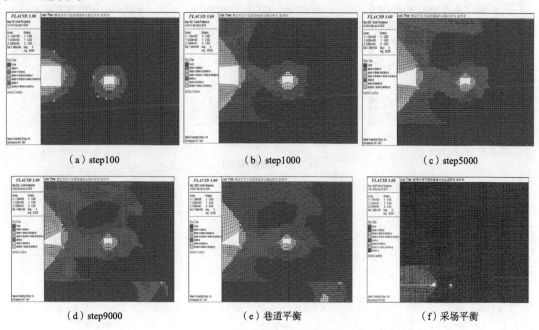

|（a）step100|（b）step1000|（c）step5000|
|（d）step9000|（e）巷道平衡|（f）采场平衡|

图 7-22　不同时步断层下盘采场及巷道围岩塑性区演化规律

图 7-22 中 None 代表完全弹性；shear-n 代表正在剪切破坏；tension-n 代表正在拉伸破坏；shear-p 代表弹性，但之前曾剪切破坏；tension-p 代表弹性，但之前曾拉伸破坏。由图 7-22 分析可知，采动影响下断层下盘回采巷道围岩塑性区扩展规律如下：

（1）采动影响下断层下盘回采巷道围岩塑性区总体上呈现逐渐孕育、扩展到稳定的状态；断层附近围岩塑性区在采动影响下具有逐渐向断层扩展的趋势，最终已扩展到断层。

（2）巷道围岩塑性区开始以底板扩展为主，随后逐渐发展向右帮扩展。

（3）巷道 1m 深度围岩以拉伸破坏和剪切破坏综合作用为主；巷道 2m 深度围岩以拉伸破坏为主；巷道 3m 深度以下围岩以剪切破坏为主。

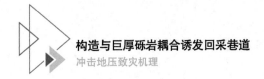

4. 位移场演化规律

不同时步断层下盘巷道围岩位移场演化规律如图 7-23 所示。断层下盘巷道围岩位移及移近速度演化特征如图 7-24 所示。

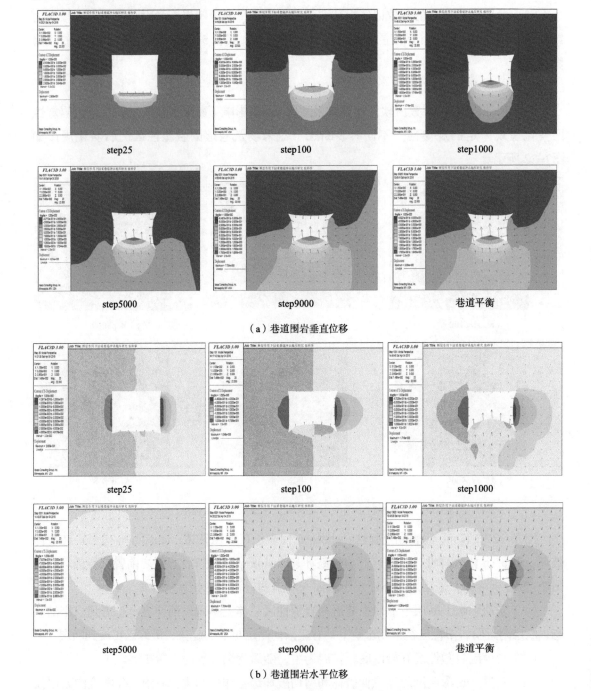

（a）巷道围岩垂直位移

（b）巷道围岩水平位移

图 7-23　不同时步断层下盘巷道围岩位移场演化规律

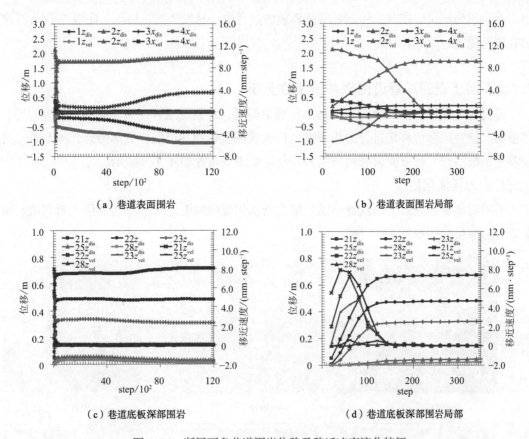

（a）巷道表面围岩　　　　　　　　　　（b）巷道表面围岩局部

（c）巷道底板深部围岩　　　　　　　　（d）巷道底板深部围岩局部

图 7-24　断层下盘巷道围岩位移及移近速度演化特征

由图 7-23 和图 7-24 分析可知，采动影响下断层下盘回采巷道围岩应力场演化特征及规律如下：

（1）采动影响下断层下盘回采巷道围岩变形总体上呈现先迅速增大，再波动变化，后持续稳定的变化过程。

（2）采动影响下断层下盘回采巷道围岩变形底板最为严重，右帮次之；因断层附近构造应力形成的水平应力使巷道围岩水平应力大大增加，加之采动影响，使巷道围岩水平应力对巷道围岩变形的控制作用明显大于垂直应力，从而导致巷道底鼓严重；因巷道右帮离断层最近，受断层附近围岩应力转移及能量释放的影响使右帮围岩处于高应力环境中，从而导致其围岩变形也相对严重。

（3）采动影响下断层下盘回采巷道顶板、底板、左帮和右帮围岩最大移近速率分别为 1.02mm/step、11.37mm/step、2.0mm/step、5.42mm/step，围岩最大变形量分别为 0.68m、1.83m、0.66m、1.05m。

（4）巷道底板 1～8m 深度围岩最大变形量分别为 0.72m、0.49m、0.31m、0.03m、0.01m，且底板 1～3m 深度围岩变形速率明显大于底板 5～8m 深度围岩，因此，底板 1～3m 深度

围岩变形较为严重，在有足够能量瞬间释放的过程中，易发生冲击地压，底板 5～8m 深度围岩较为稳定。

7.2.3 断层上盘回采巷道围岩冲击特性分析

通过建立断层上盘回采巷道冲击地压数值模型，对巷道围岩在采动影响下的应力场、能量场、塑性区和位移场进行分析研究，根据现场资料和巷道围岩变形特点，本节重点关注巷道顶板围岩、底板围岩和两帮围岩，具体监测点布置如图 7-3 所示。

1. 应力场演化规律

不同时步断层上盘采场及巷道围岩应力场演化规律如图 7-25 所示。断层上盘巷道底板围岩应力演化特征如图 7-26 所示。

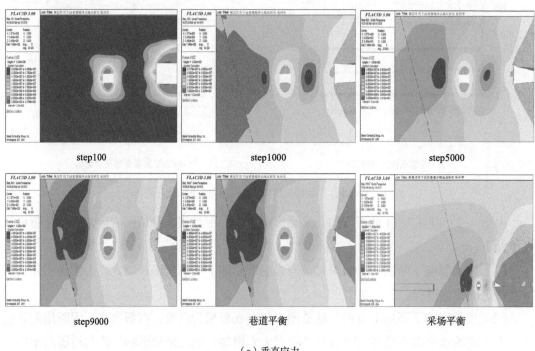

| step100 | step1000 | step5000 |
| step9000 | 巷道平衡 | 采场平衡 |

（a）垂直应力

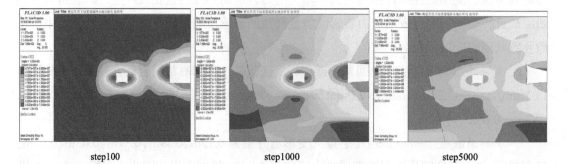

| step100 | step1000 | step5000 |

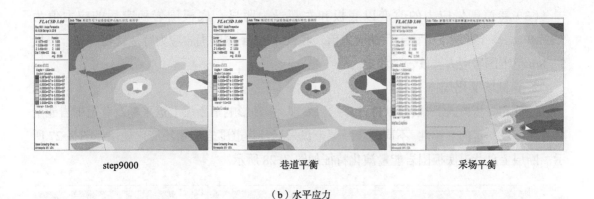

step9000 　　　　　　　　　巷道平衡 　　　　　　　　　采场平衡

（b）水平应力

图 7-25　不同时步断层上盘采场及巷道围岩水平应力演化规律

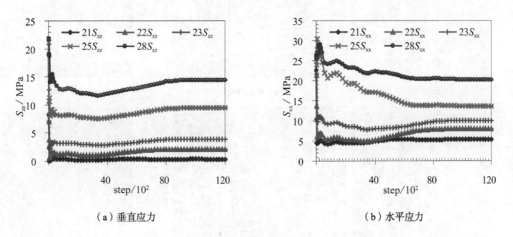

（a）垂直应力 　　　　　　　　　　　　　　（b）水平应力

图 7-26　断层上盘巷道底板围岩应力演化特征

由图 7-25 和图 7-26 分析可知，采动影响下断层上盘回采巷道围岩应力场演化特征及规律如下：

（1）采动影响下断层上盘回采巷道围岩应力总体上呈现先逐渐降低后持续稳定在一定应力水平的状态；断层附近围岩应力存在转移、渐释放、降低和稳定的过程。

（2）采动对巷道围岩及断层附近围岩的影响相对较大，大范围回采后，采动应力与巷道围岩应力呈逐渐相互作用的状态，开始时水平应力比垂直应力的作用明显；然后采动应力作用下使巷道围岩应力发生大范围的改变，对断层附近围岩应力状态起到扰动作用，具有引导断层附近围岩应力发生改变，进而释放的作用，其中水平应力比垂直应力的作用更为突出；因进一步动压扰动使断层附近围岩应力得到彻底释放，进而彻底改变巷道围岩应力环境，使巷道围岩处于动压扰动和断层构造应力的共同作用下，此时水平应力起到关键作用；最后断层附近围岩应力及巷道围岩应力恢复到稳定状态；断层下盘附近围岩应力比断层上盘应力易转移。

（3）巷道围岩应力的改变以底板和左帮最为明显，底板围岩稳定后的应力值为
5.42MPa，高于断层下盘稳定后的应力值；底板 1～3m 深度围岩应力释放比较明显，底板
5～8m 范围围岩应力释放较为稳定。

2. 能量场演化规律

统计和分析FLAC^{3D}数值软件计算结果发现，采动影响下断层上盘采场及巷道围岩能量
场变化呈现一定的规律性。不同时步断层上盘采场及巷道围岩能量场演化规律如图 7-27 所
示。断层上盘巷道底板围岩能量演化特征如图 7-28 所示。

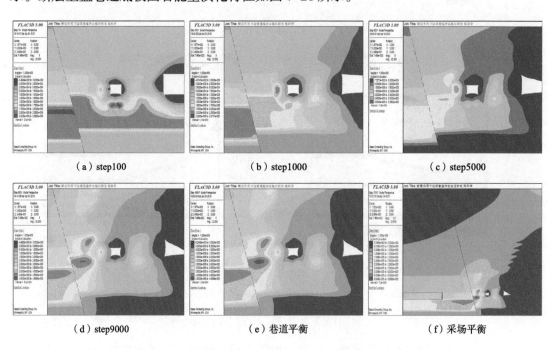

（a）step100 （b）step1000 （c）step5000

（d）step9000 （e）巷道平衡 （f）采场平衡

图 7-27　不同时步断层上盘采场及巷道围岩能量场演化规律

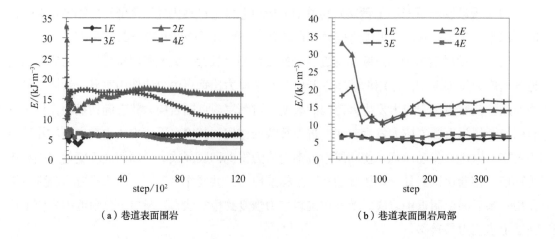

（a）巷道表面围岩

（b）巷道表面围岩局部

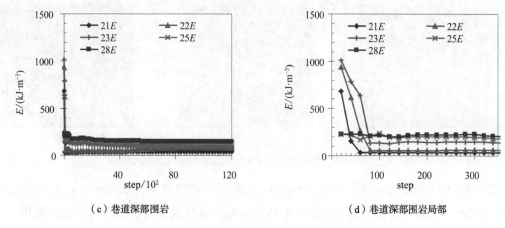

（c）巷道深部围岩 （d）巷道深部围岩局部

图 7-28 断层上盘巷道底板围岩能量演化特征

由图 7-27 和图 7-28 分析可知，采动影响下断层上盘回采巷道围岩能量场演化特征及规律如下：

（1）采动影响下断层上盘回采巷道围岩能量总体上呈现先迅速降低后持续稳定在一定应力水平的状态；断层附近围岩能量存在积聚、释放、降低和稳定的过程。

（2）采动对巷道围岩及断层附近围岩的影响较大，大范围回采后，采动应力与巷道围岩应力呈逐渐相互作用的状态，此时巷道围岩能量及断层附近围岩能量开始积聚；然后采动应力作用下使巷道围岩应力发生大范围的改变，对断层附近围岩能量起到扰动作用，具有引导断层附近岩能量释放的作用；因进一步动压扰动使断层附近围岩能量得到彻底释放，进而彻底改变巷道围岩能量环境，使巷道围岩处于动压扰动和断层因构造应力而释放的能量环境中；最后断层附近围岩能量及巷道围岩能量恢复到稳定值；断层下盘附近围岩能量比断层上盘易发生积聚和释放。

（3）巷道围岩能量的释放以底板和右帮最为明显，底板围岩能量瞬间变化幅度最大为 $914kJ/m^3$，明显小于断层下盘能量瞬间变化幅度 $1500kJ/m^3$，约为断层下盘能量释放的2/3；底板 1~3m 深度围岩能量释放比较明显，底板 5~8m 范围围岩能量释放较少，且较为稳定。

3.塑性区演化规律

不同时步断层上盘采场及巷道围岩塑性区扩展演化规律如图 7-29 所示。

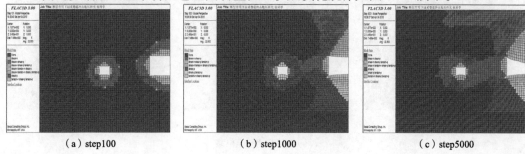

（a）step100 （b）step1000 （c）step5000

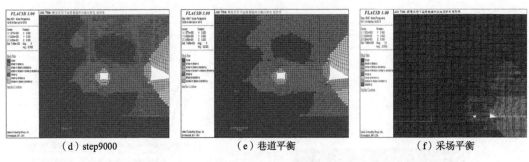

（d）step9000　　　　　　（e）巷道平衡　　　　　　（f）采场平衡

图 7-29　不同时步断层上盘采场及巷道围岩塑性区演化规律

图 7-29 中 None 代表完全弹性；shear-n 代表正在剪切破坏；tension-n 代表正在拉伸破坏；shear-p 代表弹性，但之前曾剪切破坏；tension-p 代表弹性，但之前曾拉伸破坏。由图 7-29 分析可知，采动影响下断层上盘回采巷道围岩塑性区扩展规律如下：

（1）采动影响下断层上盘回采巷道围岩塑性区总体上呈现逐渐孕育、扩展到稳定的状态；断层附近围岩塑性区在采动影响下具有逐渐向断层扩展的趋势，但最终未扩展到断层。

（2）巷道围岩塑性区开始以底板扩展为主，随后逐渐发展向左帮扩展。

（3）巷道 1m 深度围岩以拉伸破坏和剪切破坏综合作用为主；巷道 2m 深度围岩以拉伸破坏为主；巷道 3m 深度以下围岩以剪切破坏为主。

4. 位移场演化规律

统计和分析 FLAC^{3D} 数值软件计算结果发现，采动影响下断层上盘巷道围岩位移场变化呈现一定的规律性。不同时步断层上盘巷道围岩位移场演化规律如图 7-30 所示。断层上盘巷道围岩位移及移近速度演化特征如图 7-31 所示。

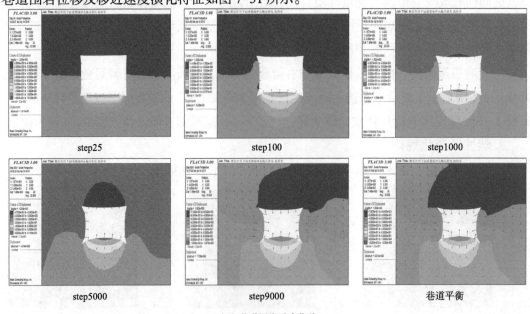

step25　　　　　　　　step100　　　　　　　　step1000

step5000　　　　　　　step9000　　　　　　　巷道平衡

（a）巷道围岩垂直位移

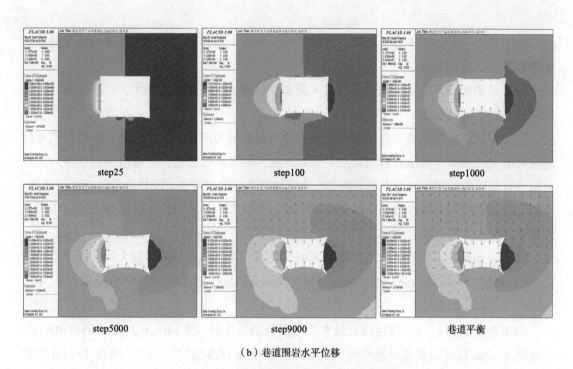

（b）巷道围岩水平位移

图 7-30　不同时步断层上盘巷道围岩位移场演化规律

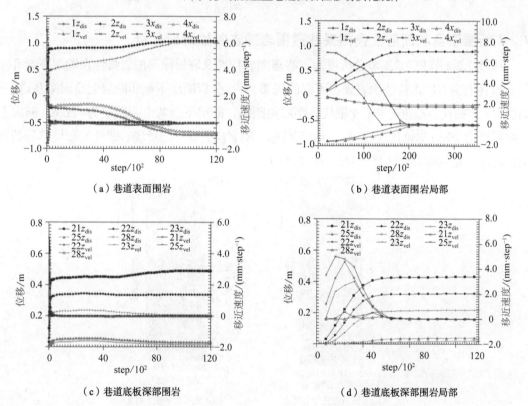

（a）巷道表面围岩　　　　　　　　　　（b）巷道表面围岩局部

（c）巷道底板深部围岩　　　　　　　　（d）巷道底板深部围岩局部

图 7-31　断层上盘巷道围岩位移及移近速度演化特征

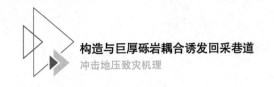
由图 7-30 和图 7-31 分析可知，采动影响下断层上盘回采巷道围岩位移场演化特征及规律如下：

（1）采动影响下断层上盘回采巷道围岩变形总体上呈现先迅速增大，再波动变化，后持续稳定的变化过程。

（2）采动影响下断层上盘回采巷道围岩变形底板最为严重，左帮次之；因断层附近构造应力形成的水平应力使巷道围岩水平应力增加，加之采动影响，使巷道围岩水平应力对巷道围岩变形的控制作用大于垂直应力，从而导致巷道底鼓严重；因巷道左帮离断层最近，受断层附近围岩应力转移及能量释放的影响使右帮围岩处于相对较高的高应力环境中，从而导致其围岩变形也相对严重。

（3）采动影响下断层上盘回采巷道顶板、底板、左帮和右帮围岩最大移近速率分别为 1.53mm/step、6.98mm/step、5.13mm/step、1.59mm/step，围岩最大变形量分别为 0.74m、1.04m、1.02m、0.68m。

（4）巷道底板 1~8m 深度围岩最大变形量分别为 0.49m、0.34m、0.21m、0.03m、0.01m，且底板 1~3m 深度围岩变形速率明显大于底板 5~8m 深度围岩，因此，底板 1~3m 深度围岩变形较为严重，底板 5~8m 深度围岩较为稳定。

7.2.4 断层下盘和断层上盘回采巷道围岩冲击特性对比分析

通过 7.2.2 节和 7.2.3 节分析可知，巷道围岩特性及底板深部围岩特性在断层下盘和断层上盘巷道围岩冲击特性中表现出不同的规律，对比分析断层下盘和断层上盘回采巷道（出图说明：X 轴代表推进时步；Y 轴代表距断层距离，断层下盘巷道距断层为 -20m，断层上盘距断层为 20m；Z 轴代表应力、能量和位移）围岩应力场、能量场、塑性区和位移场的数据呈现出一定的规律性（图 7-32、图 7-33）。

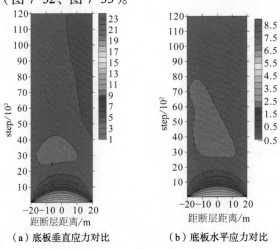

（a）底板垂直应力对比　　　　（b）底板水平应力对比

图 7-32　断层下盘和断层上盘回采巷道围岩应力场对比

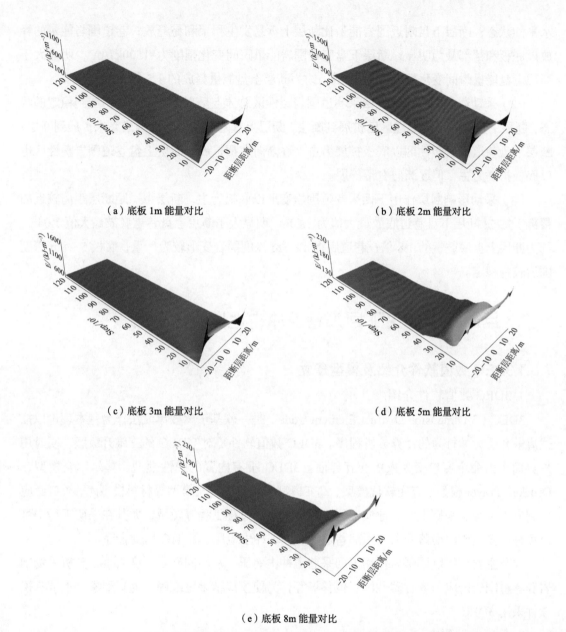

（a）底板 1m 能量对比　　　　　　　　（b）底板 2m 能量对比

（c）底板 3m 能量对比　　　　　　　　（d）底板 5m 能量对比

（e）底板 8m 能量对比

图 7-33　断层下盘和断层上盘回采巷道围岩能量场对比

由 7.2.2 节、7.2.3 节和图 7-32、图 7-33 分析可知，采动影响断层作用下回采巷道围岩冲击特性具有如下规律：

（1）采动影响断层作用下巷道围岩应力总体上呈现先逐渐降低后持续稳定在一定应力水平的状态；断层附近围岩应力存在转移、渐释放、降低和稳定的过程；断层下盘附近围岩应力比断层上盘应力易转移；断层下盘底板围岩稳定后的应力小于断层上盘。

（2）采动影响断层作用下巷道围岩能量总体上呈现先迅速降低后持续稳定在一定应力

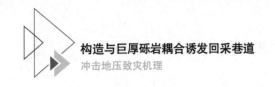
水平的状态；断层下盘附近围岩能量比断层上盘易发生积聚和易释放；巷道围岩能量的释放以底板和帮部最为明显，断层下盘底板围岩能量瞬间变化幅度为 1500kJ/m³，明显大于断层上盘能量瞬间变化幅度 914kJ/m³，约为断层上盘能量释放的 1.5 倍。

（3）采动影响断层作用下回采巷道围岩塑性区总体上呈现逐渐孕育、扩展到稳定的状态；断层下盘附近围岩塑性区已扩展到断层，断层上盘附近围岩塑性区最终未扩展到断层；断层下盘巷道围岩塑性区以底板扩展为主，逐渐向左帮扩展，断层上盘巷道围岩塑性区也以底板扩展为主，但逐渐向右帮扩展。

（4）采动影响断层作用下回采巷道围岩变形以底板为主，断层帮（距断层距离较近的帮部）次之；断层下盘巷道底鼓最大值为 1.83m，明显大于断层上盘巷道底鼓最大值 1.04m，约为断层上盘底鼓量的 1.8 倍；巷道底板 1~3m 深度围岩变形较为严重，底板 5~8m 深度围岩较为稳定。

▶ 7.3 巨厚砾岩作用下回采巷道冲击地压数值分析

7.3.1 3DEC 数值软件介绍及模型建立

1. 3DEC 数值软件介绍

3DEC（3 Dimension Distinct Element Code）是一款基于离散单元法作为基本理论以描述离散介质力学行为的计算分析程序。3DEC 数值软件是对 UDEC 的三维升级版，同时用户界面也由命令窗口变为人机交互界面。3DEC 拥有内置的弹性模型、莫尔库仑模型、Drucker-Prayer 模型、应变软化模型、蠕变模型和用户自定义模型等材料模型库，被广泛应用到岩土工程、采矿工程、地质工程、军事工程和过程工程等领域，尤其在采矿工程中可以更好地模拟矿山崩落开采、深部巷道大变形、冲击地压、瓦斯多场耦合等。

本节主要模拟巨厚砾岩作用下回采巷道冲击地压，从不同砾岩厚度入手，分析采场围岩和巷道围岩的应力场、塑性区、位移场等，为使模拟结果更准确、逼真形象，本节模拟软件采用 3DEC。

2. 数值模型建立

本节基于现场资料及相似模拟中的相关经验，对义马矿区不同巨厚砾岩厚度对回采巷道围岩冲击特性的影响进行数值研究。数值模拟工程背景以义马矿区千秋煤矿 21221 工作面运输巷为数据支撑，并结合义马矿区巨厚砾岩层厚度情况进行统筹分析，将不同砾岩厚度数值模拟方案分为 6 个，具体巨厚砾岩厚度分别为：50m、120m、190m、260m、330m 和 400m。

根据不同砾岩厚度并综合考虑各方面的因素，建立离散元三维数值计算模型，共计 6

个，砾岩厚度为 50m、120m、190m、260m、330m 和 400m 的模型尺寸（长×宽×高）分别确定为 180m×210m×111m、180m×210m×181m、180m×210m×251m、180m×210m×321m、180m×210m×391m、180m×210m×461m 和 180m×210m×531m，+X方向为工作面的走向方向，+Y方向为巷道掘进方向，+Z方向为垂直向上，模型上部边界施加压力使其等同于上覆岩层的重量，底边界沿垂直方向固定，左右边界沿水平方向固定；6个三维模型中巷道尺寸（长×高）均确定为：6m×5m。

模型的岩体力学参数详见表 7-1，节理参数是通过 Property mat 命令赋予材料性质，块体参数并不是直接赋给不连续面，而是赋给材料号，材料号是通过 Change mat 命令赋给节理。模型采用摩尔-库仑模型，所需要的节理参数是法向刚度、切向刚度、内摩擦角、黏聚力、剪胀角和抗拉强度。

巨厚砾岩作用下回采巷道围岩冲击特性三维模型建立过程（以砾岩厚度为 120m 为示例）如图 7-34 所示。不同砾岩厚度回采巷道围岩冲击特性三维模型建立方案如图 7-35 所示。

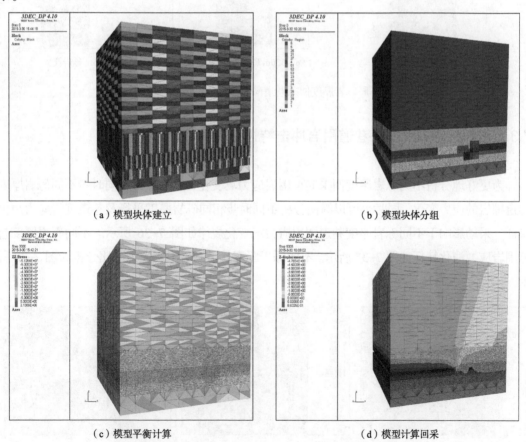

（a）模型块体建立　　　　　　　　　　　（b）模型块体分组

（c）模型平衡计算　　　　　　　　　　　（d）模型计算回采

图 7-34　巨厚砾岩作用下回采巷道冲击地压三维模型建立过程

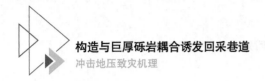

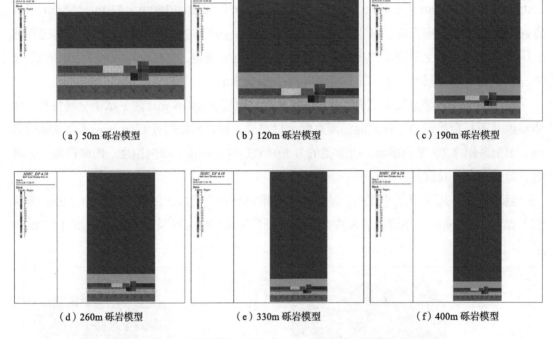

（a）50m砾岩模型　　　（b）120m砾岩模型　　　（c）190m砾岩模型

（d）260m砾岩模型　　　（e）330m砾岩模型　　　（f）400m砾岩模型

图7-35　不同砾岩厚度回采巷道围岩冲击特性三维模型建立方案

7.3.2 不同砾岩厚度回采巷道围岩冲击特性分析

1. 应力场演化规律

为更好地分析不同砾岩厚度回采巷道围岩应力场变化，选择分析相同时步不同砾岩厚度巷道围岩的应力变化，同时也可以纵向分析不同时步相同砾岩厚度采场及巷道围岩应力演化特征。采动影响下不同砾岩厚度巷道围岩应力场变化规律如图 7-36 所示。不同砾岩厚度巷道围岩应力演化特征如图 7-37 所示。不同砾岩厚度巷道底板围岩应力对比分析如图 7-38 所示。

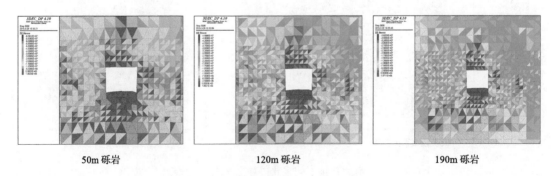

50m砾岩　　　　　　　120m砾岩　　　　　　　190m砾岩

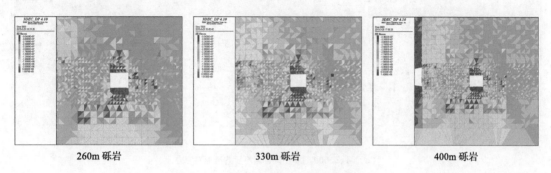

260m 砾岩　　　330m 砾岩　　　400m 砾岩

（a）回采 2000 时步不同砾岩厚度巷道围岩应力

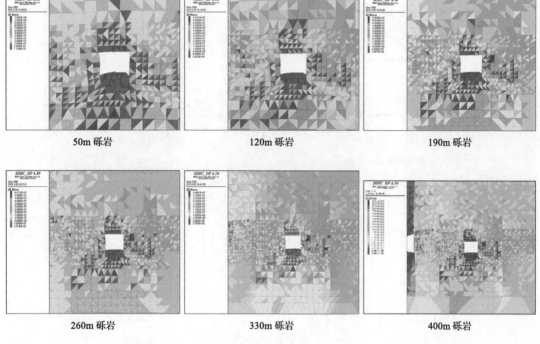

50m 砾岩　　　120m 砾岩　　　190m 砾岩

260m 砾岩　　　330m 砾岩　　　400m 砾岩

（b）回采 4000 时步不同砾岩厚度巷道围岩应力

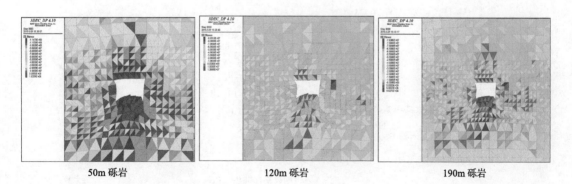

50m 砾岩　　　120m 砾岩　　　190m 砾岩

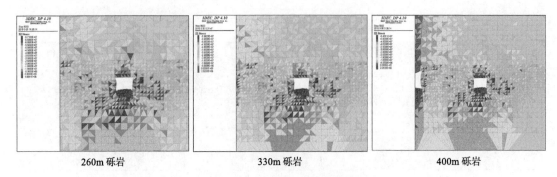

260m 砾岩　　　　330m 砾岩　　　　400m 砾岩

（c）回采 6000 时步不同砾岩厚度巷道围岩应力

图 7-36　采动影响下不同时步不同砾岩厚度巷道围岩应力场变化规律

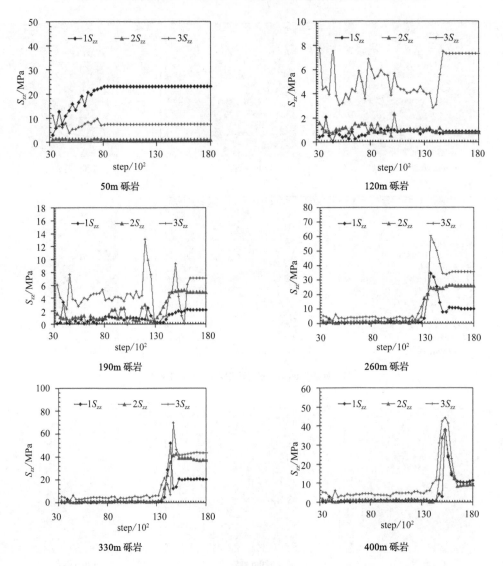

（a）巷道围岩垂直应力

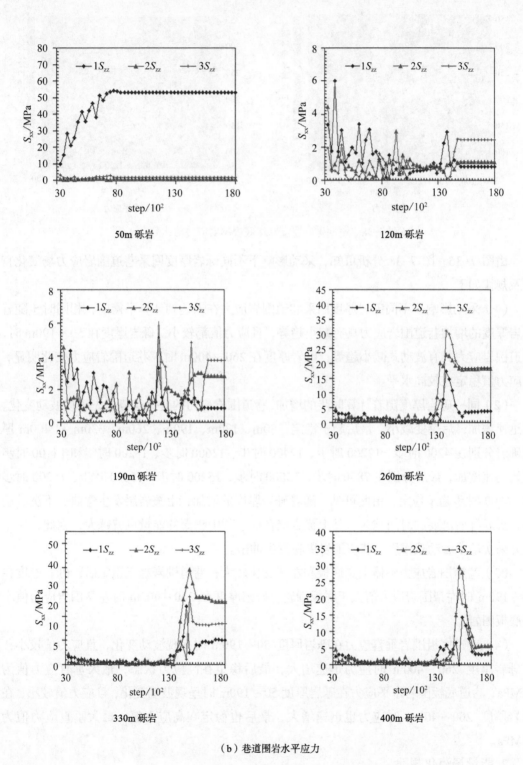

（b）巷道围岩水平应力

图 7-37　不同砾岩厚度巷道围岩应力演化特征

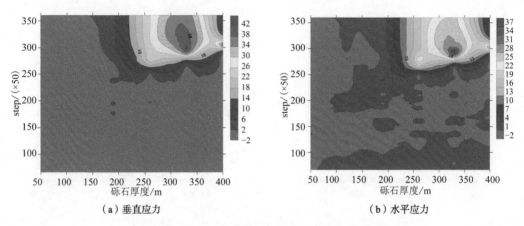

（a）垂直应力　　　　　　　　　　　　　（b）水平应力

图 7-38　不同砾岩厚度巷道底板围岩应力对比分析

由图 7-36～图 7-38 分析可知，采动影响下不同砾岩厚度回采巷道围岩应力场演化特征及规律如下：

（1）采动影响下不同砾岩厚度回采巷道围岩应力在未达到计算平衡前，相同时步随着砾岩厚度的增加巷道围岩应力具有减小趋势，且应力值都较小。砾岩厚度在 50～190m 时，巷道围岩应力具有波动式减小趋势；砾岩厚度在 260～400m 时，巷道围岩应力变化明显，且应力值稳定在较高水平。

（2）同一砾岩厚度随着计算时步的增加，巷道围岩应力的变化趋势是先缓慢波动变化，再迅速增加，后突变减小，最后趋于稳定；50m、120m、190m、260m、330m 和 400m 厚度砾岩分别在 4200 时步、12200 时步、12400 时步、12600 时步、13200 时步和 14100 时步开始迅速增加，最后分别在 7800 时步、15000 时步、15200 时步、15600 时步、16200 时步和 16800 时步趋于稳定，由此可见，随着砾岩厚度的增加，上覆岩层发生弯曲、下沉、旋转、折断等所需要的时间越久，其上覆岩层在此过程中积聚的能量也就越大，因此，一旦有开采扰动或者动载作用，巷道围岩更易发生冲击。

（3）巷道围岩应力整体上是底板和左帮变化较大；巷道围岩趋于稳定后，砾岩厚度在 50～190m 时左帮围岩应力值大于底板围岩，砾岩厚度在 260～400m 时左帮围岩应力值小于底板围岩。

（4）巷道底板围岩垂直应力在砾岩厚度 50～190m 时呈现波动变化，且应力值较小，在砾岩厚度 260～400m 时应力迅速增大，最后稳定在高应力状态，最大垂直应力值为 42MPa；巷道底板围岩水平应力在砾岩厚度 50～190m 时呈现波动变化，且应力值较小，在砾岩厚度 260～400m 时应力也迅速增大，最后也稳定在高应力值，最大垂直应力值为 37MPa。

2. 能量场演化规律

不同砾岩厚度巷道围岩能量演化特征如图 7-39 所示。采动影响下不同砾岩厚度巷道围岩能量场对比分析如图 7-40 所示。

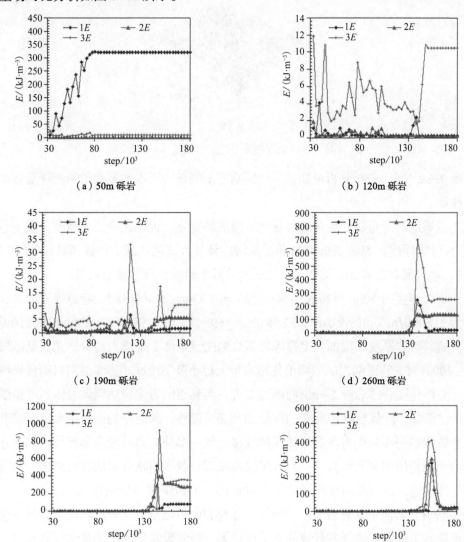

（a）50m 砾岩　　　　　　　　　（b）120m 砾岩

（c）190m 砾岩　　　　　　　　　（d）260m 砾岩

（e）330m 砾岩　　　　　　　　　（f）400m 砾岩

图 7-39　不同砾岩厚度巷道围岩能量演化特征

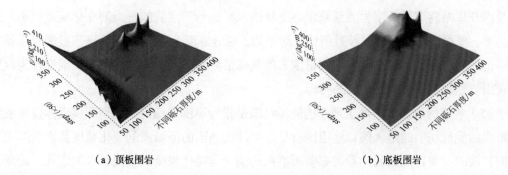

（a）顶板围岩　　　　　　　　　（b）底板围岩

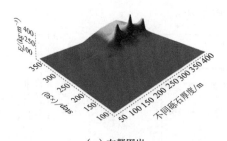

（c）左帮围岩

图 7-40　不同砾岩厚度巷道围岩能量场对比分析

由图 7-39 和图 7-40 分析可知，采动影响下不同砾岩厚度回采巷道围岩能量场演化特征及规律如下：

（1）巷道围岩能量场的变化趋势是先缓慢波动变化，再迅速增加，后突变减小，最后趋于稳定；砾岩厚度在 50～190m 时，巷道围岩能量具有波动式减小趋势，砾岩厚度在 260～400m 时，巷道围岩能量变化整体上呈先增大后减小趋势，且能量值较高。

（2）砾岩厚度为 50m、120m、190m、260m、330m 和 400m 时，巷道围岩最大能量峰值分别为 318.8kJ/m³、10.5kJ/m³、32.9kJ/m³、695.2kJ/m³、916.5kJ/m³ 和 404.1kJ/m³，由此可见，随着砾岩厚度的增加，上覆砾岩积聚的能量整体上呈增大趋势，尤其是砾岩厚度由 190～400m 时，巷道围岩能量峰值先迅速增大后小范围地减小，巷道围岩能量峰值的迅速增大，必然伴随着围岩应力峰值的迅速增大，当巷道围岩应力达到煤岩体强度极限时，煤岩体产生破坏，除煤岩体中保存的部分残余变形能外，其储存的能量将大部分或者全部释放，巷道围岩一部分应力向煤岩体深部转移，另一部分应力必定全部释放出来，巷道围岩的应力和能量出现突变降低，一旦开采扰动或者动载作用在合适的时机出现，巷道围岩便会发生冲击地压，因此当砾岩厚度大于 90m 时，巷道围岩易发生冲击地压。

（3）巷道围岩能量随砾岩厚度的增加，帮部和底板能量变化幅度较大。能量变化幅度越大，说明巷道围岩在瞬间要释放的能量也越大，当其瞬间释放的能量达到其到达巷道煤壁所消耗的能量与煤壁强度的极限承载能力时，就会引发巷道帮部或者底板冲击。

（4）巷道顶板围岩在砾岩厚度为 50m 时，积聚的能量较大，其能量峰值为 318.8kJ/m³，但继续开采时巷道顶板围岩能量稳定在此峰值水平，巷道围岩能量瞬间变化幅度很小，几乎为零。根据现场经验数据及数值计算结果知，砾岩厚度为 50m 时，巷道顶板围岩不易发生冲击地压，因此，可以试着将巷道围岩能量峰值和巷道围岩能量瞬间变化幅度作为判别巷道围岩是否易发生冲击地压的指标。

（5）巷道围岩易发生冲击地压的能量峰值是指巷道围岩应力达到周围煤岩体强度极限时形成的能量场中的最大值；巷道围岩易发生冲击地压的能量瞬间变化幅度是指巷道围岩瞬间释放的能量达到其到达巷道煤壁所消耗的能量与煤壁强度的极限承载能之和。因此，根据巷道围岩是否易发生冲击地压的判别指标及数据分析可知：巷道顶板围岩随砾岩厚度的增加不易发生冲击地压；巷道帮部围岩在砾岩厚度为 50～190m 时易发生冲击地压；巷道底板围岩在砾岩厚度为 260～400m 时易发生冲击地压。

3. 塑性区演化规律

巷道围岩变形及冲击破坏在一定程度上通过巷道围岩塑性区扩展分布予以表现。采动影响下不同时步不同砾岩厚度巷道围岩塑性区分布规律如图 7-41 所示。

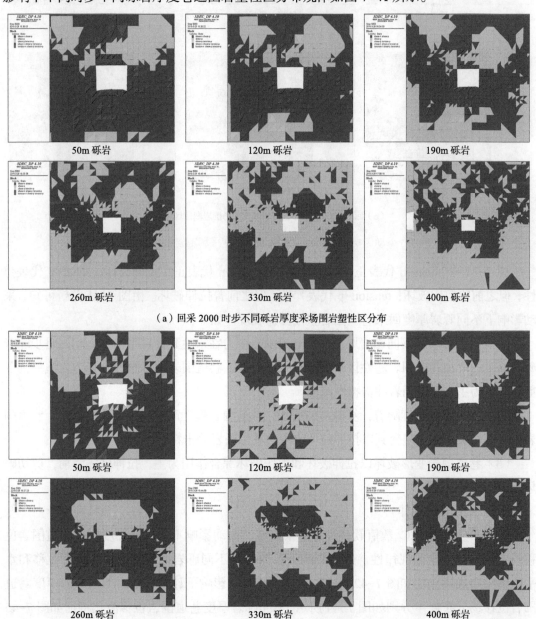

（a）回采 2000 时步不同砾岩厚度采场围岩塑性区分布

（b）回采 4000 时步不同砾岩厚度采场围岩塑性区分布

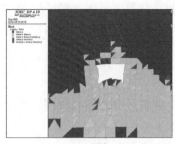
50m 砾岩

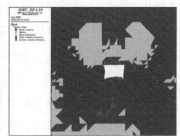
190m 砾岩

120m 砾岩

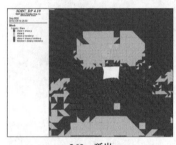
260m 砾岩

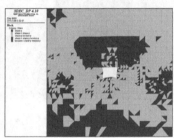
330m 砾岩

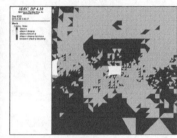
400m 砾岩

（c）回采 6000 时步不同砾岩厚度采场围岩塑性区分布

图 7-41　采动影响下不同时步不同砾岩厚度采场围岩塑性区分布规律

图 7-41 中 shear-n 代表正在剪切破坏；tension-n 代表正在拉伸破坏；shear-p 代表弹性，但之前曾剪切破坏；tension-p 代表弹性，但之前曾拉伸破坏。由图 7-41 分析可知，采动影响下不同砾岩厚度回采巷道围岩塑性区扩展规律如下：

（1）采动影响下不同砾岩厚度回采巷道围岩应力在未达到计算平衡前，相同时步随着砾岩厚度的增加巷道围岩塑性区扩展具有减小趋势，巷道围岩由以拉伸破坏为主演变到以剪切破坏为主，巷道围岩冲击特性减弱。

（2）同一砾岩厚度随着计算时步的增加，巷道围岩塑性区扩展具有增大趋势，巷道围岩由以剪切破坏为主演变到以拉伸破坏为主，巷道围岩冲击特性增强。

（3）巷道围岩变形破坏以拉伸破坏和剪切破坏综合作用为主，拉伸破坏为辅，剪切破坏起到扩展促进作用。

4. 位移场演化规律

统计和分析 3DEC 数值软件计算结果发现，采动影响不同砾岩厚度回采巷道围岩位移场变化呈现一定的规律性。采动影响下不同时步不同砾岩厚度巷道围岩垂直位移和水平位移分布规律分别如图 7-42、图 7-43 所示。采动影响下计算平衡时不同砾岩厚度巷道围岩位移场分布规律分别如图 7-44 所示。不同砾岩厚度巷道围岩位移演化特征如图 7-45 所示。

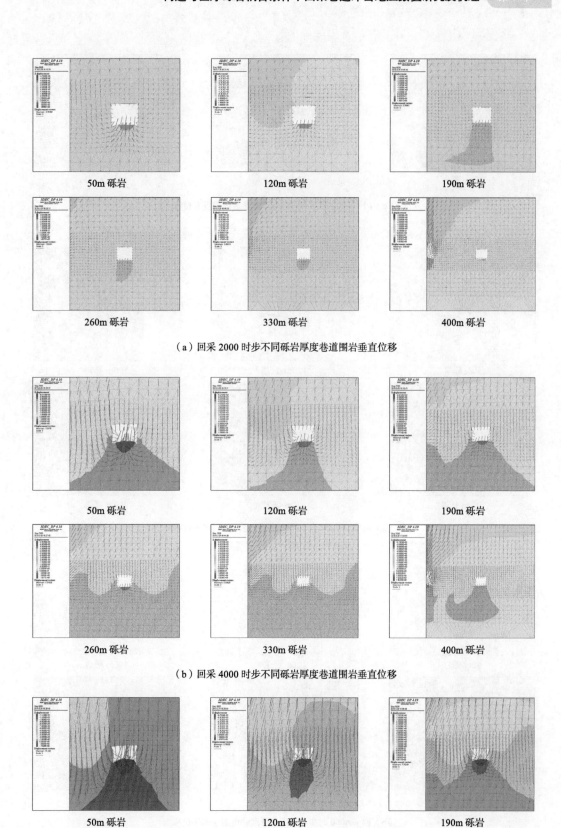

（a）回采 2000 时步不同砾岩厚度巷道围岩垂直位移

（b）回采 4000 时步不同砾岩厚度巷道围岩垂直位移

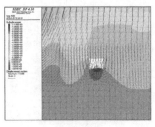
260m 砾岩

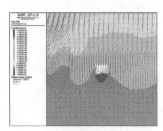
330m 砾岩

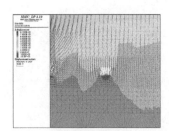
400m 砾岩

（c）回采 6000 时步不同砾岩厚度巷道围岩垂直位移

图 7-42　采动影响下不同时步不同砾岩厚度巷道围岩垂直位移分布规律

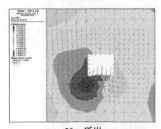
50m 砾岩

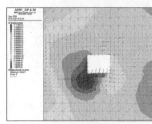
120m 砾岩

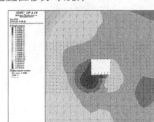
190m 砾岩

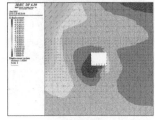
260m 砾岩

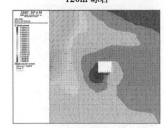
330m 砾岩

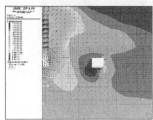
400m 砾岩

（a）回采 2000 时步不同砾岩厚度巷道围岩水平位移

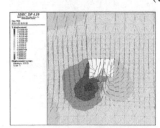
50m 砾岩

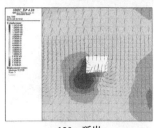
120m 砾岩

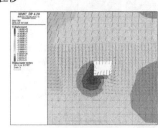
190m 砾岩

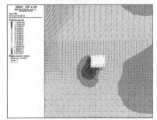
260m 砾岩

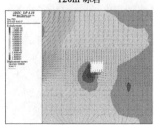
330m 砾岩

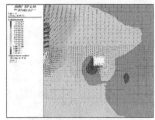
400m 砾岩

（b）回采 4000 时步不同砾岩厚度巷道围岩水平位移

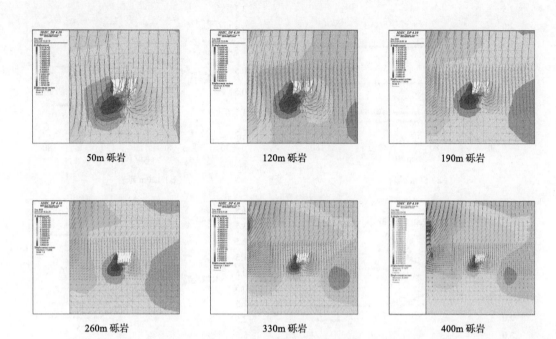

| 50m 砾岩 | 120m 砾岩 | 190m 砾岩 |
| 260m 砾岩 | 330m 砾岩 | 400m 砾岩 |

（c）回采 6000 时步不同砾岩厚度巷道围岩水平位移

图 7-43　采动影响下不同时步不同砾岩厚度巷道围岩水平位移分布规律

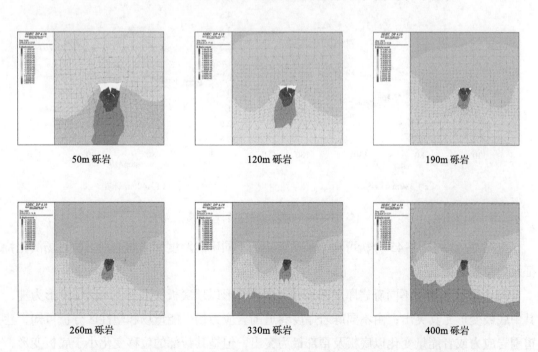

| 50m 砾岩 | 120m 砾岩 | 190m 砾岩 |
| 260m 砾岩 | 330m 砾岩 | 400m 砾岩 |

图 7-44　采动影响下计算平衡时不同砾岩厚度巷道围岩位移场分布规律

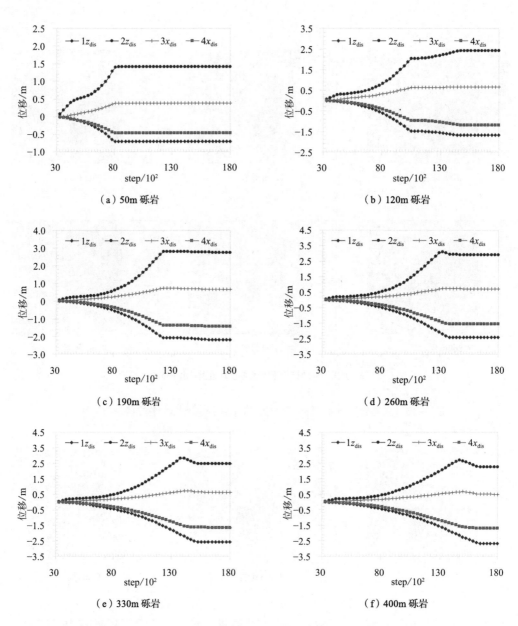

图 7-45　不同砾岩厚度巷道围岩位移演化特征

由图 7-42～图 7-45 分析可知，采动影响下不同砾岩厚度回采巷道围岩位移场演化特征及规律如下：

（1）采动影响下不同砾岩厚度回采巷道围岩变形以顶底板变形为主，两帮变形为辅，其中底鼓变形尤其突出；由不同砾岩厚度巷道围岩应力场、能量场和塑性区分析可知，巷道围岩应力或者能量变化以底板及帮部最为突出，但是其帮部的位移变化小于底板变形，这是因为通常巷道围岩支护过程中顶板和两帮的巷道支护强度远高于底板（底板支护薄弱或者无支护，因为底板的支护难度大及现行的底板施工机械及工艺不够完善），顶板和帮部围岩可以保持一定程度的应力水平，当围岩受到的应力水平增大时，作为支护强度较低的底板围岩是其应力释放的最佳位置，因此就会发生顶板围岩应力或者帮部围岩应力向底板围岩转移，从而增加了底板围岩的应力水平，进而导致底板围岩变形、破坏更加剧烈，甚至发生底板冲击。

（2）砾岩厚度为50m、120m、190m、260m、330m和400m，巷道围岩分别在第8100时步、10500时步、12300时步、13200时步、15300时步和16500时步趋于稳定，底板和顶板最大变形量分别为0.7m和1.4m、1.6m和2.4m、2.1m和2.7m、2.4m和2.9m、2.6和2.5m、2.7m和2.3m，当砾岩厚度为260～400m时，巷道底鼓出现增大到极大值后出现小范围降低再稳定的现象，说明顶板围岩和底板围岩出现同时下沉的现象，此时由于顶板围岩应力向巷道周围发生转移，此时出现大范围的围岩同时下沉的现象，这在21221工作面下巷局部区域也有类似实际情况发生。

（3）砾岩厚度为50～120m时巷道围岩变形增加相对较慢，为190～400m时巷道围岩变形增加相对较快，甚至出现巷道围岩的冲击破坏；巷道围岩顶板随砾岩厚度的增加而持续增大，巷道底板围岩随砾岩厚度的增加先增大后小范围减小。

▶ 7.4 构造与巨厚砾岩耦合条件下回采巷道冲击地压数值分析

7.4.1 冲击地压数值模型建立

本节基于现场资料、查阅文献及相似模拟中的相关数据和经验，对义马矿区构造与巨厚砾岩耦合条件下回采巷道冲击地压进行数值研究。数值模拟工程背景以义马矿区千秋煤矿21221工作面运输巷和回风巷为数据支撑，并结合义马矿区冲击巷道相关数据及文献进行统筹分析，将构造与巨厚砾岩耦合条件下回采巷道围岩冲击特性数值模拟方案分为三大类进行，分别为同时间、不同地点、距工作面不同距离回采巷道围岩冲击特性演化规律，同地点、不同时间、距工作面不同距离回采巷道围岩冲击特性演化规律和距断层不同距离回采巷道围岩冲击特性演化规律，其中每一大类数值研究中又分别建立了11个、11个和10个数值分析方案。

本节数值模拟研究中将向斜、断层和巨厚砾岩对回采巷道围岩冲击特性的影响情况考虑在内，具有极大的复杂性，其建立的数值模型也充分考虑了三种模型对回采巷道围岩冲击特性的影响。构造与巨厚砾岩耦合条件下回采巷道围岩冲击地压数值模型采用CDEM数值软件，依据向斜作用下回采巷道围岩冲击特性分析、断层作用下回采巷道围岩冲击特性分析、巨厚砾岩作用下回采巷道围岩冲击特性分析及现场数据，确定数值模拟中向斜翼间

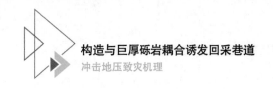

角为 160°，断层倾角为 75°，向斜轴部巨厚砾岩厚度为 120m，基础模型尺寸（长×高）确定为：238.23m×182.17m，+X 方向为工作面的推进方向，+Y 方向为垂直向上；模型上部边界施加压力使其等同于上覆岩层的重量，底边界垂直方向固定，左右边界水平方向固定；模型巷道尺寸（长×高）确定为 6m×5m。

距工作面不同距离构造与巨厚砾岩耦合条件下回采巷道围岩冲击地压数值模型，是依据现场资料、相似模拟试验结果及相关文献，先以距断层 20m 距离为基础，分别研究距工作面距离为 2m、10m、20m、30m、40m、50m、60m、70m、80m、90m 和 100m 时巷道围岩冲击特性演化规律。距断层不同距离构造与巨厚砾岩耦合条件下回采巷道围岩冲击地压数值模型，是以充分考虑采动影响距工作面距离为 2m，分别研究距断层距离为 10m、20m、30m、40m、50m、60m、70m、80m、90m 和 100m 时巷道围岩冲击特性演化规律。构造与巨厚砾岩耦合条件下回采巷道围岩冲击地压数值模型（距断层不同距离）如图 7-46 所示。

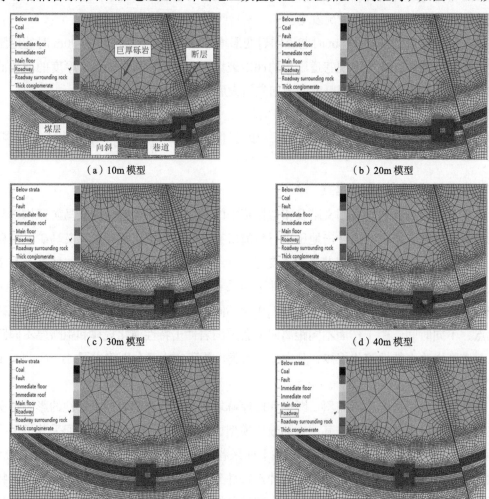

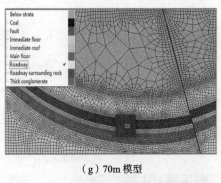

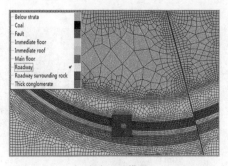

（g）70m 模型　　　　　　　　　　　　（h）80m 模型

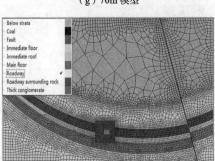

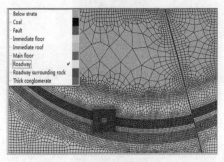

（i）90m 模型　　　　　　　　　　　　（j）100m 模型

图 7-46　构造与巨厚砾岩耦合条件下回采巷道围岩冲击地压数值模型

7.4.2 同时间不同地点距工作面不同距离回采巷道围岩冲击特性分析

同时间不同地点距工作面不同距离回采巷道，即在工作面回采过程中，某天的同一时刻，距工作面前方不同距离的巷道区域。此情况下重点突出距工作面不同距离巷道围岩的瞬时变形。本节重点研究同时间不同地点距工作面不同距离回采巷道围岩冲击特性。

1. 应力场演化规律

统计和分析数值软件计算结果发现，采动影响构造与巨厚砾岩耦合条件下回采巷道围岩应力场变化呈现一定的规律性。同时间不同地点距工作面不同距离巷道围岩应力场变化规律分布如图 7-47 所示。同时间不同地点距工作面不同距离巷道围岩应力演化特征，如图7-48 所示。

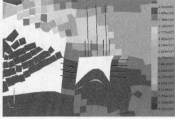

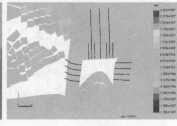

2m 时S_{yy}　　　　　　　　　　2m 时S_{xx}　　　　　　　　　　2m 时S_{xy}

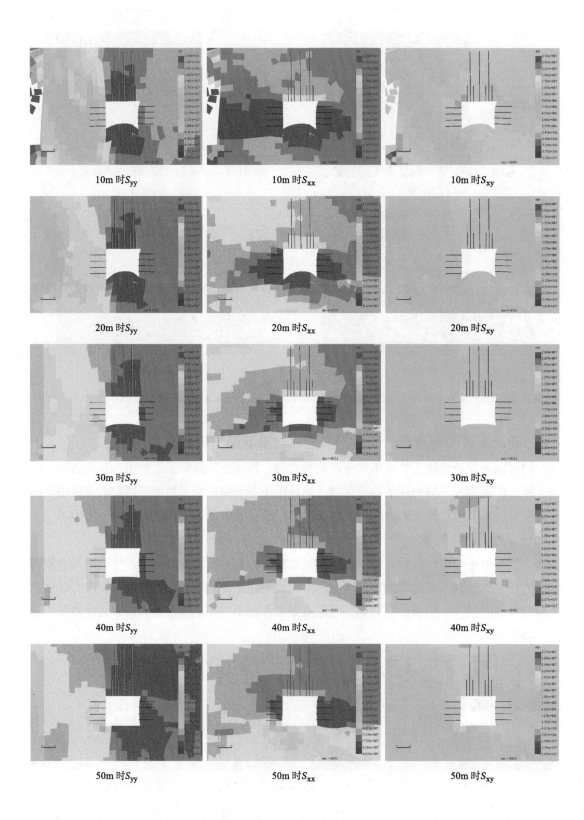

10m 时S_{yy} 10m 时S_{xx} 10m 时S_{xy}

20m 时S_{yy} 20m 时S_{xx} 20m 时S_{xy}

30m 时S_{yy} 30m 时S_{xx} 30m 时S_{xy}

40m 时S_{yy} 40m 时S_{xx} 40m 时S_{xy}

50m 时S_{yy} 50m 时S_{xx} 50m 时S_{xy}

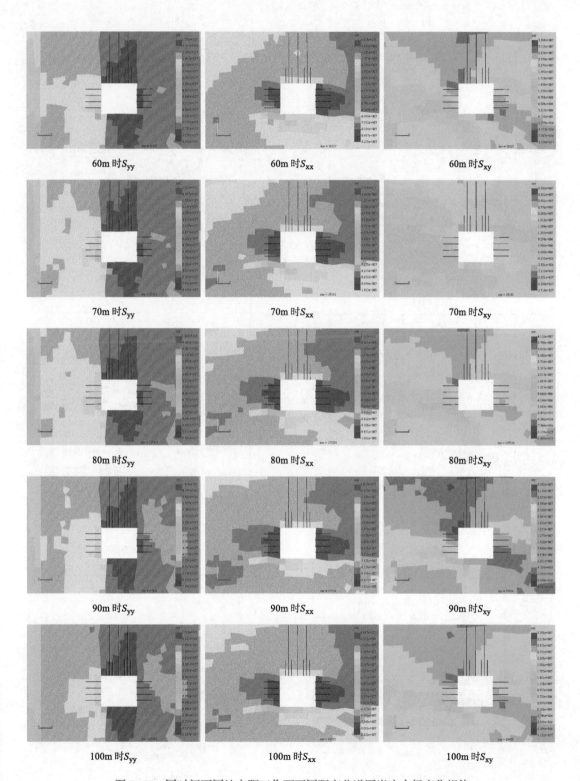

图 7-47　同时间不同地点距工作面不同距离巷道围岩应力场变化规律

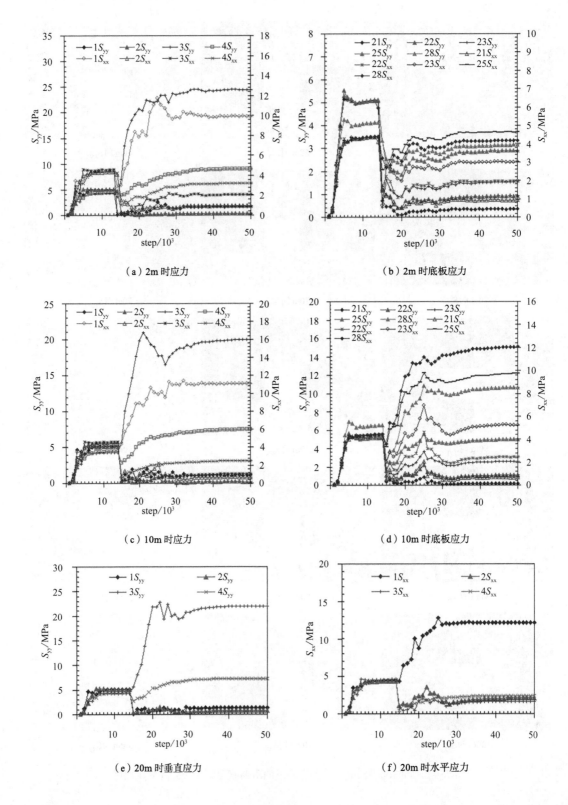

（a）2m时应力

（b）2m时底板应力

（c）10m时应力

（d）10m时底板应力

（e）20m时垂直应力

（f）20m时水平应力

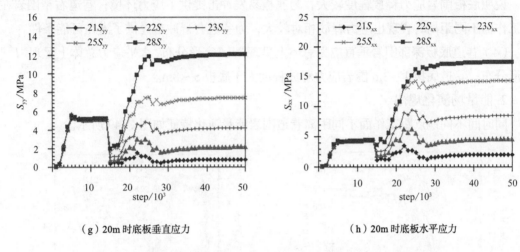

（g）20m 时底板垂直应力　　　　　　　　（h）20m 时底板水平应力

图 7-48　同时间不同地点距工作面不同距离巷道围岩应力演化特征

由图 7-47 和图 7-48 分析可知，同时间不同地点采动影响构造与巨厚砾岩耦合条件下回采巷道围岩应力场演化特征及规律如下：

（1）采动影响构造与巨厚砾岩耦合条件下回采巷道围岩应力总体上呈现"几"字形分布，先急剧增大，后波动稳定，再突变降低，最后持续稳定在高应力状态或低应力状态；巷道围岩垂直应力最后稳定值高于水平应力；向斜构造应力、断层构造应力和巨厚砾岩局部旋转离层造成的非均匀应力形成的复杂构造应力场中必定处于高应力状态，此围岩区域必定存在因高构造应力形成的应力集中区域，而高构造应力在受动压扰动或者动载作用时引起应力释放，而附近煤岩体因吸收、储存变形能有限，主要造成水平应力突变增加，应力达到煤岩体强度极限时，煤岩体产生破坏，除煤岩体中保存的部分残余变形能外，其储存的能量（应力）将大部分或者全部释放，断层附近巷道围岩应力状况因此受到很大改变，甚至颠覆性改变，巷道围岩一部分应力向煤岩体深部转移，另一部分应力必定全部释放出来，从而造成巷道围岩稳定后的水平应力小于垂直应力。

（2）巷道围岩稳定后的围岩应力随距工作面距离的增大呈增大趋势，底板水平应力表现尤为明显；巷道围岩稳定后的围岩应力增大说明围岩应力释放值减小，巷道围岩变形减小；底板水平应力增大明显，说明巷道底鼓减小明显。

（3）顶底板围岩应力变化高于两帮，其中底板应力变化最大，右帮次之；距离工作面20m 时巷道顶板围岩水平应力稳定在相对高应力状态，应力值为 12.1MPa，但是其没有发生应力的释放迹象，因此说明其顶板围岩较为稳定，没有发生顶板冲击的倾向；距离工作面 20m 时巷道左帮围岩垂直应力稳定在相对高应力状态，应力值为 22.1MPa，其同样没有发生应力的释放迹象，因此说明其左帮围岩也相对较为稳定；巷道底板围岩应力在距工作面不同距离时都表现应力释放较大，且最后的稳定应力较小，尤其是距工作面 0~20m 范围，说明底板围岩应力释放程度较大，为底板易发冲击提供了应力环境；巷道右帮围岩在距工作面不同距离时表现出应力释放相对较大，为巷道右帮冲击提供了潜在可能条件。

（4）巷道底板深部围岩垂直应力总体上呈现"几"字形分布，水平应力总体上呈现"厂"字形分布；巷道底板 1~3m 围岩应力释放程度大于底板 5~8m。

2. 能量场演化规律

同时间不同地点距工作面不同距离巷道围岩能量演化特征如图 7-49 所示。

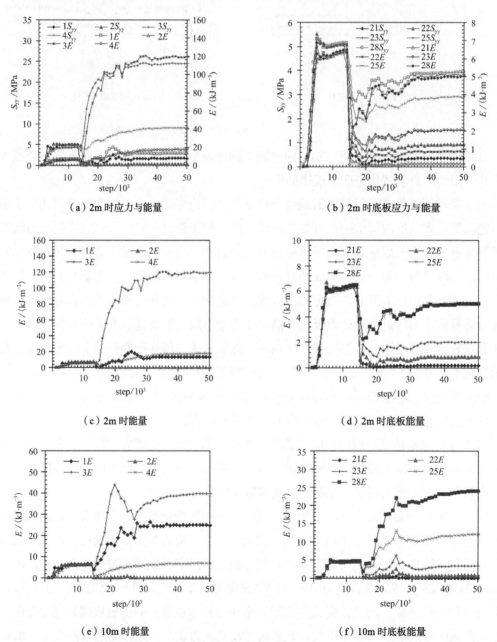

（a）2m 时应力与能量   （b）2m 时底板应力与能量

（c）2m 时能量   （d）2m 时底板能量

（e）10m 时能量   （f）10m 时底板能量

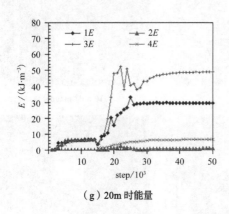
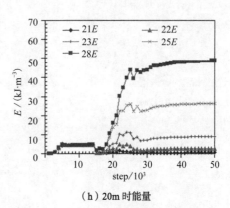

（g）20m 时能量　　　　　　　　（h）20m 时能量

图 7-49　同时间不同地点距工作面不同距离巷道围岩能量演化特征

由图 7-49 分析可知，采动影响构造与巨厚砾岩耦合条件下回采巷道围岩能量场演化特征及规律如下：

（1）采动影响构造与巨厚砾岩耦合条件下回采巷道底板和右帮围岩能量总体上呈现"一"字形分布；巷道底板围岩能量瞬间变化幅度较快，且释放更为彻底，甚至为零，说明巷道底板浅部围岩由弹性状态发展为塑性状态，进而演变破坏状态；巷道右帮围岩稳定后的能量也相对较小，说明其能量得到了较大释放，围岩多为塑性状态或者破坏状态。

（2）巷道顶板和左帮围岩能量总体呈现"厂"字形分布；顶板和左帮围岩稳定后的应力值相对较大，但其后应力保持稳定状态，围岩能量几乎没有瞬间变化幅度，因此巷道围岩较为稳定，不易发生围岩冲击。

（3）巷道底板 1~3m 围岩能量总体上呈现"一"字形分布，底板 5~8m 围岩总体上呈现"几"字形分布；巷道底板 1~3m 围岩稳定后能量明显低于底板 5~8m 围岩，前者围岩能量约为后者的1/4~1/3倍。

3. 位移场演化规律

同时间不同地点距工作面不同距离巷道围岩位移场变化规律分布如图 7-50 所示。同时间不同地点距工作面不同距离巷道围岩位移及移近速率演化特征如图 7-51 所示。

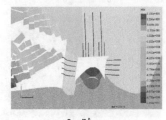

2m 时 y_{dis}　　　　　　2m 时 x_{dis}　　　　　　2m 时 magdis

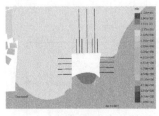
10m 时 y_{dis}

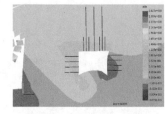
10m 时 x_{dis}

10m 时 magdis

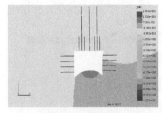
20m 时 y_{dis}

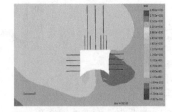
20m 时 x_{dis}

20m 时 magdis

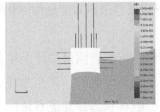
30m 时 y_{dis}

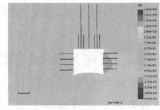
30m 时 x_{dis}

30m 时 magdis

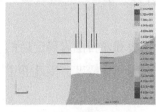
40m 时 y_{dis}

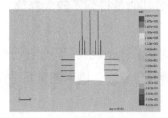
40m 时 x_{dis}

40m 时 magdis

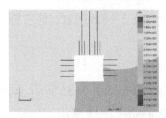
50m 时 y_{dis}

50m 时 x_{dis}

50m 时 magdis

60m 时 y_{dis}

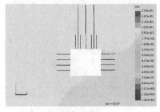
60m 时 x_{dis}

60m 时 magdis

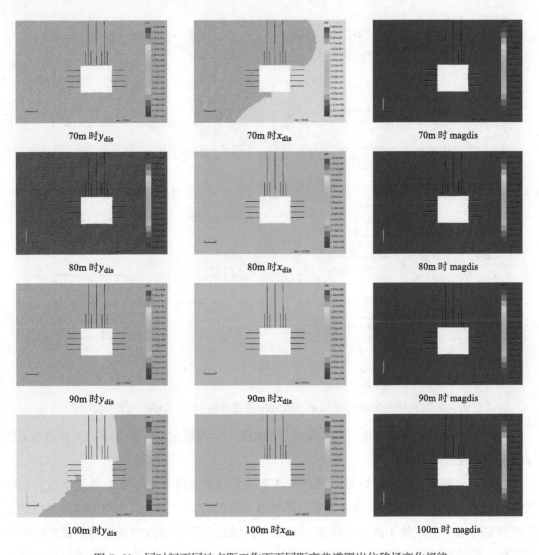

70m 时 y_{dis} 70m 时 x_{dis} 70m 时 magdis

80m 时 y_{dis} 80m 时 x_{dis} 80m 时 magdis

90m 时 y_{dis} 90m 时 x_{dis} 90m 时 magdis

100m 时 y_{dis} 100m 时 x_{dis} 100m 时 magdis

图 7-50   同时间不同地点距工作面不同距离巷道围岩位移场变化规律

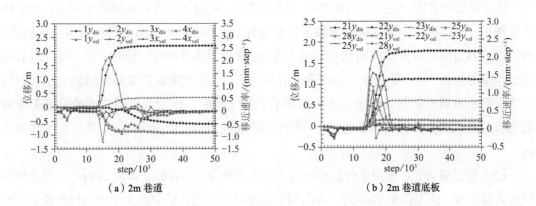

（a）2m 巷道   （b）2m 巷道底板

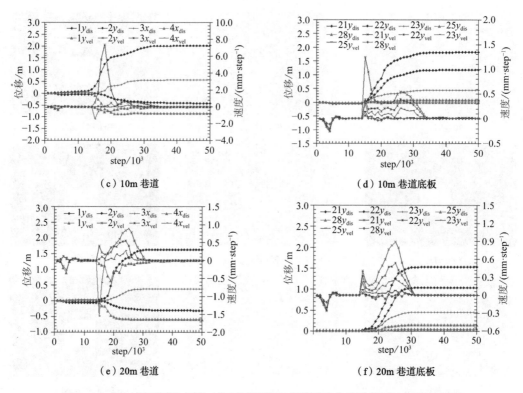

（c）10m 巷道　　　　　　（d）10m 巷道底板

（e）20m 巷道　　　　　　（f）20m 巷道底板

图 7-51　同时间不同地点距工作面不同距离巷道围岩位移及移近速率演化特征

由图 7-50 和图 7-51 分析可知，采动影响构造与巨厚砾岩耦合条件下回采巷道围岩位移场演化特征及规律如下：

（1）采动影响构造与巨厚砾岩耦合条件下回采巷道围岩变形中底板最为严重，右帮次之；向斜构造应力、断层构造应力和巨厚砾岩局部旋转离层造成的非均匀应力形成的复杂构造应力场中必定处于高应力状态，此围岩区域必定存在因高构造应力形成的应力集中区域，而高构造应力在受动压扰动或者动载作用时引起应力释放，而附近煤岩体因吸收、储存变形能有限，主要造成水平应力突变增加，应力达到煤岩体强度极限时，煤岩体产生破坏，除煤岩体中保存的部分残余变形能外，其储存的能量将大部分或者全部释放，断层附近巷道围岩应力状况因此受到很大改变，甚至颠覆性改变，巷道围岩一部分应力向煤岩体深部转移，另一部分应力必定全部释放出来，当巷道围岩积聚的变形能大于其到达巷道煤壁所消耗的能量与煤壁强度的极限承载能之和时，作为巷道围岩支护强度最薄弱的底板必定是其能量释放的最佳位置，因此巷道底板围岩变形最为严重，甚至发生底板冲击。

（2）巷道围岩变形随距工作面距离的增加逐渐减小，但在距工作面 50m 时，有小范围的极大值出现；距工作面 50m 时，为向斜的轴部区域，使巷道围岩水平应力释放较多，致使巷道围岩变形出现小范围的加剧现象。

（3）距工作面距离为 2m、10m 和 20m 时，巷道底板和右帮围岩移近速率分别为 2.15mm/step和 0.28mm/step、7.37mm/step和 0.18mm/step、0.89mm/step和 0.27mm/step，最大变形量分别为 2.19m 和 0.91m、2.02m 和 0.85m、1.63m 和 0.59m。由此可知，巷道随距工作面距离的增大，巷道围岩变形逐渐减小，但在距工作面距离为 10m 时，巷道底鼓速率却为 7.37mm/step，明显高于其他巷道区域，因为此区域处于工作面前面支承压力升高区，巷道围岩变形剧烈，极易发生巷道围岩冲击现象。因此，工作面在回采过程中，应重点在超前工作面 10m 范围加强支护及采取防冲措施。

（4）巷道底板深部围岩随距工作面距离的增大整体呈减小趋势；底板 1~3m 深度围岩移近速率及变形量明显高于底板 5~8m 围岩，说明底板 1~3m 深度围岩变形剧烈，底板 5~8m 深度围岩较为稳定。

7.4.3 同地点不同时间距工作面不同距离回采巷道围岩冲击特性分析

同地点不同时间距工作面不同距离回采巷道，即在工作面回采过程中，距工作面前方一定距离的巷道区域，随着时间的推移（工作面的回采推进），距工作面距离逐渐减小，此情况下重点突出距工作面不同距离巷道围岩的累加变形。本节重点研究同地点不同时间距工作面不同距离回采巷道围岩冲击特性。

1. 应力场演化规律

同地点不同时间距工作面不同距离巷道围岩应力场变化规律分布如图 7-52 所示。同地点不同时间距工作面不同距离巷道围岩应力演化特征如图 7-53 所示。同地点不同时间距工作面不同距离巷道围岩应力场对比分析如图 7-54 所示。

2m 时S_{yy}

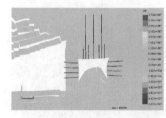
2m 时S_{xx}

2m 时S_{xy}

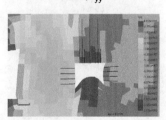
10m 时S_{yy}

10m 时S_{xx}

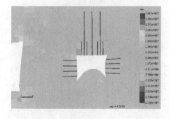
10m 时S_{xy}

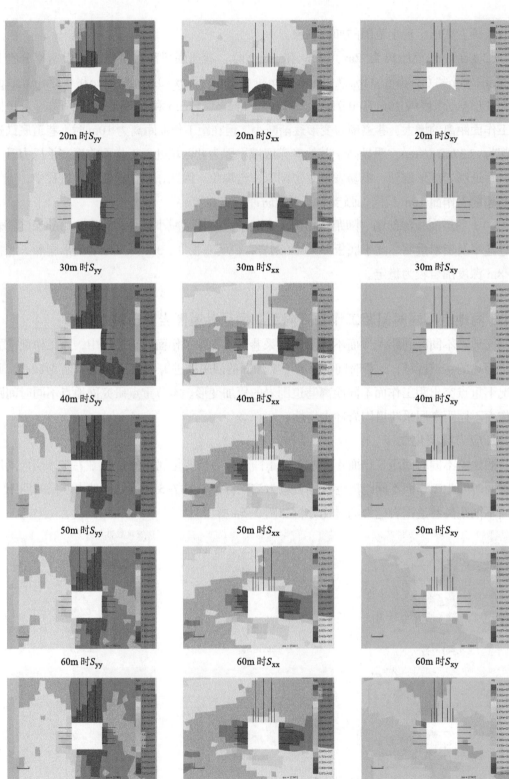

20m 时 S_{yy}　　　　20m 时 S_{xx}　　　　20m 时 S_{xy}

30m 时 S_{yy}　　　　30m 时 S_{xx}　　　　30m 时 S_{xy}

40m 时 S_{yy}　　　　40m 时 S_{xx}　　　　40m 时 S_{xy}

50m 时 S_{yy}　　　　50m 时 S_{xx}　　　　50m 时 S_{xy}

60m 时 S_{yy}　　　　60m 时 S_{xx}　　　　60m 时 S_{xy}

70m 时 S_{yy}　　　　70m 时 S_{xx}　　　　70m 时 S_{xy}

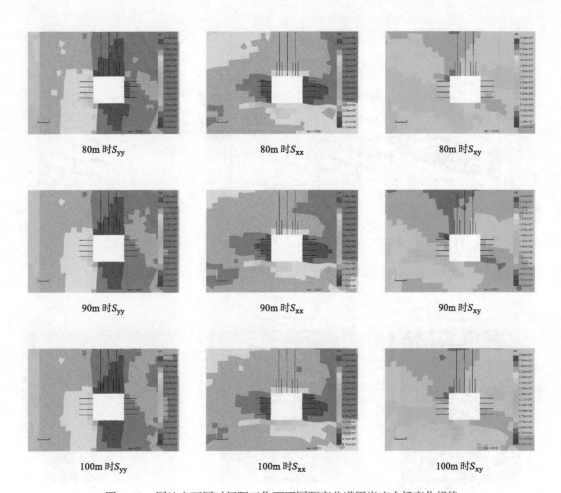

图7-52　同地点不同时间距工作面不同距离巷道围岩应力场变化规律

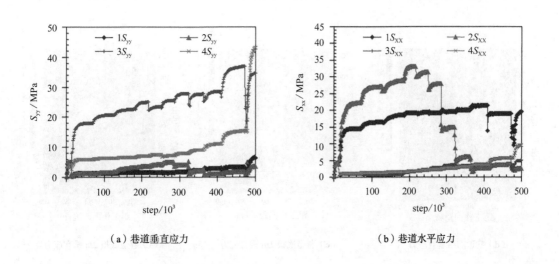

（a）巷道垂直应力　　　　　　　　　（b）巷道水平应力

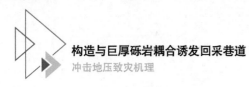

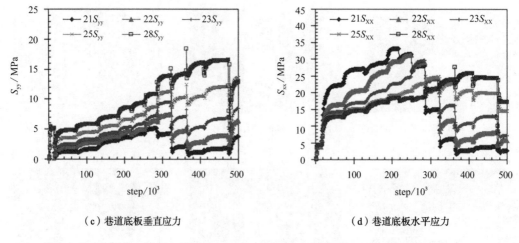

（c）巷道底板垂直应力 （d）巷道底板水平应力

图 7-53　同地点不同时间距工作面不同距离巷道围岩应力演化特征

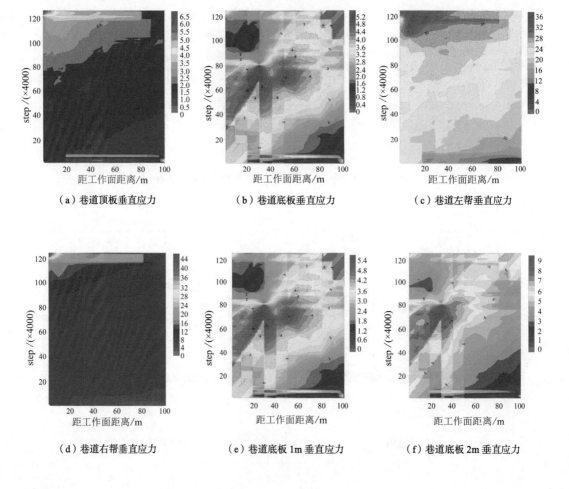

（a）巷道顶板垂直应力　　　　　（b）巷道底板垂直应力　　　　　（c）巷道左帮垂直应力

（d）巷道右帮垂直应力　　　　（e）巷道底板 1m 垂直应力　　　　（f）巷道底板 2m 垂直应力

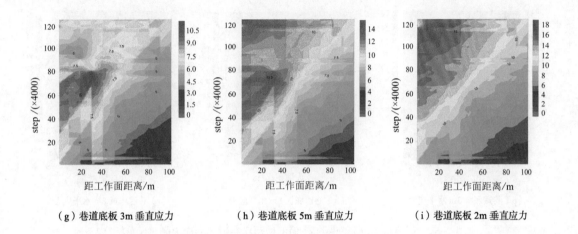

（g）巷道底板 3m 垂直应力　　　（h）巷道底板 5m 垂直应力　　　（i）巷道底板 2m 垂直应力

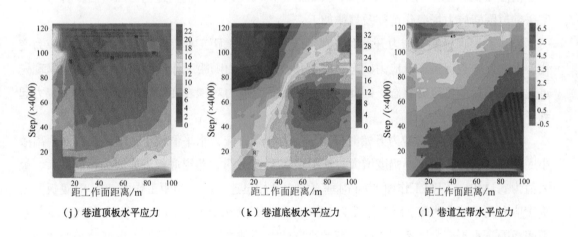

（j）巷道顶板水平应力　　　（k）巷道底板水平应力　　　（l）巷道左帮水平应力

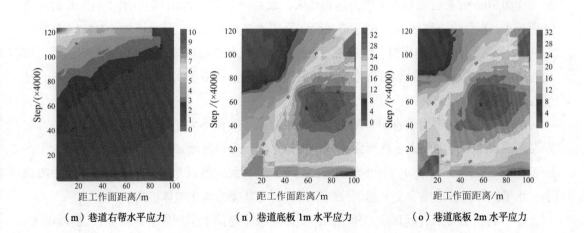

（m）巷道右帮水平应力　　　（n）巷道底板 1m 水平应力　　　（o）巷道底板 2m 水平应力

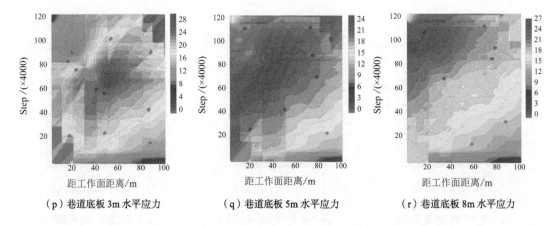

（p）巷道底板 3m 水平应力　　　（q）巷道底板 5m 水平应力　　　（r）巷道底板 8m 水平应力

图 7-54　同地点不同时间距工作面不同距离巷道围岩应力场对比分析

由图 7-52～图 7-54 分析可知，同地点不同时间采动影响构造与巨厚砾岩耦合条件下回采巷道围岩应力场演化特征及规律如下：

（1）巷道顶板垂直应力开始时得到了应力卸载，随距工作面距离减小顶板围岩应力变化不大，但一直保持在低应力状态；巷道顶板水平应力随距工作面距离减小整体上呈现先迅速增大后持续稳定的状态；因此，巷道顶板垂直应力对围岩变形影响较小，水平应力起到了决定作用。

（2）巷道底板垂直应力开始时得到了应力卸载，应力水平值较小，随距工作面距离减小底板围岩应力开始有小幅度增大，到距工作面 60m 时，巷道底板围岩应力达到最大，最大值为 5.1MPa，但距工作面 50m 时垂直应力开始迅速减小，当距工作面 20m 时底板围岩垂直应力几乎减小为零，距工作面为 2m 时，围岩应力开始突变增大，但增加幅度不大。巷道底板围岩水平应力随距工作面距离减小整体上呈现先迅速增加后波动突变减小的状态；距工作面 70m 时巷道底板水平应力达到最大，最大值为 33.1MPa，随后水平应力开始波动突变减小，直到距工作面 20m 时巷道底板水平应力减小到最小，最小值为 1.7MPa，降幅为 94.9％，距工作面 2m 作用时，也发生了迅速增加。综上所述可知，巷道底板围岩随距工作面距离减小，水平应力对巷道围岩变形起到控制作用，且由于水平应力的大范围释放，易引发底板冲击地压。

（3）巷道左帮围岩垂直应力随距工作面距离减小变化不大，且保持在地应力状态。巷道左帮围岩水平应力随距工作面距离减小整体上呈现先迅速增加后持续稳定的状态，但在距工作面 10m 时，水平应力有小范围的突变下降。因此，巷道左帮围岩随距工作面距离减小，水平应力对巷道围岩变形起到控制作用，但是其应力水平整体稳定。

（4）巷道右帮围岩垂直应力随距工作面距离减小整体上呈现先迅速增加，后逐渐增大，再突变增大；距工作面 20m 时，垂直应力增加幅度开始迅速增大，在距工作面 10m 时垂直应力继续增大，应力值达到 15.5MPa。巷道右帮围岩水平应力随距工作面距离减小整体呈现缓慢增加的趋势；距工作面 20m 时，水平应力开始有小幅度增大。因此，巷道右帮围岩随距工作面距离减小，垂直应力对巷道围岩变形起到控制作用，巷道围岩表现出一种持续变形。

（5）底板 1～3m 深度围岩垂直应力在距工作面 50m 突变降低，随着距工作面距离的继续减小，整体呈缓慢减小趋势；底板 5～8m 深度围岩垂直应力在随距工作面距离减小整体上却呈现波动增大趋势。底板 1～3m 深度围岩水平应力在距工作面 50m 发生大范围突变降低，降低后应力值明显低于底板 5～8m 深度围岩水平应力；底板 5～8m 深度围岩水平应力在随距工作面距离减小整体上却呈现先波动增大后小范围降低，但其一直保持着相对高应力状态。综上所述，底板深部围岩水平应力对围岩变形起到关键控制作用，且底板 1～3m 深度围岩发生突变后，其应力值明显低于底板 5～8m 围岩应力。

（6）随距工作面距离减小，巷道围岩应力整体上由水平应力起到关键控制作用，垂直应力起到辅助作用。

2. 能量场演化规律

统计和分析数值软件计算结果发现，采动影响构造与巨厚砾岩耦合条件下回采巷道围岩能量场变化呈现一定的规律性。同地点不同时间距工作面不同距离巷道围岩能量演化特征如图 7-55 所示。同地点不同时间距工作面不同距离巷道围岩能量场对比分析如图7-56 所示。

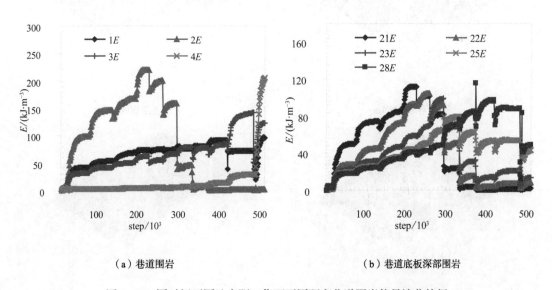

（a）巷道围岩　　　　　　　　　　（b）巷道底板深部围岩

图 7-55　同时间不同地点距工作面不同距离巷道围岩能量演化特征

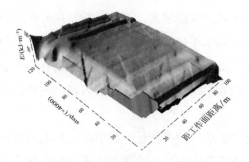

（a）巷道顶板

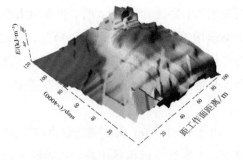

（b）巷道底板

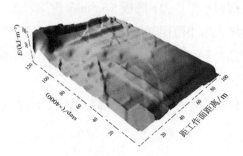

（c）巷道左帮

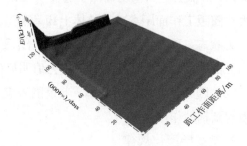

（d）巷道右帮

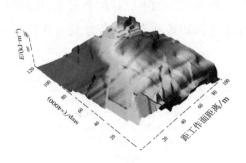

（e）巷道底板 1m

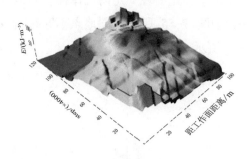

（f）巷道底板 2m

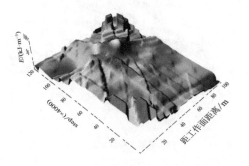

（g）巷道底板 3m

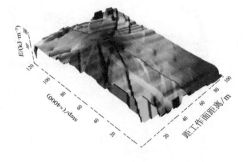

（h）巷道底板 5m

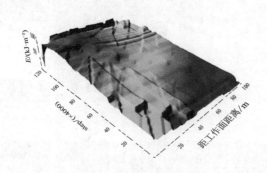

（i）巷道底板 8m

图 7-56　同时间不同地点距工作面不同距离巷道围岩能量场对比分析

由图 7-55 和图 7-56 分析可知，同地点不同时间采动影响构造与巨厚砾岩耦合条件下回采巷道围岩能量场演化特征及规律如下：

（1）巷道顶板围岩能量随距工作面距离减小整体上呈现先缓慢增加后稳定；距工作面 20m 时，增加到能量峰值，其值为 92.4kJ/m³，距工作面 10m 时，能量降低为 72.8kJ/m³，能量瞬间变化幅度为 21.2%，降幅不大。

（2）巷道底板围岩能量随距工作面距离减小整体上呈现先迅速增加后波动突变减小；距工作面 70m 时巷道底板能量达到最大，最大值为 220.3kJ/m³，随后能量开始波动突变减小，直到距工作面 20m 时巷道底板能量减小到最小，最小值为 1.6kJ/m³，降幅为 99.3%。由此可知，巷道底板围岩能量在距工作面 20m 时，围岩能量几乎得到了全部释放，底板围岩能量的大范围释放必定造成巷道围岩剧烈变形，甚至引发底板冲击。

（3）巷道左帮围岩能量随距工作面距离减小整体上呈现先缓慢增加后持续稳定的状态，但在距工作面 10m 时，能量发生突变增加，达到 141.5kJ/m³。

（4）巷道右帮围岩能量随距工作面距离减小整体上呈现缓慢增加；距工作面距离 2m 时，能量发生突变增加。

（5）底板 1～3m 深度围岩能量在距工作面距离 50m 突变降低，随着距工作面距离的继续减小，整体呈缓慢减小趋势；底板 5～8m 深度围岩能量随距工作面距离减小整体上却呈现波动增大趋势。底板 1～3m 深度围岩能量稳定后明显低于底板 5～8m，说明底板 1～3m 深度围岩比底板 5～8m 深度围岩变形剧烈。

3. 位移场演化规律

同地点不同时间距工作面不同距离巷道围岩位移场变化规律分布如图 7-57 所示。同地点不同时间距工作面不同距离巷道围岩位移演化特征如图 7-58 所示。

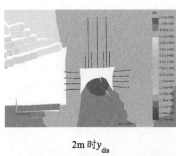
2m 时 y_{dis}

2m 时 x_{dis}

2m 时 magdis

10m 时 y_{dis}

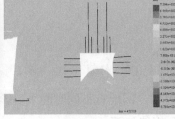
10m 时 x_{dis}

10m 时 magdis

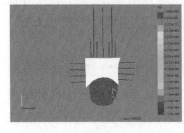
20m 时 y_{dis}

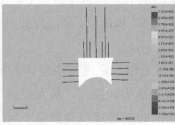
20m 时 x_{dis}

20m 时 magdis

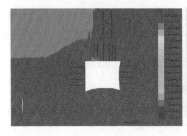
30m 时 y_{dis}

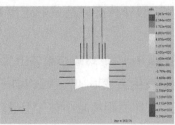
30m 时 x_{dis}

30m 时 magdis

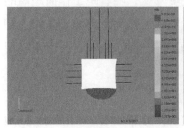
40m 时 y_{dis}

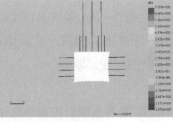
40m 时 x_{dis}

40m 时 magdis

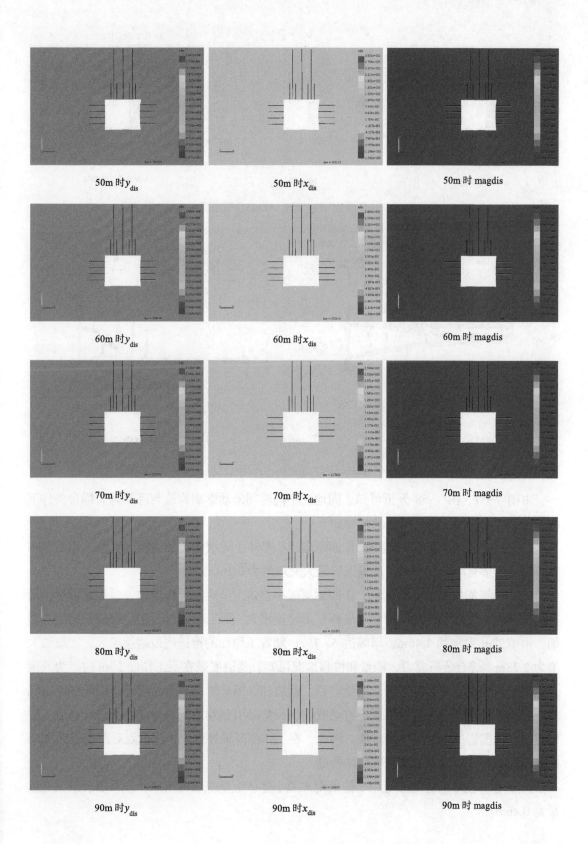

50m 时 y_{dis} 50m 时 x_{dis} 50m 时 magdis

60m 时 y_{dis} 60m 时 x_{dis} 60m 时 magdis

70m 时 y_{dis} 70m 时 x_{dis} 70m 时 magdis

80m 时 y_{dis} 80m 时 x_{dis} 80m 时 magdis

90m 时 y_{dis} 90m 时 x_{dis} 90m 时 magdis

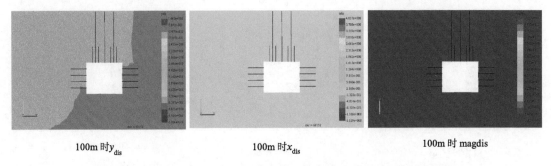

| 100m 时y_{dis} | 100m 时x_{dis} | 100m 时 magdis |

图 7-57　同地点不同时间距工作面不同距离巷道围岩位移场变化规律

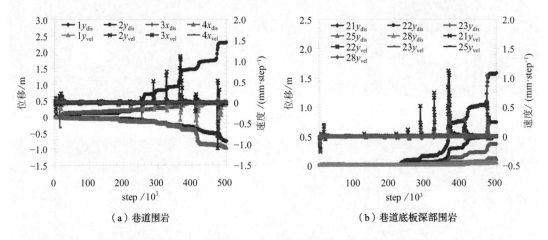

（a）巷道围岩　　　　　　　　　　　　　（b）巷道底板深部围岩

图 7-58　同地点不同时间距工作面不同距离巷道围岩位移演化特征

由图 7-57、图 7-58 分析可知，同地点不同时间采动影响构造与巨厚砾岩耦合条件下回采巷道围岩位移场演化特征及规律如下：

（1）巷道顶板围岩变形随距工作面距离减小整体上先缓慢增加后稳定；距工作面 20m 时，围岩变形有小幅度增大，顶板围岩最大变形量为 0.76m。

（2）巷道底板围岩变形随距工作面距离减小整体上呈现先缓慢增加，后迅速增加，最后突变增加；距工作面 50m 时巷道底板变形迅速增大；距工作面 20m 时，底鼓开始突变增加，由 0.92m 增加到 1.46m，增幅达 58.7%；随着工作面的推进底鼓继续增大，底鼓最大值为 2.28m。综合分析应力、能量和位移情况可知，巷道底鼓在距工作面 20m 时，为其围岩变形的突变点，此为巷道围岩在受向斜、断层和巨厚砾岩的耦合作用下，引发的巷道底板小范围冲击。若此时巷道围岩再有动载作用，势必引起巷道围岩能量的大规模释放，进而发生巷道围岩的大范围冲击现象。因此，在工作面开采过程中，应重点对距工作面 20m 的巷道区域进行加强支护和采取防冲措施。

（3）巷道左帮围岩变形随距工作面距离减小整体上呈现缓慢增加，左帮围岩最大变形量为 0.46m。

（4）巷道右帮围岩能量随距工作面距离减小整体上呈现缓慢增加；距工作面10m时，围岩变形更加剧烈，此事受工作面超前支承压力升高区的影响所致，右帮围岩最大变形量为0.97m。

（5）底板1～3m深度围岩变形随距工作面距离减小整体上呈现先缓慢增加，后迅速增加，最后突变增加；底板5～8m深度围岩变形量随距工作面距离减小整体上却呈现缓慢波动增大趋势；底板1～3m深度围岩变形明显大于底板5～8m。

7.4.4 距断层不同距离回采巷道围岩冲击特性分析

1. 应力场演化规律

统计和分析数值软件计算结果发现，距断层不同距离回采巷道围岩应力场变化呈现一定的规律性。距断层不同距离巷道围岩应力场变化规律分布如图7-59所示。距工作面不同距离巷道围岩应力演化特征如图7-60所示。

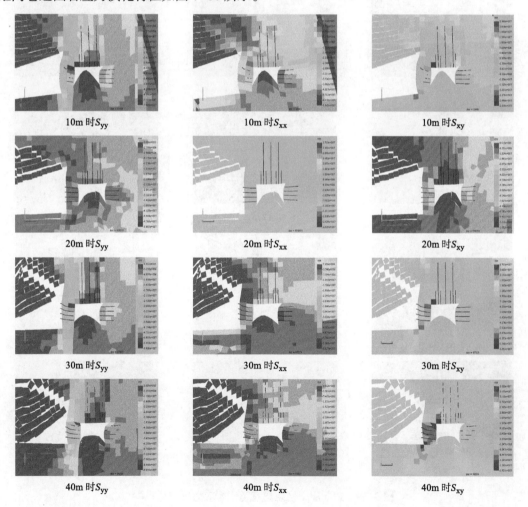

10m时S_{yy} 10m时S_{xx} 10m时S_{xy}

20m时S_{yy} 20m时S_{xx} 20m时S_{xy}

30m时S_{yy} 30m时S_{xx} 30m时S_{xy}

40m时S_{yy} 40m时S_{xx} 40m时S_{xy}

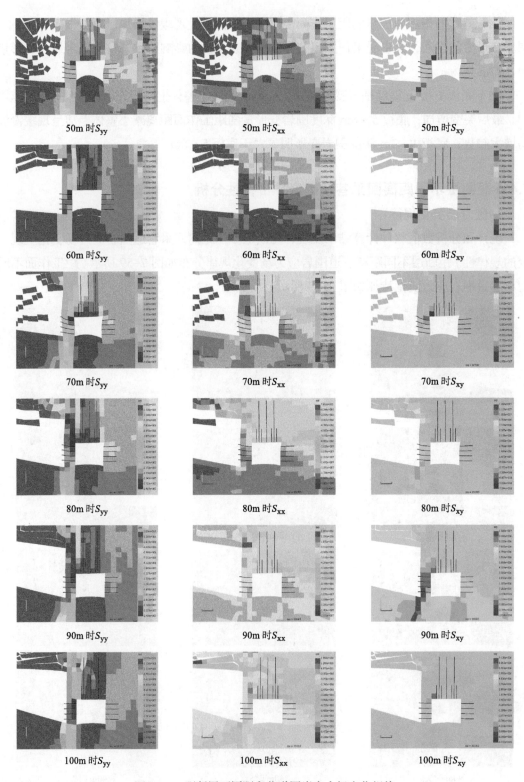

50m 时 S_{yy}　　50m 时 S_{xx}　　50m 时 S_{xy}

60m 时 S_{yy}　　60m 时 S_{xx}　　60m 时 S_{xy}

70m 时 S_{yy}　　70m 时 S_{xx}　　70m 时 S_{xy}

80m 时 S_{yy}　　80m 时 S_{xx}　　80m 时 S_{xy}

90m 时 S_{yy}　　90m 时 S_{xx}　　90m 时 S_{xy}

100m 时 S_{yy}　　100m 时 S_{xx}　　100m 时 S_{xy}

图 7-59　距断层不同距离巷道围岩应力场变化规律

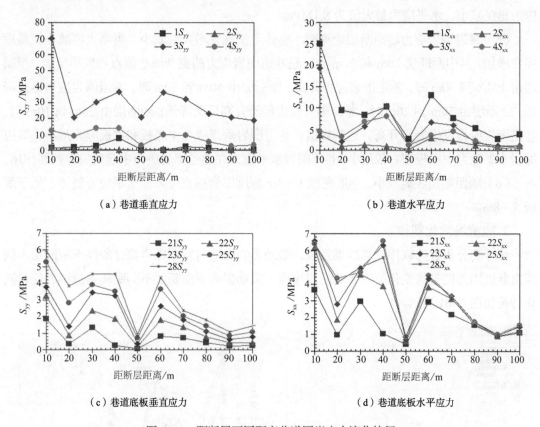

（a）巷道垂直应力　　　　　　　　　　（b）巷道水平应力

（c）巷道底板垂直应力　　　　　　　　（d）巷道底板水平应力

图 7-60　距断层不同距离巷道围岩应力演化特征

由图 7-59 和图 7-60 分析可知，采动影响构造与巨厚砾岩耦合条件下距断层不同距离巷道围岩应力场演化特征及规律如下：

（1）巷道顶板围岩垂直应力随距断层距离减小应力变化不大，但一直保持在低应力状态；巷道顶板围岩水平应力随距断层距离减小先升高后降低，再升高再降低，最后突变增加；距断层 50m 时是应力变化的极小点，距断层 20m 时是应力变化的突变极小值点，顶板水平应力发生突变后，最大值为 25.1MPa；顶板围岩应力中水平应力起到关键控制作用。

（2）巷道底板围岩垂直应力和水平应力随距断层距离减小，都基本保持一种低应力状态，其水平应力最大值为 2.9MPa，最小值为 0MPa；顶板围岩应力中水平应力起到关键控制作用。

（3）巷道左帮围岩垂直应力和水平应力随距断层距离减小都是先升高后降低，再升高再降低，最后突变增加；距断层由 20m 到 10m 时，左帮围岩垂直应力发生突变增加，由 20.8MPa 突变增加到 70.2MPa，增幅高达 237.5%。

（4）巷道右帮围岩垂直应力和水平应力随距断层距离减小都是先升高后降低，再升高再降低，最后迅速增加；距断层距离小于 50m 后，右帮围岩垂直应力变化不大，但是水平应力迅速减小，水平应力最大值为 8.1MPa。

（5）巷道围岩应力随距断层距离减小整体上呈现先增大后减小，再增大再减小，最后突变增加，其中距断层 20m 和 50m 分别是巷道围岩应力的突变极小值点和极小值点；距断层由 100m 到 60m 时，巷道围岩应力升高；距断层由 60m 到 50m 时，巷道围岩应力迅速降低；距断层由 50m 到 20m 时，巷道围岩应力经历升高后又降低；距断层由 20m 到 10m 时，巷道围岩应力发生突变升高，达到峰值；巷道围岩垂直应力中底板和顶板应力最小；巷道围岩水平应力中底板和右帮最小；巷道围岩水平应力在巷道围岩应力中起到关键控制作用。

（6）随距断层距离减小，巷道底板 1～3m 深度围岩垂直应力和水平应力整体上低于底板 5～8m。

2. 能量场演化规律

统计和分析数值软件计算结果发现，采动影响构造与巨厚砾岩耦合条件下距断层不同距离巷道围岩能量场变化呈现一定的规律性。采动影响下距断层不同距离巷道围岩能量演化特征如图 7-61 所示。

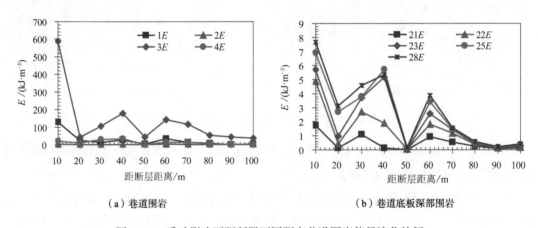

（a）巷道围岩　　　　　　　　　　（b）巷道底板深部围岩

图 7-61　采动影响下距断层不同距离巷道围岩能量演化特征

由图 7-61 分析可知，采动影响构造与巨厚砾岩耦合条件下距断层不同距离巷道围岩能量场演化特征及规律如下：

（1）巷道顶板围岩能量随距断层距离减小能量变化不大，且能量值较低；距断层由 20m 到 10m 时，顶板围岩能量有个小范围的增大，最大值为 126.7kJ/m³。

（2）巷道底板围岩能量随距断层距离减小，能量几乎没有变化，且能量值为 0。

（3）巷道左帮围岩能量随距断层距离减小先升高后降低，再升高再降低，最后突变增加；距断层 50m 时，为极小值点，能量值为 43.2kJ/m³；距断层由 20m 到 10m 时，左帮围岩能量发生突变增加，由 43.8kJ/m³ 突变增加到 587.1kJ/m³，增幅高达 1240.4%。

（4）巷道右帮围岩能量随距断层距离减小，能量变化很小，且能量值较小。

（5）随着距断层距离减小，巷道底板 1～3m 深度围岩能量整体上低于底板 5～8m 深度围岩的能量。

3. 位移场演化规律

采动影响下距断层不同距离巷道围岩位移场变化规律分布如图 7-62 所示。采动影响下距断层不同距离巷道围岩位移演化特征如图 7-63 所示。

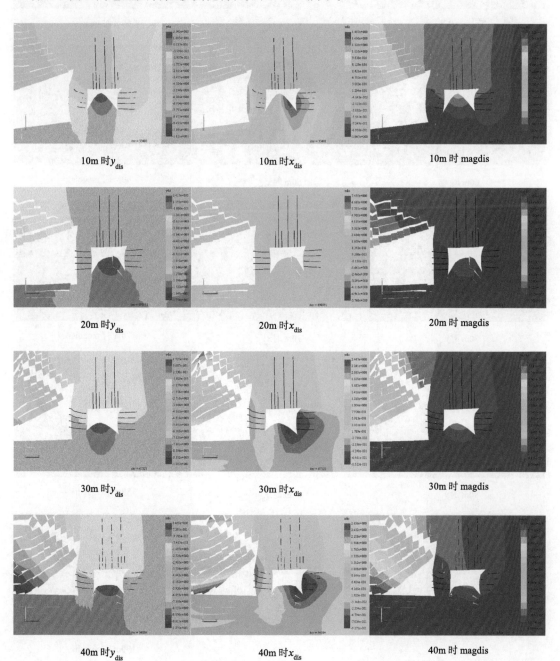

| 10m 时y_{dis} | 10m 时x_{dis} | 10m 时 magdis |

| 20m 时y_{dis} | 20m 时x_{dis} | 20m 时 magdis |

| 30m 时y_{dis} | 30m 时x_{dis} | 30m 时 magdis |

| 40m 时y_{dis} | 40m 时x_{dis} | 40m 时 magdis |

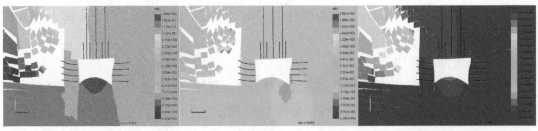

50m 时 y_{dis}　　　　50m 时 x_{dis}　　　　50m 时 magdis

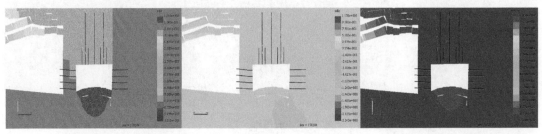

60m 时 y_{dis}　　　　60m 时 x_{dis}　　　　60m 时 magdis

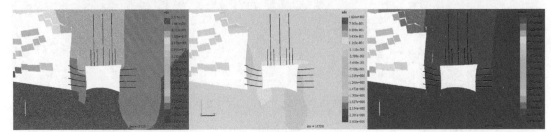

70m 时 y_{dis}　　　　70m 时 x_{dis}　　　　70m 时 magdis

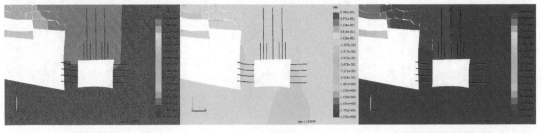

80m 时 y_{dis}　　　　80m 时 x_{dis}　　　　80m 时 magdis

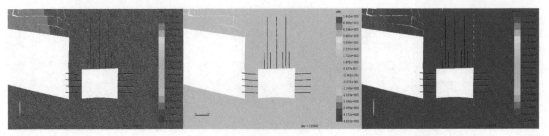

90m 时 y_{dis}　　　　90m 时 x_{dis}　　　　90m 时 magdis

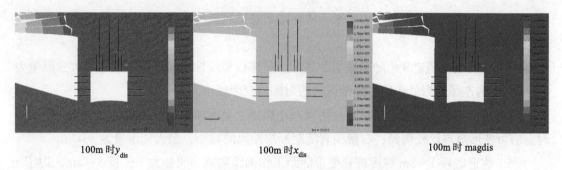

100m 时 y_{dis}　　　　　100m 时 x_{dis}　　　　　100m 时 magdis

图 7-62　距断层不同距离巷道围岩位移场变化规律

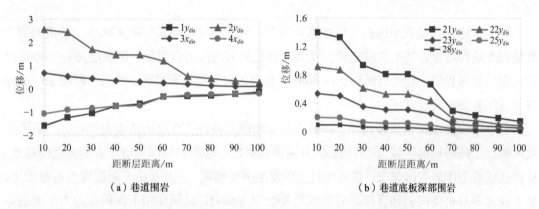

（a）巷道围岩　　　　　　　　　　（b）巷道底板深部围岩

图 7-63　采动影响下距断层不同距离巷道围岩位移演化特征

由图 7-62、图 7-63 分析可知，采动影响构造与巨厚砾岩耦合条件下距断层不同距离巷道围岩位移场演化特征及规律如下：

（1）巷道顶板围岩变形随距断层距离减小整体上先缓慢增加后迅速增加；距断层由 60m 到 50m 时，顶板下沉由 0.32m 增加到 0.66m，增幅高达 106.3%；顶板围岩随距断层距离的减小，最大变形量为 1.59m。

（2）巷道底板围岩变形随距断层距离减小整体上先缓慢增加，后迅速增加，再突变增加；距断层由 60m 到 50m 时，底鼓由 1.21m 迅速增加到 1.47m，增幅达 21.5%，巷道底鼓迅速增加的原因如下：一是此时断层出现滑移迹象（从此时采场位移图中可以看出），从而引发断层附近应力的释放，进而改变巷道围岩状态，使巷道底鼓严重，二是距离断层 50m 位置为向斜的轴部区域，此区域的构造应力强烈，水平应力释放较多；距断层由 30m 到 20m 时，底鼓由 1.70m 增加到 2.42m，增幅高达 42.4%，此时断层发生了滑移活化，断层附近的高构造应力在受动压扰动或者动载作用引起应力释放，而附近煤岩体因吸收、储存变形能有限，主要造成水平应力突变增加，应力达到煤岩体强度极限时，煤岩体产生破坏，除煤岩体中保存的部分残余变形能外，其储存的能量将大部分或者全部释放，断层附近巷道围岩应力状况因此产生很大改变，甚至颠覆性改变，巷道围岩一部分应力向煤岩体深部转移，另一部分应力必定全部释放出来，从而造成巷道底鼓出现突变增加；巷道底鼓的最大值为 2.54m。

（3）巷道左帮围岩变形随距断层距离减小整体近似线性增加；左帮围岩最大变形量为 0.67m，因为左帮围岩处于应力降低区，相对围岩变形较小。

（4）巷道右帮围岩变形随距断层距离减小整体上呈增加趋势；距断层由 60m 到 50m 时，右帮变形显现比较明显；右帮围岩随距断层距离的减小，最大变形量为 1.07m。

（5）巷道底板 1~3m 深度围岩变形随距工作面距离减小明显大于底板 5~8m，说明随距工作面距离减小底板 1~3m 深度围岩变形比较剧烈，底板 5~8m 围岩较为稳定，变形量较小。

综上所述，采动影响构造与巨厚砾岩耦合条件下巷道随距断层距离减小，巷道围岩变形呈现非线性增加，甚至急剧突变，尤其巷道底鼓表现得更为明显；距断层 60~100m 时巷道围岩变形显现；巷道距断层 20~60m 时巷道围岩变形显著显现；巷道距断层 10~20m 时巷道围岩变形突变显现。

巷道围岩变形发生显著显现，一是因为距离断层较近受断层构造应力影响，二是因为此区域处于向斜轴部区域，向斜轴部的开采活动必定引起向斜轴部构造应力的大范围释放，从而造成巷道围岩变形显著；巷道围岩变形发生突变显现，主要是由于断层发生滑移活化，加上巷道本身也受向斜和巨厚砾岩形成的复杂应力影响，共同作用下高构造应力形成的应力集中在断层活化期进行大范围的应力释放，而附近煤岩体因吸收、储存变形能有限，主要造成水平应力突变增加，应力达到煤岩体强度极限时，煤岩体产生破坏，除煤岩体中保存的部分残余变形能外，其储存的能量（应力）将大部分或者全部释放，断层附近巷道围岩应力状况因此受到很大改变，甚至颠覆性改变，巷道围岩一部分应力向煤岩体深部转移，另一部分应力必定全部释放出来，当巷道围岩积聚的变形能大于其到达巷道煤壁所消耗的能量与煤壁强度的极限承载能之和时，作为巷道围岩支护强度最薄弱的底板必定是其能量（应力）释放的最佳位置，从而发生巷道底鼓急剧变形、甚至完全破坏，进而发生巷道底板冲击。

7.5 冲击地压机理

本书通过对构造与巨厚砾岩耦合条件下回采巷道相似模拟试验、巷道围岩冲击特性试验及数值模拟，充分研究了向斜、断层和巨厚砾岩分别对回采巷道围岩冲击特性的影响，把向斜、断层和巨厚砾岩耦合应力场、能量场、塑性区及位移场进行了详细分析，综合上述研究结果可以得到构造与巨厚砾岩耦合条件下回采巷道冲击地压机理，具体如下：

采动影响构造与巨厚砾岩耦合条件下回采巷道围岩应力场、能量场、塑性区和位移场，主要受向斜构造应力、断层构造应力和巨厚砾岩局部旋转离层造成的非均匀应力耦合形成的复杂构造应力影响，耦合形成的复杂构造应力场处于必定高应力状态，此围岩区域必定存在因高构造应力形成的应力集中区域（从耦合应力场中可以看出），而高构造应力在受动压扰动或者动载作用时引起应力释放，而附近煤岩体因吸收、储存变形能有限，主要造成围岩水平应力突变增加，应力达到煤岩体强度极限时，煤岩体产生破坏，除煤岩体中保存的部分残余变形能外，其储存的能量（应力）将大部分或者全部释放，断层附近巷道围岩应力状况因此发生很大改变，甚至颠覆性改变，巷道围岩一部分应力向煤岩体深部转移，另一部分应力必定全部释放出来，当巷道围岩积聚的变形能（能量）大于其到达巷道煤壁所消耗的能量与煤壁强度的极限承载能之和时，作为巷道围岩支护强度最薄弱的底板必定是其能量释放的最佳位置，巷道煤岩体瞬时大量涌出，同时伴随着巷道底板急剧失稳、变形，甚至完全破坏，进而发生巷道底板冲击地压。巷道断层帮（距离断层最近的巷道帮部围岩）距离断层最近，耦合形成的高构造应力在释放的过程中首先到达断层帮，而巷道帮部支护强度通常较高，于是应力再次向巷道围岩支护强度较低的底板围岩转移，从而进一步加剧巷道底鼓失稳、变形和破坏，或者引起又一波的巷道底板冲击，但右帮围岩也因此产生较大变形，甚至发生帮部冲击。

综上所述可得：构造与巨厚砾岩耦合条件下回采巷道冲击地压机理，即采动影响或动载作用下，复杂构造应力释放主要造成围岩水平应力突变增加，其首先传递到断层帮，但帮部支护强度通常较高，因此应力迅速向底板转移并积聚大量能量，当巷道围岩积聚的能量大于其到达巷道煤壁所消耗的能量与煤壁强度的极限承载能之和时，自身围岩强度和支护强度都较低的底板是其能量释放的最佳位置，于是底板围岩急剧失稳、变形，甚至完全破坏，进而引发底板冲击。

第8章

构造与巨厚砾岩耦合条件下回采巷道冲击地压防治体系

本章主要通过对冲击地压防治原则总结，分析冲击地压防治现有体系，以义马矿区千秋煤矿和跃进煤矿工程实例为研究依托，对回采巷道强力柔性支护体系、U 型钢联合支护体系和锚杆支护体系进行评价总结，最后根据回采巷道冲击地压前兆规律，得出适合义马矿区回采巷道的防冲支护体系。

▶8.1 冲击地压防治原则及体系

8.1.1 冲击地压防治原则

冲击地压防治是指准确分析冲击地压危险程度，并针对主要诱发原因采取相应的防治措施和防护措施。防治措施的重点在于治，其目的是减少冲击地压的发生和弱化冲击危险程度，如采取加强巷道支护、应力集中的深部转移、优化生产布置系统等措施来减少冲击地压的发生，再如采取钻孔卸压、煤层注水、卸压爆破等措施来弱化冲击危险程度。防护措施的重点在于护，其目的是达到降低冲击地压的人身伤害和环境破坏，如采取巷道软包等措施。

矿井安全生产中冲击地压防治的有效六原则是：①防治冲击地压的根本性措施是合理的开拓布置和开采方式；②尽可能应用开采解放层，开采解放层是防治冲击地压的有效和带有根本性的区域性防治措施；③科学预测煤层区域的冲击危险程度，科学评价防治措施的实际效果；④工作面和巷道尽可能处于卸压区或低应力区；⑤降低煤层、顶板和底板积聚的弹性能量；⑥强力柔性支护体系加固巷道。

8.1.2 冲击地压防治现有体系

1."六字方针"防治体系

"六字方针"防治体系是指综合应用"测、卸、放、支、护、避"六字冲击地压综合防治措施，提高冲击地压防治水平和效果。

"测"是指采用综合指数法、SOS 微震监测法、矿压分析预测法、电磁辐射法和钻屑法五种方法相结合进行冲击地压预测预报，形成冲击地压时空逐级预测预报技术，如图 8-1 所示；"卸"即是施工卸压孔、开切卸压槽和卸压爆破、煤层注水等；"放"即强制放顶和邻面断顶、定向水力致裂顶板等；"支"即加强超前支护；"护"即护帮、护顶、护人员；"避"即生产衔接避开危险区，人员施工避开危险区。

图 8-1　冲击地压时空逐级预测预报技术示意图

2."五位一体"防治体系

"五位一体"防治体系是指冲击地压矿井按照安全培训、预测预报、防治措施、效果检验、安全防护的方式进行综合防治。

安全培训是指通过防治知识培训、防治措施培训等方式提高主动防治的意识；预测预报是指利用电磁辐射监测、钻屑法监测、矿压监测、微震监测等监测数据，在图上标出变化曲线，综合所有监测数据，分析巷道应力分布情况，对冲击地压危险区域进行预测预报；防治措施是指主动防范和主动解危措施；效果检验是对采取防治措施后的采场、巷道等区域，采用微震法、电磁辐射法、矿压观测法、钻孔应力法和钻屑法等方法进行冲击危险性监测和检验；安全防护是指采取的各项措施达到降低冲击地压的人身伤害和环境破坏。

3."四强"防治体系

"四强"防冲体系是指强监测、强卸压解危、强支护和强防护。

强监测体系是指矿区监测、采区监测及工作面监测；强卸压解危是指综合实施断顶、断底、煤层注水、水力压裂等卸压解危措施；强支护是指对巷道采取多级加强支护；强防护是指对在冲击危险区域作业的人员作业环境防护和人身防护。

▶ 8.2 构造与巨厚砾岩耦合条件下回采巷道冲击地压防治体系及措施

义马矿区回采巷道属于典型的构造与巨厚砾岩作用下的巷道围岩，根据冲击地压发生的主要影响因素有向斜构造应力、断层构造应力、巨厚砾岩局部旋转离层造成的非均匀应力和开采扰动，结合构造与巨厚砾岩耦合条件下回采巷道冲击地压机理，并充分利用现有冲击地压防治体系的有效成果，提出回采巷道冲击地压防治体系：监测体系、卸压解危体系、支护体系和防护体系。

8.2.1 回采巷道冲击地压防治体系

1. 监测体系

义马矿区回采巷道监测体系是指矿区监测、采区监测及工作面监测，同时充分利用不同监测设备的特点和优点，对微震、电磁辐射、钻孔应力和巷道围岩监测数据进行综合处理分析，形成具有多参量监测数据的回采巷道监测体系，如图 8-2 所示。

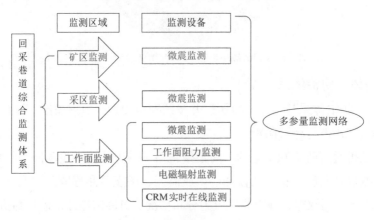

图 8-2 回采巷道监测体系

2. 卸压解危体系

义马矿区回采巷道卸压解危体系主要有煤层注水、卸压钻孔、水力压裂等解危措施，如图 8-3 所示。综合卸压解危的主要目的是使巷道围岩处于卸压区或者低应力区，尽可能地使周围煤岩体能量得到逐次诱发，应力积聚减小，起到弱化巷道围岩冲击危险的作用。

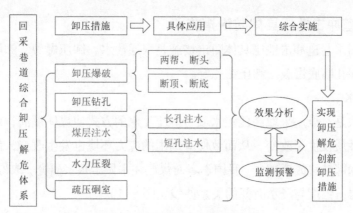

图 8-3　回采巷道卸压解危体系

3. 支护体系

根据义马矿区回采巷道围岩变形特点确定综合支护体系主要为三级支护：一级支护为锚杆支护体系；二级支护为锚杆支护体系+高强度全封闭 36U 型钢；三级支护为锚杆支护体系+"O"形棚+门式液压支架（或垛式液压支架）。

三级联合支护属于强力柔性支护体系，具有让压和抗压的双重支护作用，可以协同增强了巷道围岩的抗变形能力，能很好地适应和控制巷道围岩变形，一般在冲击地压较严重的巷道带式输送机机头、断层破碎带和矿压急剧显现区采用，同时也可以有效降低冲击地压对人身的伤害，保护工人的生命安全，在义马矿区回采巷道冲击地压防治方面取得了良好效果。

4. 防护体系

义马矿区回采巷道综合防护体系的目的是通过采取防护措施达到降低冲击地压的人身伤害和环境破坏，如冲击危险区人员必须穿戴防冲服和防冲帽、远距离视频监控、工作面端头的加强支护和强力超前支护（如上巷采取超前 100m 支护，下巷采取超前 300m 支护）、安装门式支架、安装压风自救系统和采区巷道软包（图 8-4）等。

图 8-4　采区巷道软包

8.2.2 回采巷道冲击地压具体防治措施

义马矿区回采巷道冲击地压具体防治措施是煤层注水、卸压爆破、卸压硐室卸压、深孔断顶爆破、深孔断底爆破、卸压钻孔等。

1. 煤层注水

煤层注水法是对煤层采取高压注水或者静压注水的方式使煤体湿润，由于煤体遇水后自身物理力学性质发生了改变，从而致使其周围的应力环境也发生改变，使主要应力集中区域向煤层更深部转移或者减弱。我国学者对煤层注水做了很多研究，取得了有益的结论，同时也得到了岩石强度与浸水时间的关系曲线（图8-5）。

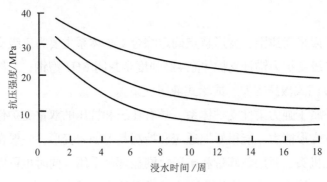

图 8-5　岩石强度与浸水时间的关系曲线

以义马矿区跃进煤矿 25110 工作面下巷实际注水情况为例，发现回采巷道煤层注水具有以下优点：

（1）煤层注水改变了回采巷道两帮煤体的结构，使巷道围岩应力向煤岩体深部转移，降低了巷道周围煤岩体弹性能的距离。

（2）降低了回采巷道围岩应力集中程度的大小和范围，使该工作面下巷冲击地压事件的发生大大减小，且煤层注水具有方便实施，成本低等特点。

2. 卸压爆破

卸压爆破是通过有选择性地诱导和释放围岩应力，使其围岩应力减小或者向煤岩体深部转移的方式来弱化巷道围岩冲击危险程度。

通过对义马矿区千秋煤矿 21221 工作面上巷和下巷的现场应用表明：卸压爆破前后巷道围岩应力大小和位置都发生明显变化，巷道围岩应力集中程度得到明显减弱，应力峰值也向煤岩体深部发生了转移，明显改善了巷道围岩应力环境，减少了巷道围岩变形，对巷道冲击地压的防治起到很好的作用。

3. 开设疏压硐室

开设疏压硐室和卸压爆破都是为了弱化巷道围岩冲击危险程度，疏压硐室对巷道围岩应力的释放是渐进的过程，一般释放应力的程度和范围比卸压爆破小，但是其具有可以持续释放和转移巷道围岩应力的作用。

通过千秋煤矿 21221 工作面下巷疏压硐室（沿巷道走向，上下帮每隔 40m 布置一个）的现场应用，发现疏压硐室可以有效降低应力集中程度，使其向周围煤岩体深部转移，改善巷道围岩应力环境，对巷道围岩变形的控制有一定的作用，由于其可以长时间地释放巷道围岩应力，因此，疏压硐室对回采巷道冲击地压的防治具有长久且积极的作用。

▶ 8.3 构造与巨厚砾岩耦合条件下回采巷道防冲支护体系评价分析

8.3.1 千秋煤矿 21221 工作面下巷现有支护体系

根据义马矿区千秋煤矿 21221 工作面下巷作业规程相关资料及现场实际，得知 21221 工作面现有支护体系主要有一级支护和二级支护，即锚杆支护体系和联合支护体系（36U 型钢+锚杆支护体系）。

一级支护锚杆支护体系参数为：巷道断面为矩形，宽高为 6000mm×4300mm，顶板和两帮锚杆均为 ϕ22L2400mm，间排距为 600mm×600mm，树脂药卷为 K2350；锚索为 ϕ17.8L8000mm，间排距为 1500mm×1200mm，树脂药卷为 K2390；采用菱形网。

二级支护 36U 型钢+锚杆支护体系的联合支护体系参数为：巷道断面为半圆拱形，宽高为 6300mm×4805mm，36U 形棚（6300 型）支护；棚距 500mm，每棚安设 9 道连接板，304 型 2 道，608 型 7 道（正顶三道，两侧腿部各两道，最下边一道离巷道底板 400mm），棚后让压距不小于 300mm。

由于千秋煤矿 21221 工作面下巷属于典型的构造与巨厚砾岩耦合条件下回采巷道，巷道冲击危险性高，现有支护体系在发生冲击时不能有效地控制巷道变形，使巷道围岩变形严重，尤其是巷道底鼓没有得到很好控制，严重威胁矿井的安全生产，因此千秋煤矿 21221 工作面下巷需要有效控制巷道围岩变形的防冲支护体系。

8.3.2 千秋煤矿 21221 工作面下巷防冲支护设计

根据义马矿区千秋煤矿 21221 工作面下巷冲击地压影响发生因素及围岩变形特点，提出采用锚杆支护体系+"O"形棚+门式液压支架（或垛式液压支架）的强力柔性支护体系，为回采巷道冲击地压综合支护体系中的三级支护，此强力柔性支护体系已在义马矿区跃进煤矿回采巷道防冲支护中得到了良好的应用。千秋煤矿 21221 工作面下巷强力柔性支护断面参数设计如图 8-6 所示。千秋煤矿 21221 工作面下巷三级支护对比详见表 8-1。

表 8–1　千秋煤矿 21221 工作面下巷三级支护对比

支护级别	支护方式	支护形式	断面形状	作用
一级支护	锚杆支护	锚杆支护体系	矩形	现有支护
二级支护	联合支护	锚杆支护体系+36U 型钢	半圆拱形	现有支护
三级支护	联合支护	锚杆支护体系+O 形棚+门式支架	O 形	防冲支护

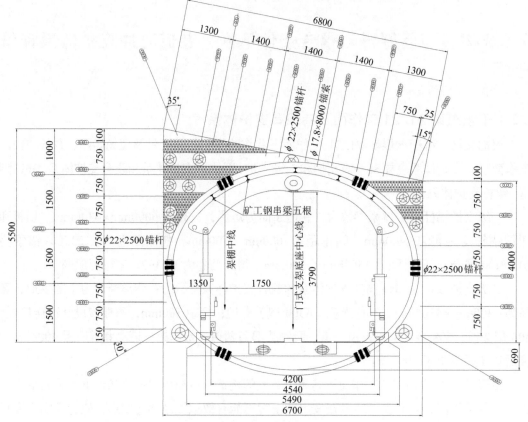

图 8-6　21221 工作面下巷强力柔性支护断面参数设计图

8.3.3 防冲支护体系对回采巷道围岩冲击特性的影响分析

　　为研究防冲支护对义马矿区千秋煤矿 21221 工作面下巷围岩冲击特性的影响分析，并充分考虑千秋煤矿向斜、断层、巨厚砾岩对回采巷道的耦合影响作用，建立回采巷道防冲支护离散元（CDEM）数值模型，如图 8-7 所示。模型分 3 个方案，即一级支护（锚杆支护体系）、二级支护（U 型钢联合支护体系）、三级支护（强力柔性防冲支护体系），基础模型尺寸（长×高）确定为：238.23m×182.17m，本节对三级支护进行对比分析，并重点研究强力柔性防冲支护体系对回采巷道围岩冲击特性的影响。

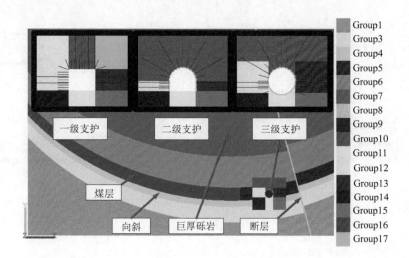

图 8-7　回采巷道防冲支护数值模型

1. 应力场影响分析

巷道围岩发生冲击地压的根本原因是周围煤岩体在高应力作用下的突然失稳、变形和破坏，因此回采巷道围岩的应力场是判断巷道围岩发生失稳、变形和破坏的重要依据。统计和分析计算结果得到三种支护体系巷道围岩应力场对比如图 8-8 所示，三种支护体系巷道围岩应力演化特征对比如图 8-9 所示。

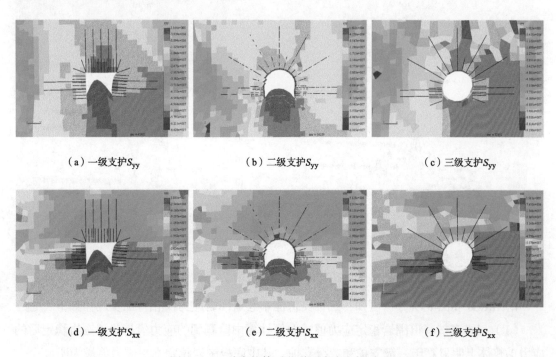

（a）一级支护S_{yy}　　　　（b）二级支护S_{yy}　　　　（c）三级支护S_{yy}

（d）一级支护S_{xx}　　　　（e）二级支护S_{xx}　　　　（f）三级支护S_{xx}

图 8-8　三种支护体系巷道围岩应力场对比

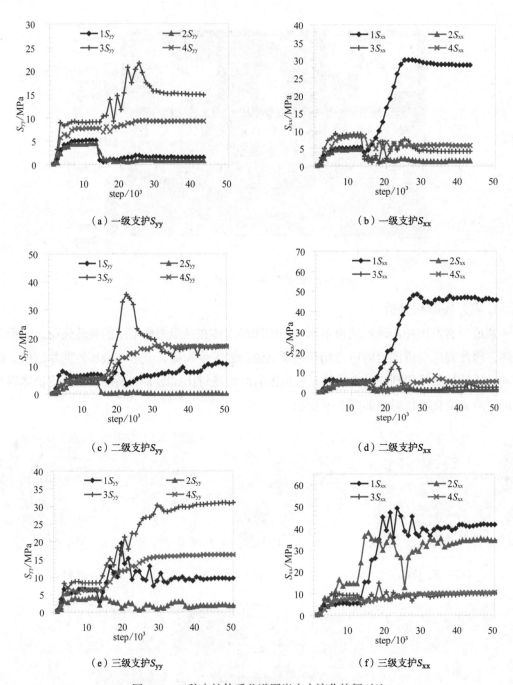

图 8-9　三种支护体系巷道围岩应力演化特征对比

由图 8-8 和图 8-9 分析可知，三种支护体系巷道围岩应力演化特征及规律如下：

（1）三级支护巷道围岩稳定应力值（数值计算中监测到的应力值是巷道围岩稳定后的应力）整体上明显高于一级支护和二级支护，其中底板围岩稳定水平应力值最为明显。

（2）锚杆支护体系和 U 型钢支护体系底板围岩稳定应力值最小，垂直应力和水平应力稳定值为 0，说明底板围岩遭到强烈破坏，因此，在冲击事件中则会表现出底板围岩的强烈大变形，甚至底板完全破坏。

（3）强力柔性支护体系中底板围岩稳定垂直应力值较小，但底板围岩水平应力值较大，其值约为 34.7MPa，又因底板围岩变形中水平应力起到关键控制作用，因此，强力柔性支护体系中底板围岩变形相对较小；强力柔性支护体系中巷道两帮围岩应力较小，在生产实践中应注意对两帮围岩变形及帮部冲击的观测和控制。

2. 能量场影响分析

巷道围岩能量场是伴随着巷道围岩应力转移和应力集中，数值模拟中监测到能量场是储存在巷道围岩中的弹性能量场，因此巷道围岩能量场是判断巷道围岩发生失稳、变形和破坏的重要依据。三种支护体系巷道围岩能量演化特征如图 8-10 所示。三种支护体系巷道围岩能量场对比如图 8-11 所示（图中"10"代表一级支护，"20"代表二级支护，"30"代表三级支护）。

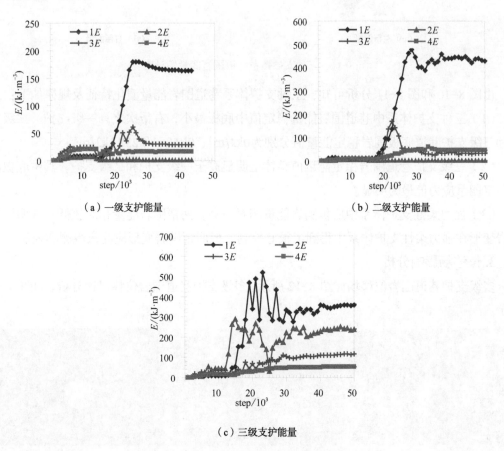

（a）一级支护能量　　　　　　　　　　　　（b）二级支护能量

（c）三级支护能量

图 8-10　三种支护体系巷道围岩能量演化特征对比

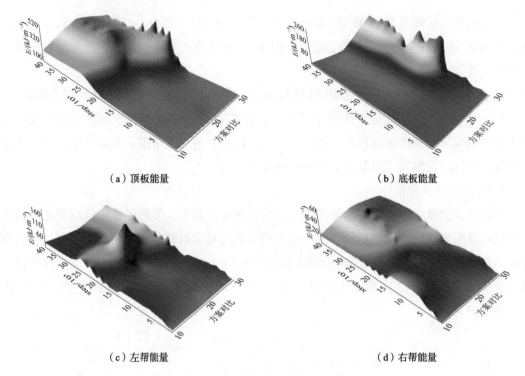

（a）顶板能量 （b）底板能量

（c）左帮能量 （d）右帮能量

图 8-11　三种支护体系巷道围岩能量场对比

由图 8-10 和图 8-11 分析可知，三种支护体系巷道围岩能量演化特征及规律如下：

（1）三种支护体系中巷道围岩能量稳定值中底板最小，右帮次之；一级支护、二级支护和三级支护巷道底板围岩稳定能量值分别为0kJ/m³、0kJ/m³和238.1kJ/m³。

（2）三级支护巷道围岩稳定能量值整体上明显高于一级支护和二级支护，其中底板围岩稳定能量应力值最为明显。

（3）强力柔性支护体系中底板围岩能量相对较高，两帮围岩能量相对较低；说明底板围岩变形在强力柔性支护体系中得到了很好控制，但两帮围岩变形应注意观测和控制。

3. 位移场影响分析

多级支护巷道围岩位移场如图 8-12 所示。多级支护巷道围岩位移对比分析，如图 8-13 所示。

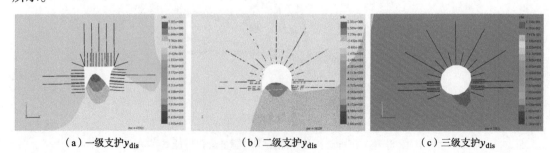

（a）一级支护y_{dis} （b）二级支护y_{dis} （c）三级支护y_{dis}

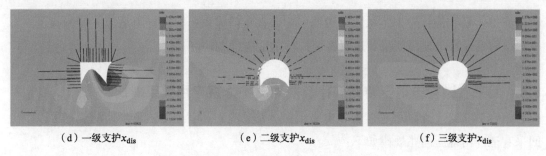

（d）一级支护x_{dis}　　　　（e）二级支护x_{dis}　　　　（f）三级支护x_{dis}

图 8-12　三种支护体系巷道围岩位移场对比

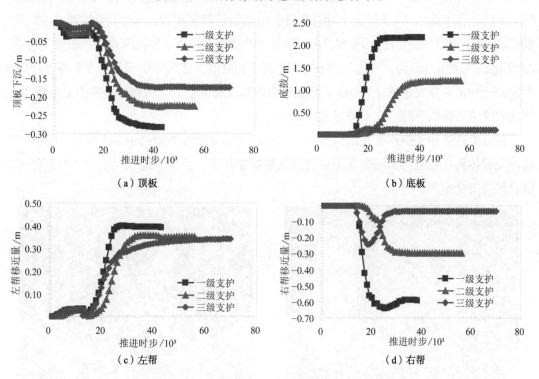

图 8-13　三种支护体系巷道围岩位移演化特征对比

由图 8-12 和图 8-13 分析可知，三种支护体系巷道围岩位移演化特征及规律如下：

（1）锚杆支护体系和 U 型钢联合支护体系巷道围岩变形中底鼓最为严重，右帮次之。底板围岩稳定后应力和能量都很低也说明巷道底板围岩遭到了破坏，且破坏的程度比较彻底。

（2）三级支护，即强力柔性支护体系，在采动影响下，对巷道围岩变形的控制作用明显加强，其中对底板巷道围岩的控制作用更为明显和有效。强力柔性支护体系中的锚杆支护和"O"形棚具有让压作用，锚杆支护和门式支架具有抗压作用，支护体系中的让压作用和抗压作用协同增强了底板围岩的抗变形能力，能很好地适应和控制巷道围岩变形。

（3）强力柔性支护体系在防冲巷道支护中对巷道围岩的关键控制能力明显优于 U 型钢

联合支护体系和锚杆支护体系。这说明强力柔性支护体系可以很好地适应并控制巷道围岩变形，对易发冲击地压回采巷道具有更广泛的适应性和控制性。

8.3.4 回采巷道冲击地压前兆规律及防冲支护体系应用效果对比

综合 21221 工作面下巷微震、电磁辐射、钻孔应力和巷道围岩变形监测规律可以得出回采巷道冲击地压前兆规律如下：

冲击事件发生前 3～5 天，微震能量和频次信号均出现上升趋势，之后 1～4 天达到峰值后下降，在下降后 2～3 天发生冲击事件；电磁辐射强度在冲击事件发生之前 1～2 天出现高值，且整体上在冲击前后呈现"Λ"型和"N"型变化趋势；钻孔应力在冲击发生前 7～28 天出现连续上升趋势，冲击发生前 1～2 天达到峰值，之后开始下降，在下降过程中发生冲击；冲击事件发生前 15～20 天顶底板移近量出现连续增大的趋势，冲击发生前 1～2 天达到峰值后突然下降，在下降过程中发生冲击。

强力柔性防冲支护体系在回采巷道冲击地压现场应用效果如图 8-14d 所示。由图可知，防冲支护体系在控制巷道围岩变形中起到关键控制作用，且冲击地压发生后，巷道仍可以满足矿井安全生产。

（a）锚杆支护体系失效

（b）U 型钢联合支护体系失效

（c）U 型钢局部断裂

（d）强力柔性支护体系

图 8-14　三种支护体系现场应用效果对比

8.3.5 回采巷道防冲支护体系评价总结

通过对千秋煤矿的数值模型计算分析，并根据千秋煤矿现有支护体系，提出强力柔性支护体系能够较好地控制巷道围岩变形和保证巷道安全，同时也对综合支护技术中的三种支护体系进行了详细对比分析，并对防冲支护体系进行了现场应用，得出如下结论：

（1）锚杆支护体系和 U 型钢联合支护体系巷道围岩变形中底鼓最为严重，右帮次之；强力柔性支护体系中的锚杆支护和"O"形棚具有让压作用，锚杆支护和门式支架具有抗压作用，支护体系中的让压作用和抗压作用协同增强了底板围岩的抗变形能力，能很好地适应和控制巷道围岩变形。

（2）强力柔性支护体系在防冲巷道支护中对巷道围岩应力场、能量场和位移场的关键控制作用明显优于 U 型钢联合支护体系和锚杆支护体系，且可以很好地适应并控制巷道围岩变形，对易发冲击地压回采巷道具有更广泛的适应性和控制性。

第 9 章

构造与巨厚砾岩耦合条件下回采巷道冲击地压应用实践

▶ 9.1 跃进煤矿 25110 工作面巷道冲击地压应用实践

防冲支护体系在跃进煤矿 25110 工作面下巷进行了现场应用，下巷主要采用微震监测、电磁辐射监测、钻孔应力监测和巷道围岩变形监测（顶底板动态监测）对巷道冲击地压进行多参量监测与防控，25110 工作面下巷冲击地压多参量监测布置示意图如图 9-1 所示。

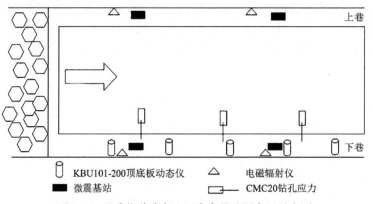

$\square$ KBU101-200顶底板动态仪　　$\triangle$ 电磁辐射仪
■ 微震基站　　$\boxed{}$ CMC20钻孔应力

图 9-1　回采巷道冲击地压多参量监测布置示意图

9.1.1 微震监测

根据现场监测整理跃进煤矿 25110 工作面下巷 "20111203" 冲击事件、"20120104" 冲击事件、"20120201" 冲击事件和 "20120422" 冲击事件，得到微震（ARAMIS）的能量和频次数据，能量的大小可以反映应力集中程度的高低，频次的大小可以反映煤岩体破裂的剧烈程度。25110 工作面下巷冲击地压微震规律如图 9-2 所示。

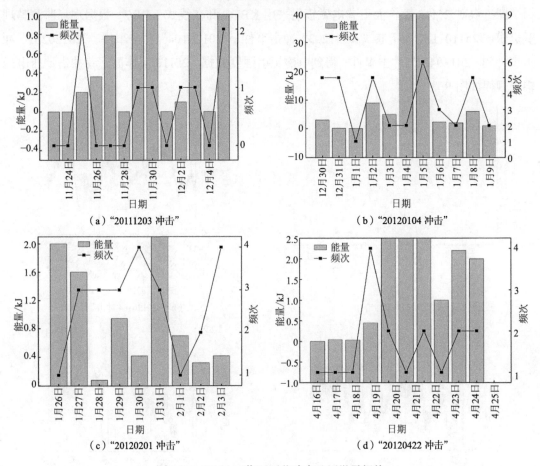

（a）"20111203 冲击"　　　　（b）"20120104 冲击"

（c）"20120201 冲击"　　　　（d）"20120422 冲击"

图 9-2　25110 工作面下巷冲击地压微震规律

由于微震能量信号大小之间的差别非常大，会出现数量级的差别，为保证趋势图的可分析性，表示能量的柱状图会出现"满值"，代表与其他值相比出现数量级的差别。由图 9-2 分析可知，25110 工作面下巷冲击地压微震规律如下：

（1）"20111203 冲击"事件发生前 9 天能量值开始出现上升趋势，5 天后达到峰值 300kJ，之后能量值开始下降，下降 5 天后发生冲击，本次冲击事件的频次信号变化趋势基本与能量值变化趋势吻合；"20120104 冲击"事件发生前的 1 月 1 日能量值开始增大，1 天后出现峰值，下降 2 天后发生冲击；"20120201 冲击"事件发生前 3 天能量值开始增大，2 天后出现峰值，之后下降 1 天发生冲击；"20120422 冲击"事件的趋势变化中，能量值和频次均从 4 月 16 日上升到 4 月 19 日，后下降，4 天后发生冲击。

（2）冲击事件发生前 3~5 天能量和频次信号均出现上升趋势，之后 1~4 天达到峰值后下降，在下降后 2~3 天发生冲击事件。

9.1.2 电磁辐射监测

跃进煤矿 25110 工作面下巷电磁辐射采用 KBD5 和在线式 KBD7，根据现场监测整理跃进煤矿 25110 工作面下巷"20111203"冲击事件、"20120104"冲击事件、"20120201"冲击事件和"20120422"冲击事件，得到电磁辐射强度数据。25110 工作面下巷冲击地压电磁辐射规律如图 9-3 所示。

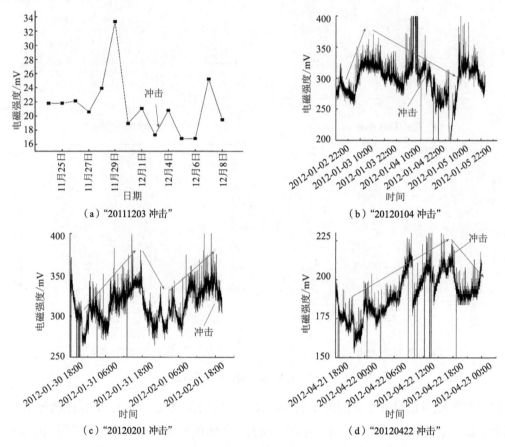

图 9-3　25110 工作面下巷冲击地压电磁辐射规律

由图 9-3 分析可知，25110 工作面下巷冲击地压电磁辐射规律如下：

（1）"20111203 冲击"前兆规律：2011 年 12 月 3 日中午 12 点 51 分，25110 工作面下巷距巷口 320～340m 范围内发生冲击，能量为 9.32×10^6J，震级为 1.67 级；12 月 3 日冲击发生前，25110 工作面下巷的电磁强度在事故发生前 9 天出现缓慢上升趋势，3 天后快速上升达到最大值，之后急剧下降，在下降过程中发生了冲击地压事故。

（2）"20120104 冲击"前兆规律：从 1 月 3 日开始，电磁信号出现缓慢上升趋势，到 1 月 4 日 12 点电磁信号从 308mV 急剧上升，达到最大值 500mV，变化率达到了 1.6；随后信号迅速下降，下降到较小的基值且持续缓慢下降，在下降过程中发生了冲击事件，即当电磁辐射出现上升趋势，达到峰值后出现下降趋势，1天后冲击地压便会发生。

（3）"20120201冲击"前兆规律：从1月30日开始，电磁信号出现剧烈上升趋势，从210mV出现上升趋势，但上升过程中升降剧烈，到2月1日16点达到最大值350mV，变化率达到了1.7；之后，信号持续下降，在下降过程中发生了冲击事件。即，当电磁辐射出现上升趋势2天达到峰值后出现下降趋势1天后，冲击地压发生。

（4）"20120422冲击"前兆规律：冲击事件发生前，从4月21日20点后电磁信号持续上升，从160mV逐渐升高，期间有2次小波动，电磁强度有小幅下降，在4月22日17时21分发生冲击，冲击之后，信号快速回落。即，当电磁辐射出现持续上升2天，在达到峰值前冲击地压发生。

（5）通过对跃进煤矿25110工作面下巷典型冲击事件分析，得到回采巷道冲击前存在2种前兆规律，即"∧"型趋势和"N"型趋势。

9.1.3 钻孔应力监测

25110工作面下巷安装钻孔应力传感器（CMC20）（可实现24h监测），钻孔应力计间距为50m，根据现场监测整理"20111203"冲击事件、"20120104"冲击事件、"20120201"冲击事件和"20120422"冲击事件，得到应力数据。25110工作面下巷冲击地压钻孔应力规律如图9-4所示。

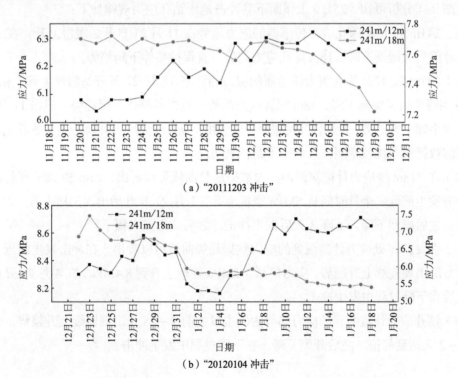

（a）"20111203冲击"

（b）"20120104冲击"

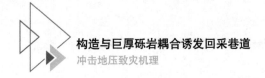
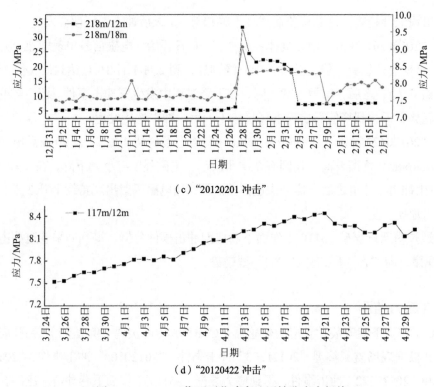

（c）"20120201 冲击"

（d）"20120422 冲击"

图 9-4　25110 工作面下巷冲击地压钻孔应力规律

由图 9-4 分析可知，25110 工作面下巷冲击地压钻孔应力规律如下：

（1）241m 处 12m 深孔应力传感器的应力趋势在 11 月 21 日开始缓慢上升，在 12 月 2 日达到峰值后又缓慢下降，18m 深孔应力趋势一直保持整体下降趋势。

（2）241m 处 12m 深孔应力传感器的应力趋势在 12 月 21 日开始缓慢上升，在 12 月 28 日达到峰值后又突然下降，18m 深孔应力趋势一直保持整体下降趋势，但在 11 月 30 日之后出现小幅上升趋势，2 天后开始缓慢下降。由于 241m 处应力计离冲击位置较远，因此监测到的数据波动比较剧烈，且规律不是特别明显。

（3）在 218m 处应力计监测到的应力数据趋势曲线可以看出，12m 和 18m 深孔的应力值在冲击发生前近一个月时间从 5MPa 缓慢上升，1 月 27 日开始出现突然上升，2 天后到达峰值，之后剧烈下降，下降 3 天后发生冲击，之后应力又大幅下降。

（4）在 117m 处应力计监测到的应力数据趋势曲线可以看出，在冲击发生前近一个月时间应力值出现连续上升趋势，应力值从 7.5MPa 逐渐上升到 8.4MPa，在 4 月 20 日达到峰值，之后在下降过程中发生冲击。

（5）钻孔应力计监测到的应力趋势为冲击发生前 7～28 天出现连续上升趋势，冲击发生前 1～2 天达到峰值，之后开始下降，在下降过程中发生冲击。

9.1.4 巷道围岩变形监测

巷道围岩变形量是冲击地压发生的最直观表现，根据跃进煤矿 25110 工作面巷道围岩变形特点，主要监测顶底板移近量，采用 KBU101-200 顶底板动态监测仪进行监测。整理下巷"20111203"冲击事件、"20120104"冲击事件、"20120201"冲击事件和"20120422"冲击事件,得到巷道围岩变形数据。25110 工作面下巷冲击地压围岩变形规律如图 9-5 所示。

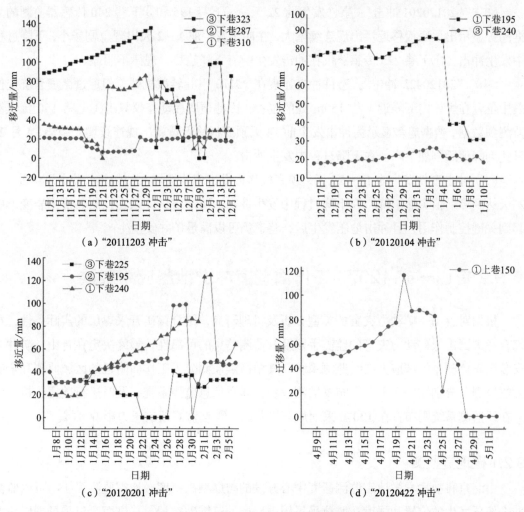

图 9-5　25110 工作面下巷冲击地压围岩变形规律

由图 9-5 分析可知，25110 工作面下巷冲击地压微震规律如下：

（1）"20111203 冲击"：发生位置为下巷 320～340m 处，在③下巷 323 传感器监测到的数据趋势显示在冲击事件发生前 20 天时，顶底板移近量开始持续增加，到 12 月 1 日顶底板移近量出现急剧减小趋势，之后数据趋势开始紊乱，在 3 日发生冲击；①下巷 310 传感器监测到的数据趋势也显示出在冲击前先上升后在 11 月 29 日发生突然减小的规律，但之前有所波动，规律不如③下巷 323 传感器；②下巷 287 传感器监测到的数据趋势与前两个传感器大略相同，但规律不是特别明显。

（2）"20120104 冲击"：在离冲击事件近的③下巷 240 传感器监测的数据趋势显示出在冲击发生前 17 天时顶底板移近量开始出现连续增加趋势，至 1 月 2 日达到最大值，之后开始下降，下降过程中发生冲击，而离冲击地点更近的①下巷 195 下降的趋势更剧烈。

（3）"20120201 冲击"：事件发生前 22 天，①下巷 195 和③下巷 240 传感器监测的数据趋势显示出顶底板移近量出现连续增大，在冲击发生前 1~2 天出现急剧减小，下降过程中发生冲击，①下巷 225 传感器仅在冲击发生前有下降趋势，规律不明显。

（4）"20120422 冲击"：事件冲击显现在 25110 下巷转载机处，但通过微震系统定位震中位置在煤体内部靠近上巷 150m 处的位置，因此顶底板动态仪只有①上巷 150 传感器监测到数据，数据趋势显示为冲击发生前 14 天顶底板移近量就出现连续增大趋势，4 月 20 日达到峰值后剧烈下降，在下降过程中发生冲击。

（5）冲击事件发生前 15~20 天，顶底板移近量出现连续增大的趋势，冲击发生前 1~2 天达到峰后值突然下降，在下降过程中发生冲击；防冲支护体系在控制巷道围岩变形中起到关键控制作用，且冲击地压发生后，巷道仍可以满足矿井安全生产。

▶ 9.2 首山一矿 12070 工作面巷道冲击地压应用实践

根据对首山一矿动力灾害的类型分析及机理研究，结合该矿开采煤层的实际条件，再综合考虑国内煤矿动力灾害的监测手段及其监测信息的可靠性，最终决定在首山一矿井下安装微震监测系统和应力在线监测系统。其中微震监测分为工作面附近的区域监测和全矿微震监测，分别在井上下多点布置监测设备，建立信息监控系统，及时进行数据分析。应力在线监测系统则布置在 12070 采面风、机巷内，重点监测超前压力影响区域。

9.2.1 微地震监测

由北京科技大学微地震监测研究中心开发的防爆型高精度微地震监测系统，可以监测冲击地压发生的位置和强度；监测采场周围岩层的三维破裂规律，进而给出采场围岩应力分布；确定采动高应力和高应力差场，为预警冲击地压提供依据；确定掘进过程中煤层超前破裂的范围，预测煤与瓦斯突出；确定坚硬岩层和矿柱破裂过程，为预测矿震提供依据；监测和预报断层活化过程，预报断层活化灾害；监测和确定超前支承压力影响范围，确定超前支护的合理参数和区段矿柱的尺寸等。微震系统的原理是：采场上方岩层受采动影响断裂，能量以震动和声波的形式向周围传播，到达预先埋设的多组检波器。由于震源（岩层断裂位置）与检波器间的距离不同，震动波传播到检波器的时间也不相同，因此，检波器上的到时是不相同的。根据各检波器不同的到时差，进行震源定位和能量计算，得到此次岩层断裂的位置和能量（图9-6）。

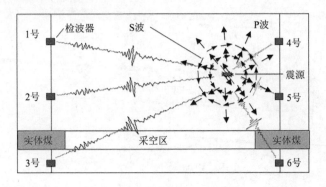

图9-6　微震监测岩体破裂示意图

微震监测系统结构如图9-7所示。安装在测区内的微震检波器接收震动信号，传输至井下微震监测分站，微震分站将电信号转换为光信号，经光纤传输至微震主机，经由交换机再将光信号传输至地面数据采集主机，再传输至数据存储及处理主机进行微震事件的定位分析与多方位展示。

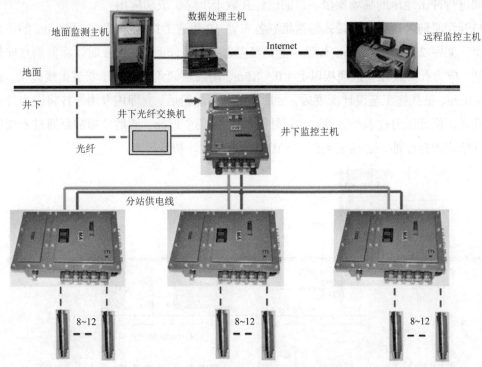

图9-7　KJ551微震监测系统结构示意图

通过分析首山一矿监测区域的情况，确定监测目标为12070工作面，共布置10个测点，其中工作面 4 个检波器间距为 50m，随着工作面的推采向前循环移动，具体布置如图 9-8 所示。

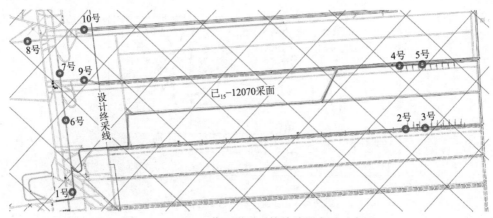

图 9-8 12070 工作面微震系统检波器布置示意图

9.2.2 应力在线监测

由北京科技大学微地震监测研究中心研发的冲击地压在线监测系统，可以在工作面开采期间进行冲击地压的临场预报。目前已经在数十个煤矿成功应用。

自开切眼向外轨道巷和带式输送机巷各布置 10 组应力组（深度 8m 和 14m 的应力计各一个，间距 2.0m），每 25m 布置一组。当应力组距工作面 5~10m 时，将监测点向外循环移动。应力孔布置在巷道底板以上 1.0~1.5m，沿煤层倾角并垂直于巷道中线施工，钻孔直径 42mm。钻孔施工至设计深度后，尽量排空孔内煤粉后，立即用专用导杆将应力计油囊导入孔底，保证压力枕水平放置，油管外漏长度不超过 1.0m，然后使用油泵通过专用压力转换件给应力计注油，加压至 4.5~5.5MPa 作为应力计初始压力。

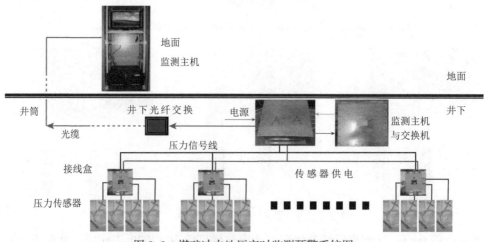

图 9-9 煤矿冲击地压实时监测预警系统图

图 9-9 所示为煤矿冲击地压实时监测预警系统图，图 9-10 所示为依据钻孔应力变化规律判断巷帮灾害形式示意图，图 9-11 所示为冲击地压实时监测预警系统监测主界面。

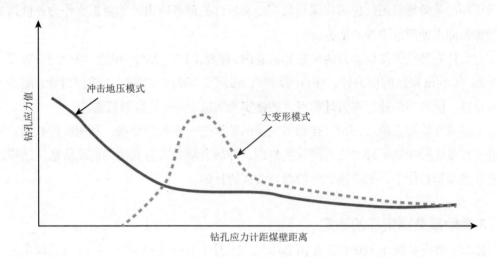

图 9-10　依据钻孔应力变化规律判断巷帮灾害形式示意图

如果钻孔应力计在工作面前方一定距离出现应力升高，此后应力急剧下降，说明煤体破裂，工作面前方存在大范围塑性区，可能出现"大变形"。若钻孔应力计在工作面前方出现单调应力升高，几乎没有下降，说明煤体不破裂，工作面前方不存在大范围塑性区，而此时应力值已经非常高，极容易发生灾害性冲击地压。危险区形成的全过程可以在地面电脑屏幕上直观地看到。

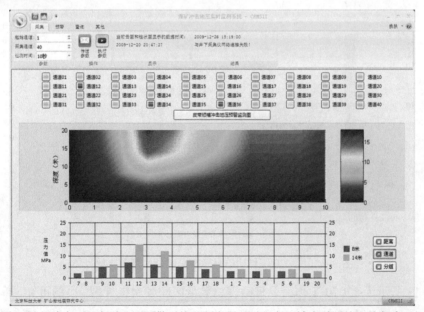

图 9-11　冲击地压实时监测预警系统监测主界面（红色区域为需要处理的危险区）

冲击地压在线监测系统既可以用来监测工作面前方煤体的应力，也可以通过应力计应力的变化情况进行卸压效果检验。监测系统自动读取压力数据，并实时传输到地面控制室，显示出冲击危险性云图。也可以采用数据处理软件处理各应力计的数据，作为评价顶板运动规律和冲击地压危险性的依据。

应力计安装在工作面前方的风巷和机巷内，超前工作面250m布置，每个测点布置1组2个8m和14m深度的应力计，测点间距为25m，工作面前共布置10组应力计，随着工作面的推进，循环向前补打应力计测点，始终实现面前250m的监测范围。

上述两套监测系统对首山一矿动力灾害的监测是一项长期举措，利用前期收集到的数据进一步量化分析该矿动力灾害的发生机理，并研究动力灾害发生的前兆信息，逐步建立并完善预警指标体系，最终达到防治动力灾害的目标。

9.2.3 微地震监测指标的确定

KJ551微震系统在12070工作面2016年11月1日—2017年5月12日开采期间共监测得到830个有效微震事件，收到事件的天数共计117天。选取这些事件进行统计分析。

图9-12所示为12070工作面单日微震总能量区间频次统计图。由图可知，单日微震总能量在$2 \times 10^4 \sim 10 \times 10^5$J区间频次最高达到38次，对应的频率为32.5%。工作面单日微震总能量在$0 \sim 3.5 \times 10^6$J区间对应频率为95.5%。根据统计学原理，微震事件总能量出现频率小于5%时，为小概率事件。因此选取12070工作面单日微震总能量的预警指标为3.5×10^6J。

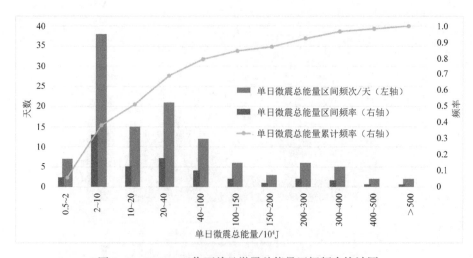

图9-12　12070工作面单日微震总能量区间频次统计图

图9-13所示为12070工作面单日微震总数量区间频次统计图。由图可知，单日微震总数量在$1 \sim 5$区间频次最高达到77次，对应的频率为65.8%。工作面单日微震总数量在$0 \sim$

22 区间对应频率为 95.6%。根据统计学原理，选取 12070 工作面单日微震总数量的预警指标为 22 个。

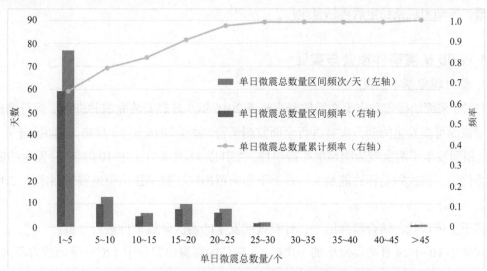

图 9-13　12070 工作面单日微震总数量区间频次统计图

图 9-14 所示为 12070 工作面单个微震能量区间频次统计图。由图可知，单个微震能量在 $2 \times 10^4 \sim 5 \times 10^4$J 区间频次最高达到 203 次，对应的频率为 24.5%。工作面单个微震能量在 $0 \sim 5 \times 10^5$J 区间对应频率为 95.3%。根据统计学原理，选取 12070 工作面单个微震能量的预警指标为 5×10^5J。

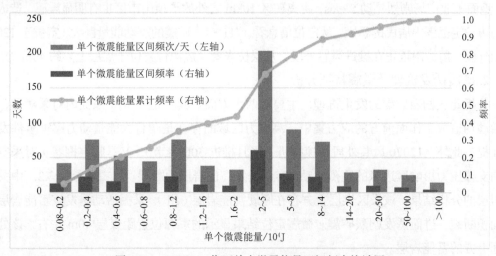

图 9-14　12070 工作面单个微震能量区间频次统计图

根据上述的统计分析结果，选取工作面单日微震总能量、单日微震总数量和单个微震能量的预警指标分别为 3.5×10^6J、22 个和 5×10^5J。当 12070 工作面 1 个监测预警指标超标时，只需加强监测预警即可；当 12070 工作面 2 个微震监测指标同时超标或 1 个微震监

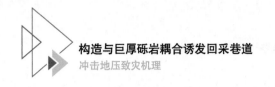

测指标连续 2 天超标时，应采取限产措施并加强监测预警；当 12070 工作面 3 个微震监测指标同时超标或 1~2 个微震监测预警指标出现连续 3 天超标时，应采取停产措施并加强监测预警，等动力现象稳定后再恢复生产。

9.2.4 11.08 矿震事件预警与实证

1. 动力现象基本情况

12070 采面的微震和应力在线监测系统于 2016 年 9 月底安装完成并进行了运行调试，开始对该面可能发生的动力灾害进行全面监测预警。截至 2016 年 12 月初，该面推进了 300 余米，期间发生了两次较为明显的矿震事件，尤其以 11 月 8 日上午 10 时 34 分发生的矿震事件为代表，该次震动释放能量大、井上下影响范围广，被平顶山市地震局测定为 2.1 级地震。

基于上述现状，结合监测结果，针对近期发生的两次微震事件进行分析。

首先是 10 月 29 日凌晨发生的一次矿震，定位的震源位置位于 12070 采面前方不远处，与井下工人根据动力显现强度反映的震动位置吻合。

矿震发生时，正值 12070 采面周期来压期间，定位的震源位置位于煤层上方 20m 范围内，系坚硬基本顶的大面积断裂诱发的矿震。此次矿震影响范围不大，仅在工作面附近有明显的动力显现特征，地面工业广场有轻微震感。

此次矿震之后不到 10 天，12070 采面内又一次发生剧烈矿震，井下大范围出现动力显现，地面工业广场剧烈晃动 5~6s，距离矿区 10km 之外的平顶山市区也有明显震感，造成矿区周边一定范围内居民的恐慌。从定位信息看，"11·8" 矿震的震动能量巨大，定位于 12070 采面外段，震源附近正在掘进风巷外段，从层位来看，震源位置位于煤层上方约 40m 处。

2. 矿震诱发机理及微震特征分析

分析此次剧烈矿震的发生机理，主要有两个方面。其一是 12070 采面内对采对掘，采掘活动均造成工作面前方的应力集中，高应力区域的存在是孕育大能量动力灾害事件发生的前提；此外，12070 风巷外段快速掘进（当月推进 300 余米），又是临空掘巷，对采空区侧向支撑压力影响区边缘的剧烈扰动，容易诱发高位岩层的断裂。其二是参考 3.2.1 中关于煤岩层的分析结果，该采区煤层上方存在厚硬蓄能岩层（组），采掘活动诱发该蓄能岩层的大面积断裂，进而诱发剧烈矿震。微震定位结果显示的震源位置距煤层 40m 左右，该处为采面上方的蓄能岩层。

回看微震监测信息，统计矿震发生前微震的发生情况，可以找到该面岩层运动的规律及动力灾害事件的孕育过程，如图 9-15 所示。从微震时间的数量趋势看，岩层的运动大致分为能量释放、突变、蓄能等几种模式，当微震事件数量突然减少时，工作面上方的坚硬蓄能岩层快速集聚能量，当集聚的能量值超过岩层的承受极限时，即发生断裂，以剧烈矿震的形式对井上下产生影响。如果动力灾害防治措施或者瓦斯治理工作不到位，容易在矿震发生时，进一步诱发冲击地压、煤与瓦斯突出等次生灾害。矿震发生时，采面推进212m左右，进入前期预测的见方高度危险区，实际发生情况与预测结果相符。

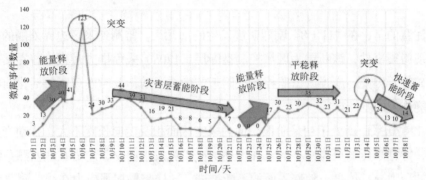

图9-15　12070采面微震事件趋势图

通过对现有监测数据的分析，找到矿震发生前的前兆信息，加强监测，及时对可能发生的动力灾害进行超前预警，防范事故的发生。显然，在微震事件数量突然变少时，尤其在预测的高度危险区内，井下进行生产时应当加强灾害防范，严格执行动力灾害防治措施，同时适当控制推采速度，减小采掘活动对煤岩体的扰动强度，进而降低矿震发生时的强度。

将监测到的微震事件进行定位，投影到工作面平面图上，从微震事件发生位置的变化趋势可以清晰地看出顶板岩层断裂的发展趋势（图9-16）。

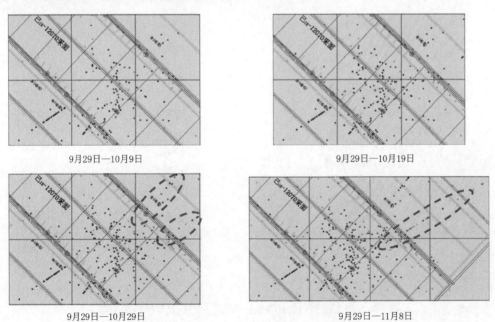

图9-16　12070采面微震事件趋势图

　　显然，在 12070 采面推进过程中，微震事件主要发生在工作面前方，这与顶板蓄能岩层的周期性断裂相吻合。同时，在监测到的两次剧烈矿震发生前后，相邻的 12050 采空区内岩层也发生断裂，形成两条清晰的岩层断裂线。随着采面的不断推进，采空区范围及横向宽度随之增大，采空区上方的岩层垮落带也将不断增大，需要防范的是蓄能岩层的大面积垮落。

　　需要注意的是，在"11·8"剧烈矿震发生的前几天，监测到采区边界外围的高沟逆断层附近出现微震事件，该断层为区域控制型断层，12050 采面推进过程中曾在其影响下发生过剧烈矿震，因此，应当严密监控断层附近的微震活动，及时发现断层活化前兆，进而预测其可能诱发的剧烈矿震。

　　由于 12070 采面尚处于初采阶段，面内采空区面积及走向长度不大，扰动岩层的厚度范围较小，异常来压的可能性不大，在上述两次矿震发生前夕，应力在线监测系统并未监测到明显的压力异常信息。随着采面的不断推进，同样需要加强应力在线监测及分析。

　　3. 基于微震监测的矿震预警分析

　　12070 工作面在 12 月 14 日已推进至距离开切眼 328m 左右的位置，距离 11 月 8 日矿震发生时的推进位置（距开切眼 214m）114m，课题组根据对矿震机理的研究及对现场微震监测结果的分析，于 12 月 15 日向矿方做出近期矿震预警分析。

　　统计分析 12 月 1—12 日的微震有效事件，得到其平面分布图和沿着工作面走向的剖面图，如图 9-17 和图 9-18 所示。

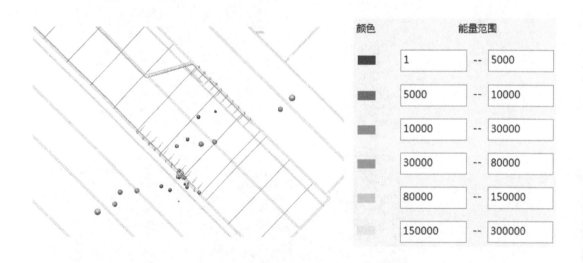

颜色	能量范围	
	1	5000
	5000	10000
	10000	30000
	30000	80000
	80000	150000
	150000	300000

图 9-17　12 月 1—12 日有效微震事件（31 个）分布平面图

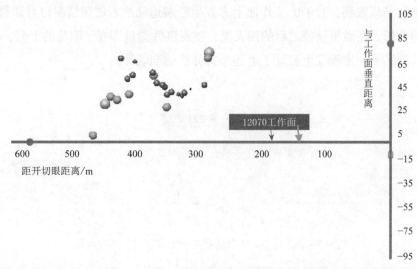

图 9-18 12月1—12日有效微震事件（31 个）沿工作面走向剖面图

如图 9-17、图 9-18 所示，12 月 1—12 日发生的微震事件基本分布在沿工作面走向超前采面 100m、垂直距离工作面 25～70m 的空间范围内。根据 12070 工作面附近钻孔图（图 9-19）显示，此范围内发生破坏的岩层为工作面上方 16.7m 的细粒砂岩至第 254 层 2.2m 厚的粉砂岩，此组累厚为 41.06m 的坚硬蓄能岩层组（黄色）的破坏是诱发矿震的关键因素。该监测结果进一步验证了《12070 采面动力灾害危险性评价》中对于矿震的分析。

254	粉砂岩	2.2	700.8
255	泥岩	0.4	701.2
256	炭质泥岩	0.35	701.55
257	砂质泥岩	6.85	708.4
258	粉砂岩	3.52	711.92
259	中粒砂岩	5.05	716.97
260	粗粒砂岩	3.74	720.71
261	细粒砂岩	3.65	724.36
262	粗粒砂岩	0.5	724.86
263	砂质泥岩	3.1	727.96
264	细粒砂岩	2.4	730.36
265	砂质泥岩	1.35	731.71
266	细粒砂岩	4.04	735.75
267	粗粒砂岩	7.01	742.76
268	粉砂岩	4.9	747.66
269	细粒砂岩	4.65	752.31
270	泥岩	3.55	755.86
271	细粒砂岩	3.1	758.96
272	泥岩	0.5	759.46
273	煤（二₁）	3.32	762.78
274	炭质泥岩	2.18	764.96
275	煤（二₁）	3.62	768.58

图 9-19 12070 工作面附近钻孔图

微震监测结果表明，12070 工作面上方发生断裂运动的岩层组情况符合课题组之前对于关键层的分析，在做出预警之后的四天里，微震事件能量即有了明显的上升，如图 9-20 所示。该监测结果一定程度上验证了上述预警分析的准确性。

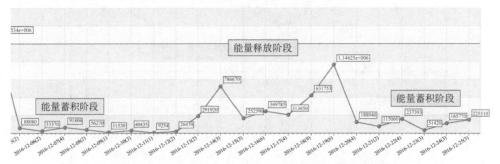

图 9-20　12 月 5—25 日每日有效微震事件能量变化图

根据相关研究结果，煤层上方坚硬岩层的断裂过程将以震动的形式释放能量，图 9-20 记录了 12 月 5—25 日的每日有效微震事件能量情况。

由图 9-20 可以看出，能量分布图大致可以分为能量蓄积阶段（5—12 日、20—25 日）和能量释放阶段（13—19 日）两个过程。

根据工作面进尺统计，12 月 5—12 日，工作面由距离开切眼 302m 推至距开切眼 322m 处（推进 20m）；12 月 13—19 日，工作面由距离开切眼 322m 推至距开切眼 344m 处（推进 22m）；12 月 20—25 日，工作面由距离开切眼 344m 推至距开切眼 364m 处（推进 20m），据此可以看到，工作面每推大致 20m 左右的距离时，微震事件的能量将进入一个周期性的上升阶段。12 月 1—20 日的有效微震事件显示：大部分微震事件分布在超前采面 180m 的范围内，而应力在线的监测数据显示（图 9-21），采面前方 170m 的位置应力有较为明显的升高，该监测结果对于实际生产过程中采取安全防范措施具有一定指导意义。

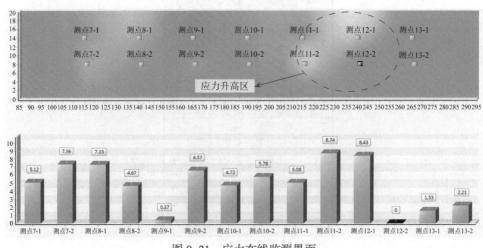

图 9-21　应力在线监测界面

9.2.5 "3·2" 矿震概况及成因

1. 动力现象基本情况

2017 年 3 月 2 日凌晨 2 时 53 分，12070 工作面中部顶板发生巨响，12070 采面和 12090 中煤巷煤尘飞扬，地面晃动明显，持续 3～4s。工作面瓦斯浓度无变化。

2. 矿震成因分析

此次矿震发生时，12070 工作面推采至距离开切眼 528m 处，刚过 12070 和 12050 工作面双见方处 28m。根据前述对动力灾害机理的分析，此次矿震就是工作面"双见方"引起的。工作面倾向方向上的"拱结构"高度和范围不断增大，顶板岩层破裂至与相邻工作面的采空区顶板同一层位，工作面一侧采空区与本工作面采空区合并形成一个大的采空范围。此时 12070 和 12050 工作面的采场顶板结构形成"S"形覆岩空间结构，导致采场的应力程度增加，上覆岩层在压力作用下易发生断裂从而诱发矿震。

9.2.6 "4·21" 矿震事件分析

1. 动力现象基本情况

2017 年 4 月 21 日 0 时 25 分，首山一矿发生一次地面有明显震感的矿震事件。据河南地震台网测定，北京时间 2017-04-21 00:25:54 在河南省许昌市襄城县（北纬 33.79°，东经 113.39°）发生 2.2 级地震（图 9-22）。

据中国地震局官方微博报道，震级为 2.6 级，震源深度 0km，矿区 20km 范围内的地表有震感。

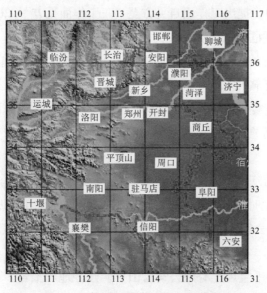

图 9-22　河南地震信息网地震信息

KJ551 微震监测系统在 2017-04-21 00:26:25 监测到一次矿震事件，能量3.39×10⁵J，震

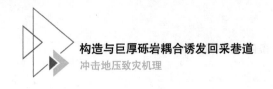

级 2.25 级，如图 9-23 所示。震源位置位于 12070 工作面前方 50m，在中煤巷和机巷之间。

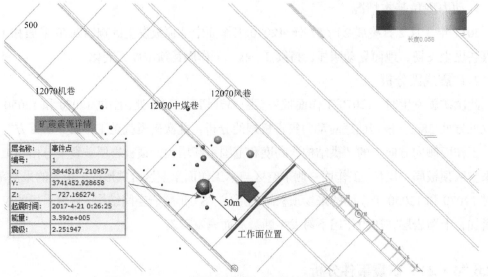

图 9-23 KJ551 微震监测系统监测到的矿震震源位置

矿震发生后，12070 工作面风巷、机巷和中煤巷瞬时出现煤尘飞扬，12090 中煤巷、12090 机巷均出现煤尘飞扬显现。井下几乎所有地点均能听到较大的煤炮声。

除煤尘飞扬和大煤炮现象外，本次矿震未造成 12070 工作面和 12090 工作面及煤巷的损坏，也未出现瓦斯超限等次生灾害。

项目组成功对本次矿震发生的位置进行了预测，在《首山一矿应力灾害防治技术研究》（2016 年阶段报告）中，提出工作面自见方至"三工作面见方"（260～990m）阶段，工作面处于诱发矿震的高度危险区内。

"4·21"矿震事件的位置与预计的位置吻合，证明本项目提出的矿震诱发机理是符合实际的，预测方法是可靠的。

课题组提出的"有震无灾"的防突理念，在如此大的震动情况下，没有发生井下灾害，说明采取的方法是正确的，措施是有效的。

2. 矿震机理分析

1）"三工作面见方"诱发高位岩层断裂运动

"4·21"矿震发生时，12070 工作面推进了 666m（平均），12070 工作面推进距离与12030、12050、12070 三个工作面总斜长的平面投影长度相近，即工作面推进至"三工作面见方"位置。

《河南省平煤股份平宝煤业有限公司首山一矿建井地质报告》中对地表丘陵有如下描述："丘陵地貌分布于井田南部及西南部，呈长圆形，大致呈北西—南东及北东—南西方向展布。丘顶标高一般+225～295m，相对高差小于 100m，地面坡度 25°～30°，地表常被沟谷切割，丘顶多出露平顶山砂岩和金斗山砂岩。"由《首山一矿地层综合柱状图》可知，这两个岩层最大厚度为155m，具体描述为："浅灰～灰白色中厚～巨厚层状中粗粒长石石英砂岩，次棱角状～次圆状，分选中等～差，硅质胶结，下部含泥砾及石英细砾，偶相变为细砾岩，局部夹灰绿色薄层泥岩或砂质泥岩，底部常有0.2～0.3m铁质透镜体或薄层，该段岩性稳定，质地坚硬，俗称'平顶山砂岩'，与下伏地层呈整合接触，为煤系上覆的良好标志层。"

从矿山提供的目前开采区域4个钻孔地质资料中，并未见对该岩层的描述，详见《首山一矿应力灾害防治技术研究》（2016阶段研究报告）。由此可以推断，该坚硬岩层组厚度由丘陵向平地方向逐渐减小，如图9-24所示。

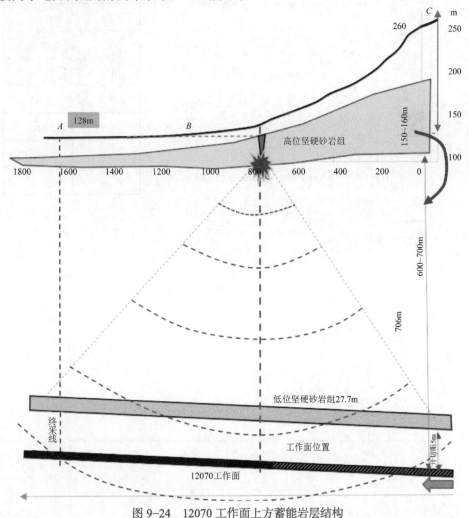

图9-24　12070工作面上方蓄能岩层结构

此外，煤层顶板上方5m有一层厚度为14.6m的细粒砂岩，22.3m处有一层厚度为10.4m的细粒砂岩，如图9-25所示。这两层岩层质地坚硬完整，其断裂运动是工作面矿压显现的

主要力源。微地震监测结果表明，该岩层组断裂主要对工作面及两巷产生的影响较大，对地表矿震显现程度的影响较小，如图 9-26 所示。

地层系统				柱状 1:200	厚度/m	层厚m 最小~最大 平均	岩 性 描 述
界	系	统	组	段				
上 古 生 界	二 叠 系	下 统	由 西 煤 组	已		10.4	7.70~14.2 10.4	灰，灰白色中粒砂岩，中厚层状，硅钙质胶结，具波状层理，层面含大量白云母片
						11.9	1.0~2.8 1.5	灰，深灰色砂泥岩互层，块状，镜面发育。局部为砂岩，具不连续波状层理，层面含大量白云母片
						12.1	0.1~0.3 0.2	黑色，多数为美夹矸，夹丝炭条带
						13.1	0.8~1.8 1.0	灰-深灰色砂质泥岩，块状，致密，含科达类植物化石
						27.7	6.0~8.0 14.6	灰，灰白色细粒砂岩，中厚层状，硅钙质胶结，分选中等，具波状层理
						27.9	0.1~0.4 0.2	黑色、块状，较为稳定，以亮煤为主，夹丝炭条带
						31.9	3.0~5.2 4.0	灰-深灰色砂质泥岩，薄层状，含少量白云母及植物化石碎片
						32.7	0.6~1.2 0.8	灰色泥岩，致密，性能，具滑面，局部含菱铁矿核，具高层脱落，含植物化石碎片
						38.5	5.1~8.2 5.8	已15-17煤，黑色，半亮型，粉末状，以亮煤为主，采面前半部分为分层，泥岩夹矸1~2层；后半部分至开切眼合层状态，其余区域均为分层状态
						43.0	3.3~5.8 4.5	灰、深灰色砂泥岩互层，块状，镜面发育；局部为砂岩，具不连续波状层理，层面含大量白云母片
						47.6	3.5~5.0 4.6	泥灰岩，灰色，中厚层，隐晶质结构，含腕族类化石及动物碎屑；裂隙较为发育，但多被方解石脉体填充
	界	系统	煤炭			47.9	0.2~0.4 0.3	煤线，松软、破碎，常作为已16-17煤层的标志层

厚度/m	岩性	
10.4	中粒砂岩	
1.5	砂泥岩互层	低 位 蓄 能 岩 层 组
0.2	煤夹矸	
1.0	砂质泥岩	
14.6	细粒砂岩	
0.2	亮煤	
4.0	砂质泥岩	
0.8	灰色泥岩	
5.8	已$_{15—17}$煤	

图 9-25　12070 工作面柱状图

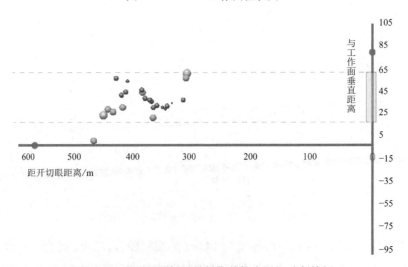

图 9-26　微震监测揭示的低位蓄能岩层组破断特征

综合以上分析，"4·21"矿震事件的主要原因是，工作面推采至"三工作面见方"后，引起接近于地表的巨厚高位蓄能岩层的整体断裂，诱发显现范围广、地表震感强烈、井下无明显破坏的"矿震"，井下影响程度自工作面断裂线逐渐降低。

2）山地应力作用下岩层整体断裂运动

12070工作面开切眼至中部区域的地表为丘陵，落差达132m，如图9-27、图9-28所示。山地地形高差产生较大的应力梯度，在下方岩层中形成强剪切区，使岩层容易产生整体断裂，形成矿震。

当岩层出现诱发因素（如上方蓄能岩层断裂），在剪应力的作用下，多组岩层可能产生同时断裂，从而诱发大范围岩层运动，释放远大于蓄能岩层本身断裂产生的能量，形成影响范围大、震级高的典型矿震。

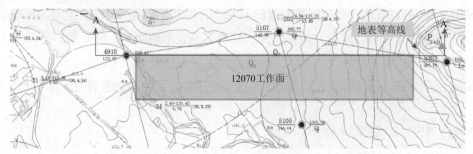

图9-27　12070工作面对应的地表等高线分布特征

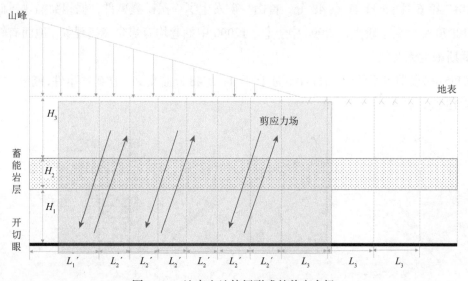

图9-28　地表山地特征形成的剪应力场

从图9-28可以看出，12070工作面煤层沿走向呈缓倾斜分布，可采面长1581m，开切眼地面标高为+260m，埋深706m（风巷端），地表标高最低处为距离开切眼1500m的低洼地带，标高+128m，该位置下煤层埋深690m。工作面范围内地表高差达132m。

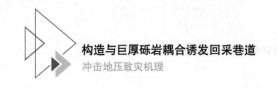

12070 采面与 12050 采面地表地形特征相似，12050 采面在回采过程中多次发生动力灾害显现。显然，山地覆盖段影响区的动力灾害显现较为集中，且统计数据显示该段发生的矿震能量较大，地表震感强烈。

相较之下，12070 采面的平均埋深更大，相邻采空区宽度也显著增加，高地应力、强采空区侧向支承压力及山地应力的叠加，使得该面回采过程中发生大能量动力灾害的危险性更高。

综上所述，地表地形起伏变化在下位岩层中形成的剪切应力场，在蓄能岩层断裂后，诱发更大范围内岩层的整体断裂运动，是形成"4·21"矿震显现范围广、震级大的又一重要原因。

3. 是否还会发生类似矿震

从图 9-25 可以看出，上位蓄能岩层组（平顶山砂岩）厚度沿工作面走向逐步减小，其断裂运动产生的能量必然减小。如果此次事件后，地表出现明显沉降，则不会再发生这种级别的矿震事件；如果地表没有沉降，则仍会发生较大能级的矿震事件。

因此，应加强地表沉降的观测，推断岩层运动沉降，从而为判断是否发生矿震提供依据。

9.2.7 "6·15" 矿震事件分析

1. 动力现象基本情况

2017 年 6 月 15 日 11 点 48 分，首山一矿发生了一次矿震事件，据相关描述，矿震发生时 12070 采面煤尘较大，12090 中煤巷、12090 中抽巷均有煤尘飞扬现象，地面有轻微震感，瓦斯浓度无变化。

KJ551 微震监测系统于 2017 年 6 月 15 日 11 点 48 分监测到一次矿震事件，能量 213.5kJ，震级 2.15 级，如图 9-29 所示。

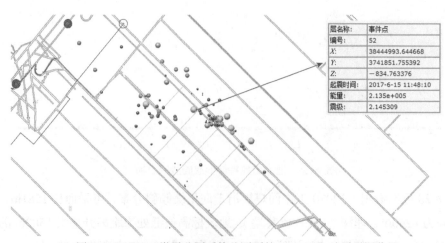

图 9-29 KJ551 微震监测系统监测到的 "6·15" 矿震震源位置

矿震发生时，12070采面推至距离开切眼约803m，距离终采线约777m。

2."6·15"矿震机理分析

1)"S"形覆岩空间结构运动诱发矿震

本次矿震发生时采面推至距离开切眼803m，过工作面第三次见方(780m)位置约20m。本次矿震发生在工作面第三次见方之后，覆岩空间结构运动是重要的诱因之一。

12070工作面平均采深约800多米，决定工作面周围矿山压力显现程度的岩层运动范围已经超出了直接顶和基本顶的范围，基本顶上方岩层状况与相邻工作面的采动情况决定了关键岩层的运动，从而决定了矿山压力的显现程度，即覆岩以空间结构的形式影响采场矿山压力的显现。

由于12050工作面已采空，随着工作面的不断推进，工作面采空区基本顶上方岩层逐渐连成一片，将会形成一个大的"S"形空间结构形式。如图9-30所示。"S"形覆岩空间结构是指一侧采空的工作面基本顶及其上覆岩层形成的、支点在采空区和实体煤上的岩层结构，从垂直层面方向看，"S"形覆岩空间结构涉及的岩层范围是基本顶、基本顶以上若干组坚硬岩梁直至地表的各组岩层的总和。

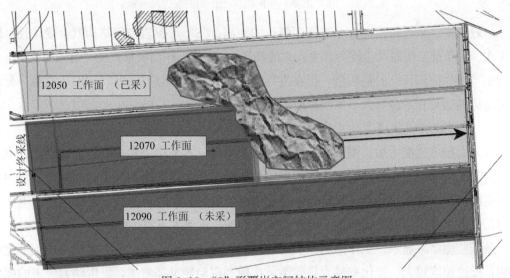

图9-30 "S"形覆岩空间结构示意图

随着工作面的推进，与基本顶周期断裂相似，高位岩梁在达到一定跨度后也规律性断裂，产生高于静压数倍的动压，大的覆岩空间运动导致的压力对风巷将产生较大影响。"S"形覆岩空间结构的应力场分析如图9-31所示。由于采空区上覆岩层的垂直应力场将转移到工作面的上方，即在风巷超前支承压力影响的范围内形成了侧向支承应力集中，因此，风巷发生动力灾害的危险性更高。

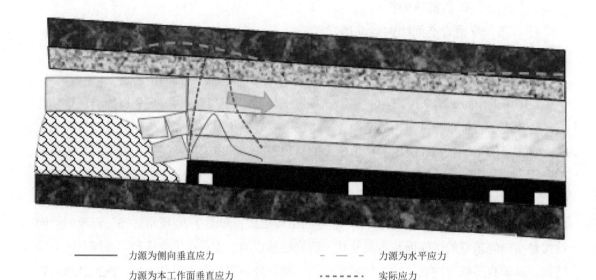

力源为侧向垂直应力   — — — 力源为水平应力

力源为本工作面垂直应力   ······· 实际应力

图 9-31 "S"形覆岩空间结构工作面剖面力源分析

一般来讲，采场每推进一个工作面斜长的距离，"S"形覆岩空间结构就会规律性地断裂1次，采场及工作面风巷就会产生较大的动压。12070工作面所推进的"第三次见方"位置约是"工作面斜长"的整数倍，正在进行"S"形覆岩空间结构"新""旧"交替，覆岩空间结构的运动和断裂导致了本次矿震的发生。

2）推进速度较快诱发动力灾害分析

综采面推进速度增加，围岩的加载速度随之增加，水平应力和垂直应力均增大，周期来压时间间隔和来压步距会增大，应力峰值位置距工作面煤壁距离减小，同时煤层塑性卸压区范围减小，透气性降低，瓦斯压力梯度增大，推进速度过快不利于岩爆、冲击地压及煤与瓦斯突出等动力灾害的防治，因此，工作面的推进速度不宜过快。

微震监测结果显示，工作面周围震动能量的释放过程在一定程度上受推进速度变化的影响，推进速度越大、变化率越大导致微震次数和震动能量都增加，发生动力灾害的概率增大。

项目组在《首山一矿应力灾害防治技术研究》中期报告中提出了在高度危险区推进速度不大于2.4m/d。

图9-32所示为12070工作面在震前半个月每天的推进速度，可以看到，这一段时间内工作面推进速度明显较大，是矿震发生的诱因之一。

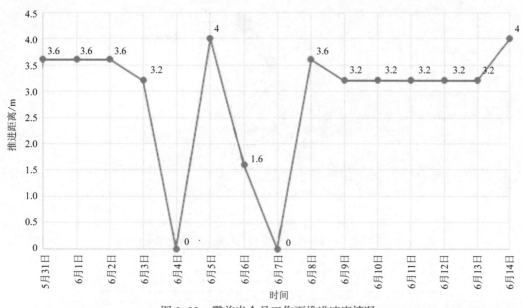

图 9-32 震前半个月工作面推进速度情况

3）微震监测对于此次矿震的预警

12070 工作面在机巷和风巷超前采面 300m 的范围内各布置了两个顶板微震检波器，用于实时监测 12070 采面周围岩层破裂震动情况。

课题组根据首山一矿实际生产情况并结合统计学原理提出了一套微震监测预警指标：单日微震事件总能量 3.5×10^6J，单日微震事件总数量 22 个，单个微震事件能量 5×10^5J。当采煤工作面出现 1 个监测预警指标时，只需加强监测预警即可；当采煤工作面出现 2 个微震监测指标同时预警或 1 个微震监测指标连续 2 天预警时，应采取限产措施并加强监测预警；当采煤工作面出现 3 个微震监测指标同时预警或 1～2 个微震监测预警指标出现连续 3 天预警时，应采取停产措施并加强监测预警，待动力现象稳定后再恢复生产。

在矿震发生前三天内，微震系统监测到的有效微震事件情况均达到预警值，如图 9-33 所示，由图 9-33 还可看出，震前三天微震事件总能量有一个大幅度的上升。课题组据此在 13 日、14 日和 15 日连续三天的微震日报表中做了预警提醒，并建议采取限产措施。实际情况证明本次的预警是有效的。

4）应力在线监测系统数据分析

12070 工作面在机巷和风巷超前采面 300m 范围内每隔 25m 布置了一组孔深 14m 的应力计测点，用于实时监测采面前方煤体应力情况。图 9-34 列出了震前 42 天各应力测点数据变化情况。其中，纵坐标上半轴代表应力值，单位 MPa，下半轴代表测点与采面距离，单位 m。

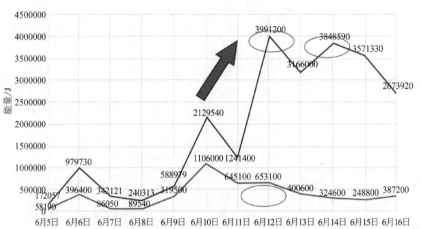

图 9-33　当日微震事件总能量和当日最大事件能量变化图

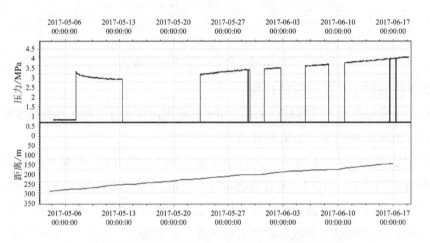

（a）风巷 15 号应力测点 5 月 4 日—6 月 17 日数据变化曲线

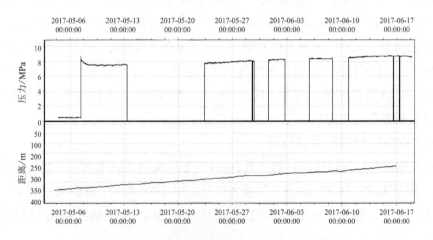

（b）风巷 17 号应力测点 5 月 4 日—6 月 17 日数据变化曲线

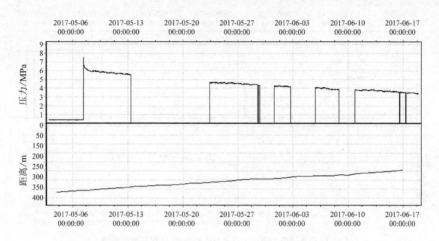

（c）风巷 18 号应力测点 5 月 4 日—6 月 17 日数据变化曲线

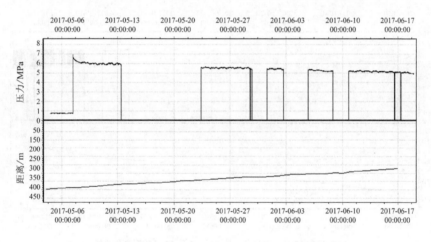

（d）风巷 19 号应力测点 5 月 4 日—6 月 17 日数据变化曲线

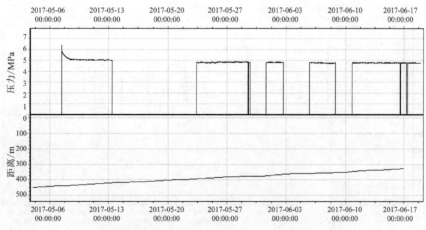

（e）风巷 21 号应力测点 5 月 4 日—6 月 17 日数据变化曲线

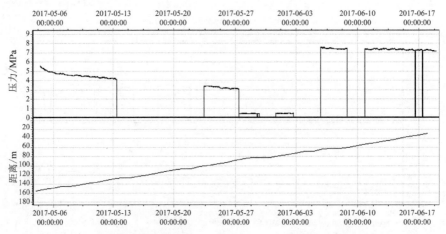

（f）机巷 9 号应力测点 5 月 4 日—6 月 17 日数据变化曲线

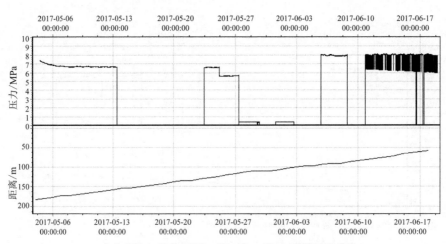

（g）机巷 10 号应力测点 5 月 4 日—6 月 17 日数据变化曲线

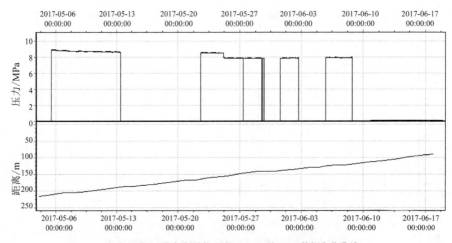

（h）机巷 11 号应力测点 5 月 4 日—6 月 17 日数据变化曲线

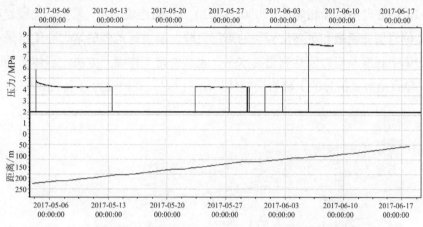

（i）机巷12号应力测点5月4日—6月17日数据变化曲线

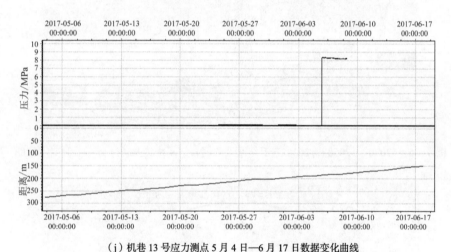

（j）机巷13号应力测点5月4日—6月17日数据变化曲线

图9-34　矿震前42天各应力测点数据变化情况

　　由图9-34可以看出，机巷各测点随着与采面距离的减小应力值变化幅度并不大。风巷15号测点在与采面距离由250m减小至175m期间，应力值上升了1MPa。其余测点应力值无明显上升。

9.2.8 "10·30" 矿震预警与实证

　　2017年9月27日，根据首山一矿提供的生产信息，12070工作面在9月27日推采至距离开切眼1033m的位置。课题组经研究分析，认为近期12070工作面发生动力显现事件的可能性较大，现做出预警提醒，主要原因及分析如下。

　　1. 工作面第四次见方引发覆岩空间结构大规模运动

　　弹性力学中已经提供了工作面见方时来压明显的力学依据。12070工作面覆岩空间结

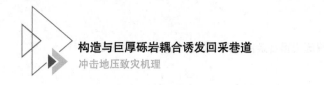

构在倾向和走向方向上已和相邻的 12050、12030 工作面连成一片，采空区上覆岩层运动主要表现为高位岩层的断裂和更高位岩层的离层沉降，采空区范围的增大会使得采空区周围煤体应力的集中程度及应力值达到更高水平，也易使得工作面上方决定岩体活动的关键层发生断裂，导致全部或部分的上覆岩层整体运动，诱发大规模动力显现如图 9-35、图 9-36 所示。

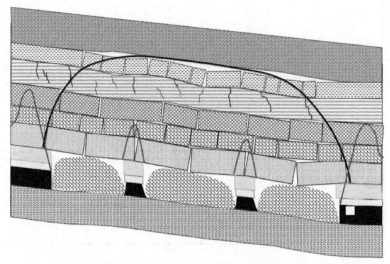

图 9-35　12070、12050、12030 三工作面见方覆岩空间结构及矿压分布沿倾向示意图

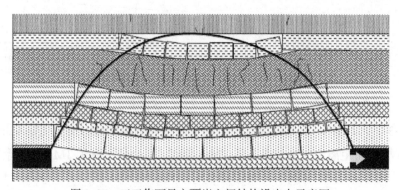

图 9-36　三工作面见方覆岩空间结构沿走向示意图

从以往发生的矿震情况来看，发生位置均在本工作面见方和与相邻工作面见方期间，具体相对位置关系见表 9-1。发生时工作面推采位置沿走向剖面图如图 9-37 所示。

表 9-1　四次矿震发生时位置详情

矿震时间	矿震发生时距开切眼位置	与见方位置的关系
"11·8" 矿震	214m	-46m（工作面单见方）

表 9-1（续）

矿震时间	矿震发生时距开切眼位置	与见方位置的关系
"3·2" 矿震	528m	+8m（双工作面见方）
"4·21" 矿震	660m	−18m（三工作面见方）
"6·15" 矿震	804m	+24m（工作面三见方）

注：12070 工作面走向长 1580m，倾向长 260m；"+" 表示矿震位置超过见方位置，"−表示矿震位置未到见方位置"。

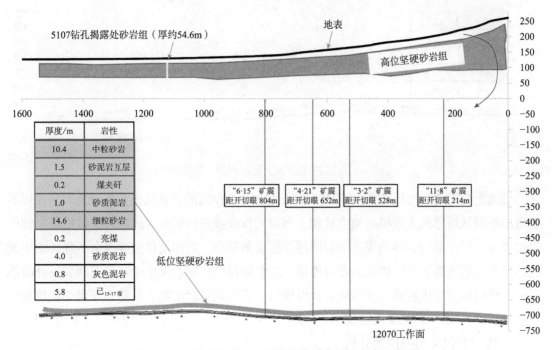

图 9-37　四次矿震发生时工作面推采位置沿走向示意图

目前 12070 工作面推采位置距离工作面第四次见方（1040m）位置仅剩不到 10m，此时覆岩空间结构极易发生周期性断裂诱发较大程度的动力显现事件。

2. 近地表坚硬厚岩层断裂引发大规模动力显现

根据距 12070 工作面最近的 5107 地质钻孔资料、《12070 采面地质说明》以及《河南省平煤股份平宝煤业有限公司首山一矿建井地质报告》中的描述可以判定，在近工作面区域，12070 工作面煤层顶板上方 5m 有一层厚度为 14.6m 的细粒砂岩，22.3m 处有一层厚度为 10.4m 的细粒砂岩；在近地表区域，赋存有一组厚度在开切眼至终采线方向上不断减小的坚硬砂岩组，厚度值范围为 50～150m，如图 9-38 所示。

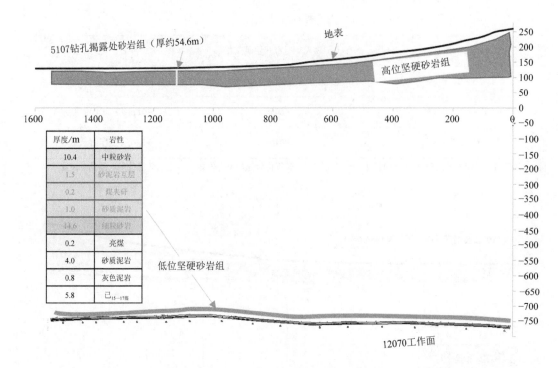

图 9-38　12070 工作面上覆坚硬岩层赋存情况

根据之前对"4·21"矿震机理的分析，12070 工作面的开采已经引发近地表坚硬厚砂岩组的断裂从而导致大规模的动力显现。当前工作面推采位置对应的地表区域恰是坚硬砂岩组厚度由厚变薄的交界地带，随着该层厚度逐渐减小，岩体整体强度也会下降，由于能量总是会沿着更易于发生位移的方向传递，这会使得该层逐渐发生位移甚至断裂，此时能量便逐渐向周围岩体转移，该区域危险性较高，有可能引起矿震，且动力显现的能量和震级相较于"4·21"矿震来说会较小。

3. 基于工程类比的预测分析

与 12070 工作面相邻的 12050 工作面在开采期间也发生了多次大程度动力显现事件，将两个工作面沿走向方向的剖面图进行对比，如图 9-39 所示。

12050 工作面在开采至距离开切眼 1008m 附近时发生了动力显现，采面后半段顶板出现巨响，转载机头出现扬尘，111 架以上至风巷煤尘飞扬，能见度极低，同时地面出现了明显晃动，持续时间达 5s。

12070 工作面与 12050 工作面具有相似的煤岩结构，基于工程类比的思想，该面在推进至相近区域时，发生动力显现的可能性极大。根据《首山一矿应力灾害防治技术阶段研究报告》中对于 12070 工作面危险区的划分，12070 工作面推采位置仍处于高度危险区的最后 20m 阶段内，应该引起重视。

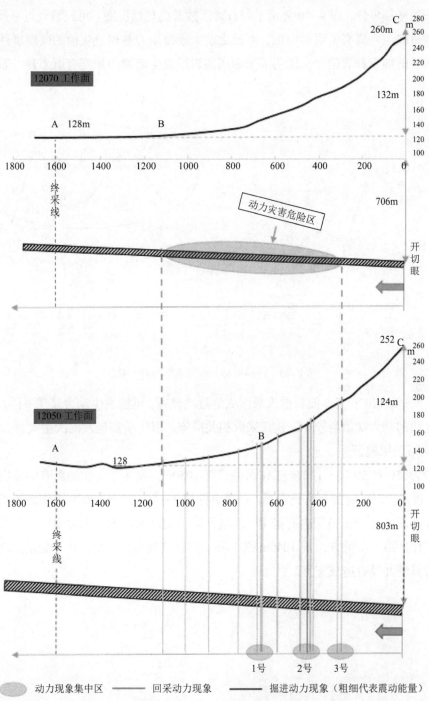

图 9-39　12070 与 12050 工作面沿倾向剖面对比图

4. 微震监测预警分析

布置在 12070 工作面前方的 4 个微震检波器目前均能正常收到岩层破裂事件，分析近

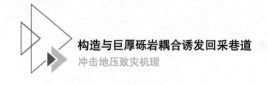

一周以来的微震事件，图 9-40 显示了每日微震数量变化情况图。可以看到近一周以来，微震事件数量较上一周有了明显增加，对比之前大规模动力显现发生前的微震事件特征，这是一个明显的能量释放信号，说明了采面周围岩层发生破裂的频度有所上升，需要引起足够重视。

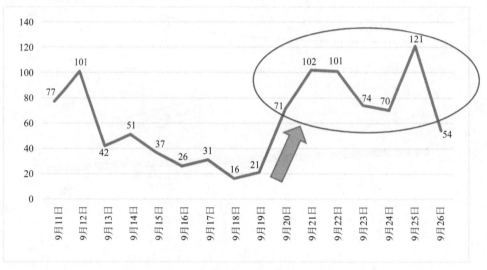

图 9-40　近一周每日微震事件数量变化图

综上所述，12070 工作面目前推采区域危险性较高，可能发生动力显现事件，但能量和震级较之前的动力现象会较小，建议采取相关措施，以防矿震诱发的次生灾害。

5. 预测结果验证

2017 年 10 月 30 日，12070 工作面推进至 1050m，发生了一次地面有明显震感的矿震事件。矿震发生时，地面有明显震感，晃动事件约 3～4s，井下 12070 工作面带式输送机运输巷工作面超前 100m 范围内有扬尘，现场能够听到巨大声响，围岩震动。本次矿震事件距离双工作面第二次见方位置 1040m 仅 10m，预测位置相当准确。由于提前采取了措施，本次动力显现并没有造成灾害。

参考文献

[1] 姜耀东, 赵毅鑫, 刘文岗, 等. 煤岩冲击失稳的机理和实验研究[M]. 北京: 科学出版社, 2009.

[2] 何满潮, 姜耀东, 赵毅鑫. 复合型能量转化为中心的冲击地压控制理论[M]. 北京: 科学出版社, 2005.

[3] 窦林名, 周坤友, 宋士康, 等. 煤矿冲击矿压机理、监测预警及防控技术研究[J]. 工程地质学报, 2021, 29(4): 917-932.

[4] 潘一山, 代连朋, 李国臻, 等. 煤矿冲击地压与冒顶复合灾害研究[J]. 煤炭学报, 2021, 46(1): 112-122.

[5] 齐庆新, 李海涛, 郑伟钰, 等. 煤岩弹性变形能的表征物理模型及实测方法[J]. 煤炭科学技术, 2022, 50(1): 70-77.

[6] 姜福兴, 陈洋, 李东, 等. 孤岛充填工作面初采致冲力学机理探讨[J]. 煤炭学报, 2019, 44(1): 151-159.

[7] 宋义敏, 杨小彬. 煤柱失稳破坏的变形场及能量演化试验研究[J]. 采矿与安全工程学报, 2013, 30(6): 822-827.

[8] 任政, 张科学, 姜耀东. 采动下逆断层活化过程中工作面应力场响应研究[J]. 煤炭科学技术, 2021, 49(9): 61-68.

[9] 何满潮, 郭志飚. 恒阻大变形锚杆力学特性及其工程应用[J]. 岩石力学与工程学报, 2014, 33(7): 1297-1308.

[10] 任政, 姜耀东, 张科学. 采动影响下逆断层阶段性活化诱冲机制[J]. 煤炭学报, 2020, 45(S2): 618-625.

[11] 康红普. 我国煤矿巷道围岩控制技术发展 70 年及展望[J]. 岩石力学与工程学报, 2021, 40(1): 1-30.

[12] 康红普, 吴志刚, 高富强, 等. 煤矿井下地质构造对地应力分布的影响[J]. 岩石力学与工程学报, 2012, 31(S1): 2674-2680.

[13] 王宏伟, 王晴, 石瑞明, 等. 煤矿冲击地压与断层构造失稳的多物理场互馈机制研究进展[J]. 煤炭学报, 2022, 47(2): 762-790.

[14] 朱建波, 马斌文, 谢和平, 等. 煤矿矿震与冲击地压的区别与联系及矿震扰动诱冲初探[J]. 煤炭学报, 2022, 47(9): 3396-3409.

[15] 任政, 姜耀东. 采动影响下逆断层冲击地压矿震时空分布规律分析[J]. 矿业科学学报, 2020, 5(5): 482-489.

[16] 张科学, 亢磊, 何满潮, 等. 矿井煤层冲击危险性多层次综合评价研究[J]. 煤炭科学技术, 2020, 48(8): 82-89.

[17] 王宏伟, 王刚, 石瑞明, 等. 分层开采时断层滑动位移演化特征研究[J]. 矿业科学学报, 2021, 6(6): 688-695.

[18] ZHANG Kexue, ZHU Junao, HE Manchao, et. Research on Intelligent Comprehensive Evaluation of Coal Seam Impact Risk Based on BP Neural Network Model[J]. Energies, 2022, 15(9).

[19] 郭军, 张科学, 王襄禹, 等. 基于煤体损伤演化的煤柱承载规律与宽度确定研究[J]. 煤矿安全, 2020, 51(8): 48-57.

[20] 赵毅鑫, 周金龙, 刘文岗. 新街矿区深部开采邻空巷道受载特征及冲击失稳规律分析[J]. 煤炭学报, 2020, 45(5): 1595-1606.

[21] 王宏伟. 顶板预裂爆破防治冲击地压参数设计方法研究与应用[D]. 北京: 煤炭科学研究总院, 2021.

[22] 赵毅鑫, 王浩, 焦振华, 等. 逆断层下盘工作面回采扰动引发断层活化特征的试验研究[J]. 煤炭学报, 2018, 43(4): 914-922.

[23] 宋义敏, 马少鹏, 杨小彬, 等. 断层冲击地压失稳瞬态过程的试验研究[J]. 岩石力学与工程学报, 2011, 30(4): 812-817.

[24] 朱珍, 张科学, 袁红平. 切顶卸压沿空留巷碎石巷帮控制技术及应用[J]. 煤炭科学技术, 2018, 46(3): 25-32.

[25] 王襄禹, 张科学, 赵锋, 等. 煤柱下煤层巷道围岩变形破坏机理[J]. 煤炭技术, 2017, 36(1): 1-3.

[26] 潘立友, 钟亚平. 深井冲击地压及其防治[M]. 北京: 煤炭工业出版社, 1997.

[27] 窦林名, 何学秋. 冲击地压防治理论与技术[M]. 徐州: 中国矿业大学出版社, 2001.

[28] 潘一山, 代连朋. 煤矿冲击地压发生理论公式[J]. 煤炭学报, 2021, 46(3): 789-799.

[29] 徐志英. 岩石力学[M]. 北京: 中国水利水电出版社, 2009.

[30] 李铁, 蔡美峰. 地震诱发煤矿瓦斯灾害成核机理的探讨[J]. 煤炭学报, 2008, 33(10): 1112-1116.

[31] 王宏伟, 姜耀东, 邓代新, 等. 义马煤田复杂地质赋存条件下冲击地压诱因研究[J]. 岩石力学与工程学报, 2017, 36(S2): 4085-4092.

[32] 冯龙飞, 窦林名, 王皓, 等. 综放大煤柱临空侧巷道密集区冲击地压机制研究[J]. 采矿与安全工程学报, 2021, 38(6): 1100-1110, 1121.

[33] 章梦涛. 我国冲击地压预测和防治[J]. 辽宁工程技术大学学报(自然科学版), 2001, 20(4): 434-435.

[34] 刘金海, 孙浩, 田昭军, 等. 煤矿冲击地压的推采速度效应及其动态调控[J]. 煤炭学报, 2018, 43(7): 1858-1865.

[35] 齐庆新, 彭永伟, 李宏艳, 等. 煤岩冲击倾向性研究[J]. 岩石力学与工程学报, 2011, 30(S1): 2736-2742.

[36] 姜耀东, 王涛, 宋义敏, 等. 煤岩组合结构失稳滑动过程的实验研究[J]. 煤炭学报, 2013, 38(2): 177-182.

[37] 王恩元, 何学秋, 窦林名, 等. 煤矿采掘过程中煤岩体电磁辐射特征及应用[J]. 地球物理学报, 2005, 48(1): 216-221.

[38] 齐庆新, 陈尚本, 王怀新, 等. 冲击地压、岩爆、矿震的关系及其数值模拟研究[J]. 岩石力学与工程学报, 2003, 22(11): 1852-1858.

[39] 潘一山, 李忠华, 章梦涛. 我国冲击地压分布、类型、机理及防治研究[J]. 岩石力学与工程学报, 2003, 22(11): 1844-1851.

[40] 陈学华. 构造应力型冲击地压发生条件研究[D]. 阜新: 辽宁工程技术大学, 2004.

[41] 姜耀东, 赵毅鑫, 宋彦琦, 等. 放炮震动诱发煤矿巷道动力失稳机理分析[J]. 岩石力学与工程学报, 2005, 24(17): 3131-3136.

[42] 李志华, 窦林名, 陆振裕, 等. 采动诱发断层滑移失稳的研究[J]. 采矿与安全工程学报, 2010, 27(4): 499-504.

[43] 左建平, 陈忠辉, 王怀文, 等. 深部煤矿采动诱发断层活动规律[J]. 煤炭学报, 2009, 34(3): 305-309.

[44] 张万斌, 王淑坤, 滕学军. 我国冲击地压研究与防治的进展[J]. 煤炭学报, 1992, 7(3): 1232-1237.

[45] 冯夏庭, 王泳嘉. 深部开采诱发的岩爆及其防治策略的研究进展[J]. 中国矿业, 1998, 7(5): 42-45.

[46] 张科学. 深部煤层群沿空掘巷护巷煤柱合理宽度的确定[J]. 煤炭学报, 2011, 36(S1): 28-35.

[47] 齐庆新, 史元伟, 刘天泉. 冲击地压粘滑失稳机理的实验研究[J]. 煤炭学报, 1997, 22(2): 34-38.

[48] 姜耀东, 赵毅鑫, 何满潮, 等. 冲击地压机制的细观实验研究[J]. 岩石力学与工

程学报, 2007, 26(5): 901-907.

[49] 齐庆新. 回采巷道的周围条件与受力状态分析[J]. 矿山压力与顶板管理, 1994(1): 25-28.

[50] Brown S R, Scholz C H, Rundle J B. A simplified spring-block model of earthquakes[J]. Geophy. Res. Lett, 1991, 18: 215-218.

[51] Shaw B E, Carlson J M, Langer J S. Earthquake, Patterns Of Seismic Activity[J]. J. Geophys. Res, 1992, 97: 479-488.

[52] 徐方军, 毛德兵. 华丰煤矿底板冲击地压发生机理[J]. 煤炭科学技术, 2001, 29(4): 41-43.

[53] 鞠文君, 卢志国, 高富强, 等. 煤岩冲击倾向性研究进展及综合定量评价指标探讨[J]. 岩石力学与工程学报, 2021, 40(9): 1839-1856.

[54] 蔡武, 窦林名, 司光耀, 等. 煤矿开采动静载叠加诱发断层冲击地压机理[J]. Engineering, 2021, 7(5): 306-334.

[55] 赵善坤, 齐庆新, 李云鹏, 等. 煤矿深部开采冲击地压应力控制技术理论与实践[J]. 煤炭学报, 2020, 45(S2): 626-636.

[56] 李东, 史先锋, 赵丞, 等. 一侧采空间隔煤柱采场回采时冲击地压发生机理研究[J]. 采矿与安全工程学报, 2020, 37(6): 1213-1221.

[57] 李新元. 长壁工作面开采"围岩-煤体"系统突然失稳破坏机理的探讨及其应用[J], 石家庄铁道学院学报, 1995, 8(2): 49-54.

[58] 李新元. "围岩-煤体"系统失稳破坏及冲击地压预测的探讨[J]. 中国矿业大学学报, 2000, 29(6): 633-636.

[59] 于泳. 地块变形与断层地震的耦合数值模拟[D]. 北京: 中国地震局地质研究所, 2002.

[60] 王卫军, 侯朝炯, 冯涛. 动压巷道底鼓[M]. 北京: 煤炭工业出版社, 2003.

[61] 张科学, 张永杰, 马振乾, 等. 沿空掘巷窄煤柱宽度确定[J]. 采矿与安全工程学报, 2015, 32(3): 446-452.

[62] 王恩元. 电磁辐射法监测煤与瓦斯突出危险性技术及其应用研究[D]. 徐州: 中国矿业大学, 1999.

[63] 邓利民, 于华. 倾斜煤层冲击地压危险状况的数值模拟研究[J]. 辽宁工程技术大学学报(自然科学版), 2001, 20(4): 455-456.

[64] 唐春安. 脆性材料破坏过程分析的数值试验方法[J]. 力学与实践, 1999, 21(2): 21-24.

[65] 张科学, 朱俊傲, 何满潮, 等. 向斜作用下回采巷道冲击地压力学分析及冲击特性研究[J]. 煤炭科学技术, 2022, 50(7): 84-98.

[66] 韩德馨. 中国煤岩学[M]. 徐州: 中国矿业大学出版社, 1996.

[67] 谢和平. 岩石混凝土损伤力学[M]. 徐州: 中国矿业大学出版社, 1990.

[68] 冯夏庭, 王泳嘉. 深部开采诱发的岩爆及其防治策略的研究进展[J]. 中国矿业, 1998, 7(5): 21-25.

[69] 姜耀东, 潘一山, 姜福兴, 等. 我国煤炭开采中的冲击地压机理和防治[J]. 煤炭学报, 2014, 39(2): 205-213.

[70] 谢和平, 鞠杨, 黎立云. 基于能量耗散与释放原理的岩石强度与整体破坏准则[J]. 岩石力学与工程学报, 2005, 24(17): 3003-3010.

[71] 陈新, 王仕志, 李磊. 节理岩体模型单轴压缩破碎规律研究[J]. 岩石力学与工程学报, 2012, 31(5): 898-907.

[72] 张科学. 构造与巨厚砾岩耦合条件下回采巷道冲击地压机制研究[J]. 岩石力学与工程学报, 2017, 36(4): 1040

[73] 张晓春, 缪协兴. 冲击地压模拟试验研究[J]. 岩土工程学报, 1999, 21(1):

[74] Lee M, Haimoson B. Laboratory Study of Borehole Breakouts in Lac. du Bonnet Granite: A Case of Extensite Failure Mechanism[J]. Int. J. Rock Mech. Min. Sci. Geomech. Abstr, 1993, 30(7): 1039-1045.

[75] 费鸿禄. 岩爆的动力失稳研究[D]. 沈阳: 东北大学, 1993.

[76] Mueller W. Numerical simulation of rock bursts[J]. Mining Science and Technology, 1991, 12(1): 27-42.

[77] 谢和平, 彭瑞东, 鞠杨. 岩石变形破坏过程中的能量耗散分析[J]. 岩石力学与工程学报, 2004, 23(21): 3565-3570.

[78] 谢和平, 周宏伟, 刘建锋, 等. 不同开采条件下采动力学行为研究[J]. 煤炭学报, 2011, 36(7): 1067-1074.

[79] 谢和平. 分形几何及其在岩土力学中的应用[J]. 岩土工程学报, 1992, 14(1): 14-24.

[80] 张科学, 何满潮, 姜耀东. 断层滑移活化诱发巷道冲击地压机理研究[J]. 煤炭科学技术, 2017, 45(2): 12-20+64.

[81] 谢和平, 周宏伟, 薛东杰, 等. 煤炭深部开采与极限巷道埋深的研究与思考[J]. 煤炭学报, 2012, 37(4): 535-542.

[82] 潘一山, 杜广林, 张永利, 等. 煤体振动方法防治冲击地压的机理研究[J]. 岩石力学与工程学报, 1999, 18(4): 432-436.

[83] 章梦涛, 徐曾和, 潘一山, 等. 冲击地压和突出的统一失稳理论[J]. 煤炭学报, 1991, 16(4): 48-53.

[84] 章梦涛. 冲击地压失稳理论与数值模拟计算[J]. 岩石力学与工程学报, 1987, 6(3): 197-204.

[85] 齐庆新, 史元伟. 冲击地压粘滑失稳机理的实验研究[J]. 煤炭学报, 1997, 22(2): 144-148.

[86] 齐庆新, 刘天泉. 冲击地压的摩擦滑动失稳机理[J]. 矿山压力与顶板管理, 1995 (3): 174-177.

[87] 潘岳, 解金玉, 顾善发. 非均匀围压下矿井断层冲击地压的突变理论分析[J]. 岩石力学与工程学报, 2001, 20(3): 310-314.

[88] 潘岳, 张孝伍. 狭窄煤柱岩爆的突变理论分析[J]. 岩石力学与工程学报, 2004, 23(11): 1-3.

[89] 王恩元, 何学秋, 刘贞堂. 煤岩变形及破裂电磁辐射信号的 R/S 统计规律[J]. 中国矿业大学学报, 1998, 27(4): 349-351.

[90] 王恩元, 何学秋. 煤炭变形破裂电磁辐射的实验研究[J]. 地球物理学报, 2000, 43(1): 131-137.

[91] 张科学. 构造与巨厚砾岩耦合条件下回采巷道冲击地压机理研究[D]. 北京: 中国矿业大学(北京), 2015.

[92] 王宏伟, 邓代新, 姜耀东, 等. 冲击地压矿井巷道 U 型钢支护极限承载能力研究[J]. 矿业科学学报, 2021, 6(2): 176-187.

[93] 张晓春, 缪协兴, 翟明华, 等. 三河尖煤矿冲击地压发生机制分析[J]. 岩石力学与工程学报, 1998, 17(5): 508-513.

[94] 章梦涛. 矿震的粘滑失稳理论[D]. 阜新: 阜新矿业学院, 1993.

[95] Tang C A, Kaiser P K. Numerical Simulation of Cumulative Damage and Seismic Energy Release during Brittle Rock Failure-Part 1: Fundamentals[J]. Int. J. Rock Mech. Min. Sci. , 1998, 35(2): 123-2134.

[96] 李忠华, 潘一山. 基于突变模型的断层冲击地压震级预测[J]. 煤矿开采, 2004, 9(3): 55-57.

[97] 彭苏萍, 孟召平, 李玉林. 断层对顶板稳定性影响相似模拟试验研究[J]. 煤田地质与勘探, 2001, 29(3): 1-4.

[98] 刘建新, 唐春安, 朱万成, 等. 煤岩串联组合模型及冲击地压机理的研究[J]. 岩土工程学报, 2004, 26(2): 276-280.

[99] 胡大江. 煤岩损伤特性及冲击地压的研究[D]. 重庆：重庆大学, 2002.

[100] 张绪言. 大同矿区巷道冲击地压特征及冲击倾向性研究[D]. 太原：太原理工大学, 2006.

[101] 陈国祥, 郭兵兵, 窦林名. 褶皱区工作面开采布置与冲击地压的关系探讨[J]. 煤炭科学技术, 2010, 38(10): 27-30.

[102] 陈国祥, 窦林名, 乔中栋, 等. 褶皱区应力场分布规律及其对冲击地压的影响[J]. 中国矿业大学学报, 2008, 37(6): 751-755.

[103] 王存文, 姜福兴, 刘金海. 构造对冲击地压的控制作用及案例分析[J]. 煤炭学报, 2012, 37(S2): 263-268.

[104] 贺虎, 窦林名, 巩思园, 等. 高构造应力区矿震规律研究[J]. 中国矿业大学学报, 2011, 40(1): 7-13.

[105] 王桂峰, 窦林名, 李振雷, 等. 冲击地压空间孕育机制及其微震特征分析[J]. 采矿与安全工程学报, 2014, 31(1): 41-48.

[106] 赵毅鑫, 姜耀东, 张雨. 冲击倾向性与煤体细观结构特征的相关规律[J]. 煤炭学报, 2007, 32(1): 64-68.

[107] 朱珍, 张科学, 何满潮, 等. 无煤柱无掘巷开采自成巷道围岩结构控制及工程应用[J]. 煤炭学报, 2018, 43(S1): 52-60

[108] 张绪言, 冯国瑞, 康立勋, 等. 用剩余能量释放速度判定煤岩冲击倾向性[J]. 煤炭学报, 2009(9): 1165-1168.

[109] 马瑾, 刘力强, 刘培洵, 等. 断层失稳错动热场前兆模式：雁列断层的实验研究[J]. 地球物理学报, 2007, 50(4): 1141-1149.

[110] 卓燕群, 郭彦双, 汲云涛, 等. 平直走滑断层亚失稳状态的位移协同化特征-基于数字图像相关方法的实验研究[J]. 中国科学(地球科学), 2013, 43(10): 1643-1650.

[111] 蒋金泉, 张培鹏, 聂礼生, 等. 高位硬厚岩层破断规律及其动力响应分析[J]. 岩石力学与工程学报, 2014, 33(7): 1366-1374.

[112] 王涛. 断层活化诱发煤岩冲击失稳的机理研究[D]. 北京：中国矿业大学(北京), 2012.

[113] 王爱文, 潘一山, 李忠华, 等. 断层作用下深部开采诱发冲击地压相似试验研究[J]. 岩土力学, 2014, 35(9): 2486-2492.

[114] 姜福兴, 刘伟建, 叶根喜, 等. 构造活化的微震监测与数值模拟耦合研究[J]. 岩石力学与工程学报, 2010, 29(S2): 3590-3597.

[115] 李守国, 吕进国, 姜耀东, 等. 逆断层不同倾角对采场冲击地压的诱导分析[J].

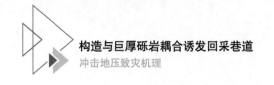
采矿与安全工程学报, 2014, 31(6): 869-875.

[116] 李志华, 窦林名, 陆振裕, 等. 采动诱发断层滑移失稳的研究[J]. 采矿与安全工程学报, 2010, 27(4): 499-504.

[117] 姜福兴, 魏全德, 王存文, 等. 巨厚砾岩与逆冲断层控制型特厚煤层冲击地压机理分析[J]. 煤炭学报, 2014, 39(7): 1191-1196.

[118] 李宝富. 巨厚砾岩层下回采巷道底板冲击地压诱发机理研究[D]. 焦作: 河南理工大学, 2014.

[119] 朱斯陶, 马玉镇, 姜福兴, 等. 特厚煤层分层开采底煤整体滑移失稳型冲击地压发生机理研究[J]. 采矿与安全工程学报, 2021, 38(1): 31-40.

[120] 徐学锋, 窦林名, 刘军, 等. 巨厚砾岩对围岩应力分布及冲击地压影响的"O"型圈效应[J]. 煤矿安全, 2014, 39(7): 157-160.

[121] 曾宪涛. 巨厚砾岩与逆冲断层共同诱发冲击失稳机理及防治技术[D]. 北京: 中国矿业大学(北京), 2014.

[122] 张寅. 深部特厚煤层巷道冲击地压机理及防治研究[D]. 徐州: 中国矿业大学, 2010.

[123] 李学龙 千秋煤矿冲击地压综合预警技术研究[D]. 徐州: 中国矿业大学, 2014.

[124] 朱亚飞. 跃进煤矿冲击地压前兆规律及综合预警研究[D]. 徐州: 中国矿业大学, 2014.

[125] 何鹏飞. 水平层状结构软岩巷道破坏过程中的裂纹扩展研究[D]. 北京: 中国矿业大学(北京), 2012.

[126] 张科学, 郝云新, 张军亮, 等. 孤岛工作面回采巷道围岩稳定性机理及控制技术[J]. 煤矿安全, 2010(11): 61-64.

[127] 张科学, 刘向增, 郭坤, 等. 采动影响下回采巷道底鼓控制技术[J]. 煤矿安全 2011, 42(7): 65-68.

[128] 张科学, 马振乾, 杨英明, 等. 厚煤层综放工作面高强度开采底鼓防治技术[J]. 煤炭科学技术, 2014, 42(11): 33-36.

[129] 张科学, 冯江兵, 路希伟, 等. 孤岛工作面回采巷道锚杆控制技术[J]. 煤矿安全, 2011, 42(1): 60-63.

[130] 陈育民, 徐鼎平. FLAC/FLAC³ᴰ 基础与工程实例[M]. 北京: 中国水利水电出版社, 2009.

[131] 张科学. 高瓦斯煤层巷道布置及控制技术研究[D]. 徐州: 中国矿业大学, 2012.

[132] 周正义, 曹平, 林杭. 3DEC 应用中节理岩体力学参数的选取[J]. 西部探矿工程,

2006, 123(7): 163-165.

[133] 余德绵, 孙步洲. 陶庄矿地质构造应力分析及冲击地压的成因机理[J]. 煤炭学报, 1993(3): 77-84.

[134] 王雨虹, 刘璐璐, 付华, 等. 基于改进 BP 神经网络的煤矿冲击地压预测方法研究 [J]. 煤炭科学技术, 2017, 45(10): 36-40.

[135] 尹增德, 王来河, 柳岩妮. 基于 CPSO-BP 神经网络的冲击地压预测[J]. 煤炭技术, 2016, 35(8): 89-91.

[136] 张科学, 姜耀东, 张正斌, 等. 大煤柱内沿空掘巷窄煤柱合理宽度的确定[J]. 采矿与安全工程学报, 2014, 31(2): 255-262, 269

[137] 刘辉. 基于机器学习的煤矿冲击危险性综合预测方法研究[D]. 山东科技大学, 2020.

[138] 齐庆新, 李海涛, 李晓鹏. 煤矿冲击危险性的定性与定量评价研究[J]. 煤炭科学技术, 2021, 49(4): 12-19.

[139] 陈光波. 基于云模型和 D-S 理论的冲击地压危险性综合评价[J]. 矿业研究与开发, 2017, 37(6): 26-30.